国家骨干高职院校重点建设专业教材
高职机械类精品教材

液压与气压传动项目式教程

YEYA YU QIYA CHUANDONG XIANGMUSHI JIAOCHENG

主　　审　杨海卉
主　　编　王建军
副 主 编　袁帮谊　刘欣玉
编写人员（以姓氏笔画为序）
丁响林　王建军
刘欣玉　袁帮谊
潘　露

中国科学技术大学出版社

内 容 简 介

液压与气压传动，又称液压气动技术，是机械设备中发展非常快的技术之一。特别是近年来，随着机电一体化的发展，与微电子、计算机技术相结合，液压与气压传动进入了一个新的发展阶段。

本书是按照项目化教学组织方式进行编写的，共分 8 个项目，若干个任务。主要内容包括液压传动基础知识、液压元件、液压基本回路、典型液压系统、气压传动基础知识、气源装置与气动元件、气动回路和气压传动系统实例以及液压与气压系统的设计计算，强调了传授知识与培养能力并重的教学思想。

本书图文并茂，通俗易懂。每个项目都有项目能力训练，在内容编排上遵循理论学习的认知规律和操作技能的形成规律，使学生在项目的引领下更好地将理论与实践有机地融合为一体，更加突显了对学生良好的职业情感和职业能力的培养目的。本书可作为高职、中职各机械类专业教学用书和成人高校或高级技能人才的短期培训用书，也可供从事流体传动与控制技术的工程技术人员参考。

图书在版编目(CIP)数据

液压与气压传动项目式教程/王建军主编. —合肥：中国科学技术大学出版社，2014. 8 (2022. 8 重印)
ISBN 978-7-312-03439-8

Ⅰ. 液… Ⅱ. 王… Ⅲ. ① 液压传动—高等学校—教材 ② 气压传动—高等学校—教材 Ⅳ. ①TH137 ②TH138

中国版本图书馆 CIP 数据核字(2014)第 110617 号

液压与气压传动项目式教程
YEYA YU QIYA CHUANDONG XIANGMUSHI JIAOCHENG

出版 中国科学技术大学出版社
安徽省合肥市金寨路 96 号，230026
http://press. ustc. edu. cn
http://press. ustc. edu. cn
印刷 江苏凤凰数码印务有限公司
发行 中国科学技术大学出版社
开本 787 mm×1092 mm 1/16
印张 13. 75
字数 352 千
版次 2014 年 8 月第 1 版
印次 2022 年 8 月第 4 次印刷
定价 35. 00 元

前　　言

液压与气压传动技术，又称液压气动技术，是机械设备中发展非常快的技术之一。特别是近年来，随着机电一体化的发展，与微电子、计算机技术相结合，液压与气压传动进入了一个新的发展阶段。

本教材是在院级精品课程“液压与气压传动”教学实践的基础上，结合“工程教育”的教学理念编写而成的。全书包括液压传动和气压传动两大部分内容，以液压与气压传动技术为主线，以项目任务式进行编排；共分8个项目，若干个任务。主要内容包括液压传动基础知识、液压元件、液压基本回路、典型液压系统、气压传动基础知识、气源装置与气动元件、气动回路和气压传动系统实例以及液压与气压系统的设计计算，强调了传授知识与培养能力并重的教学思想，阐明了液压与气动技术的基本原理，着重培养学生分析、设计液压与气动基本回路的能力，安装、调试、使用、维护液压与气动系统的能力，诊断和排除液压与气动系统故障的能力。在编写的过程中充分考虑高职高专教育的职业特色和高职学生的学习特点，在内容的设计上注重理论联系实际，以必需、够用为度，力求做到少而精。

本书由安徽机电职业技术学院王建军老师担任主编，袁帮谊老师、刘欣玉老师担任副主编。参加编写工作的有：安徽机电职业技术学院王建军老师（项目二、四、五、六）、袁帮谊老师（项目八）、刘欣玉老师（项目三）、潘露老师（项目七、思考题、附录）、丁响林老师（项目一）。全书由王建军老师统稿。

本书由安徽机电职业技术学院杨海卉教授担任主审，他对全稿进行了细致详尽的审阅，提出了许多十分有益的建议和宝贵意见，在此表示衷心的感谢！

由于编者水平有限，书中难免存在不妥甚至错误之处，敬请读者批评指正。

编　者

目　　录

项目一　液压传动的基础知识

液压传动是以液体(通常是油液)作为工作介质,利用液体压力来传递动力和进行控制的一种传动方式。它通过液压泵,将电动机的机械能转换为液体的压力能,又通过管路、控制阀等元件,经液压缸(或液压马达)将液体的压力能转换成机械能,驱动负载和实现执行机构的运动。

同其他传动相比,由于液压传动具有明显的优点,因此发展迅速,并得到了广泛的使用,尤其是在高效率的自动化、半自动化机械中,应用更为广泛。当前,液压技术已经成为机械工业发展的一个重要方面。

任务一　液压传动系统的认知

任务导入

① 了解液压传动的基本工作原理。

② 了解液压传动系统的基本结构组成。

③ 了解液压传动的优缺点。

相关知识

一、液压传动的原理

液压传动,是以流体(液压油液)为工作介质进行能量传递和控制的一种传动形式。液压传动的工作原理可以用一个液压千斤顶的工作原理来说明。

如图 1.1 所示的是液压千斤顶的工作原理图。液压千斤顶主要由手动柱塞液压泵(杠杆 1、泵体 2、活塞 3)和液压缸(活塞 11、缸体 12)两大部分构成。大、小活塞与缸体、泵体的接触面之间的良好配合,既能保证活塞移动顺利,又能形成可靠的密封。液压千斤顶的工作过程如下:

工作时,关闭放油阀 8,向上提起杠杆,活塞 3 被带动上升,如图 1.1(b)所示,泵体液压缸 4 的工作容积增大,单向阀 7 由于受液压缸 10 中油液的作用力而关闭,液压缸 4 形成真空,油箱 6 中的油液在大气压力的作用下推开单向阀 5 的钢球,进入并充满液压缸 4。压下杠杆,活塞 3 被带动下移,如图 1.1(c)所示,泵体液压缸 4 的工作容积减小,其内的油液在外力的挤压作用下压力增大,迫使单向阀 5 关闭,而单向阀 7 中的钢球被推开,油液经油管 9 进入缸体液压缸 10,缸体液压缸的工作容积增大,推动活塞 11 连同重物 G 一起上升。反复提、压杠杆就能不断从油箱吸入油液并压入缸体液压缸 10,使活塞 11 和重物不断上升,从而达到起重的目的。提、压杠杆的速度越快,单位时间内压入缸体液压缸 10 的油液越多,重物上升的速度越快;重物越重,下压杠杆的力就越大。停止提、压杠杆,单向阀 7 被关闭,缸体液压缸中的油液被封闭,此时,重物保持在某一位置不动。

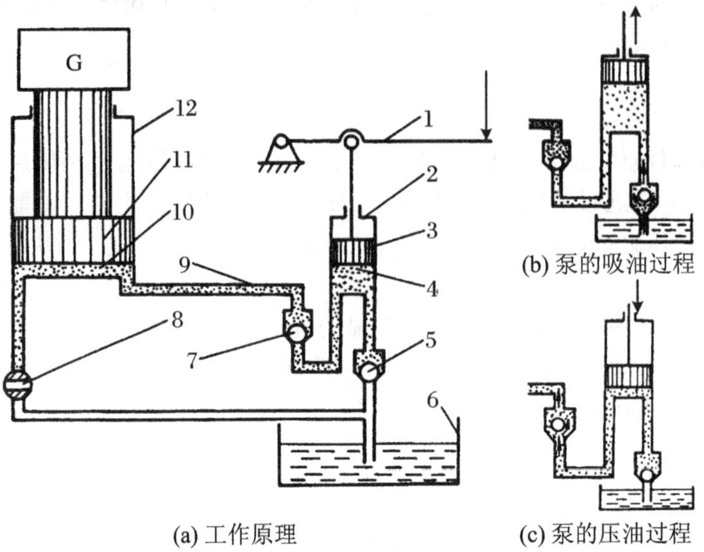

图 1.1　液压千斤顶的工作原理

1. 杠杆;2. 泵体;3、11. 活塞;4、10. 液压缸;5、7. 单向阀;6. 油箱;8. 放油阀;9. 油管;12. 缸体

下面对其运动关系进行分析。

1. 压力与负载的关系

在图 1.1 中,设缸 10 的活塞面积为 A_2,负载力为 G,缸 10 产生的液体压力(压强)为 $p_2 = G/A_2$。

由帕斯卡原理知,缸 4 的压力 p_1 应等于缸 10 中的压力 p_2,即 $p_1 = p_2 = p$。

为了克服负载 G 使缸 10 的大活塞能向上运动,作用在缸 1 小活塞上的力 F_1 和压力 p_1 与作用在缸 6 大活塞上的负载力 G 和压力 p_2 之间分别应有如下关系:

$$F_1 = p_1 A_1 = pA_1$$

$$G = p_2 A_2 = pA_2$$

液体的压力可以表示为

$$p = \frac{F_1}{A_1} = \frac{G}{A_2}$$

在 A_1、A_2 一定时,负载 G 越大,系统中所需要的压力 p 也越高,所以液压传动系统的工作压力取决于外负载。

2. 速度与流量的关系

当如图 1.1 所示的液压系统工作时,缸 1 中排出的液体体积必然等于进入缸 6 中的液体体积。设缸 1 活塞的位移为 S_1,缸 6 活塞的位移为 S_2,则有

$$S_1 A_1 = S_2 A_2$$

将上式两边同除以运动时间 t,得

$$q_1 = v_1 A_1 = v_2 A_2 = q_2$$

此时,缸 6 上升的速度为

$$v_2 = \frac{q_2}{A_2}$$

由上述可知，液压传动是靠密闭工作容腔容积变化相等的原则来实现运动传递的，所以液压传动系统的运动速度快慢取决于输入流量的大小。

3. 液压功率

由图 1.1 可知，缸 6 工作时的瞬时输出功率等于速度与负载力的乘积，即

$$P = pA_1v_1 = pA_2v_2 = p \cdot q$$

因此，液压传动系统的液压输出功率等于系统输出流量和压力两个基本参数的乘积。

二、液压传动系统举例

图 1.2(a)为一简化了的机床工作台液压传动系统。其动力装置为液压泵 3，执行装置为双活塞杆液压缸 6，控制调节装置包括人力控制(手动)三位四通换向阀 7、节流阀 8、溢流阀 9，辅助装置包括油箱 1、过滤器 2、压力计 4 和管路等。

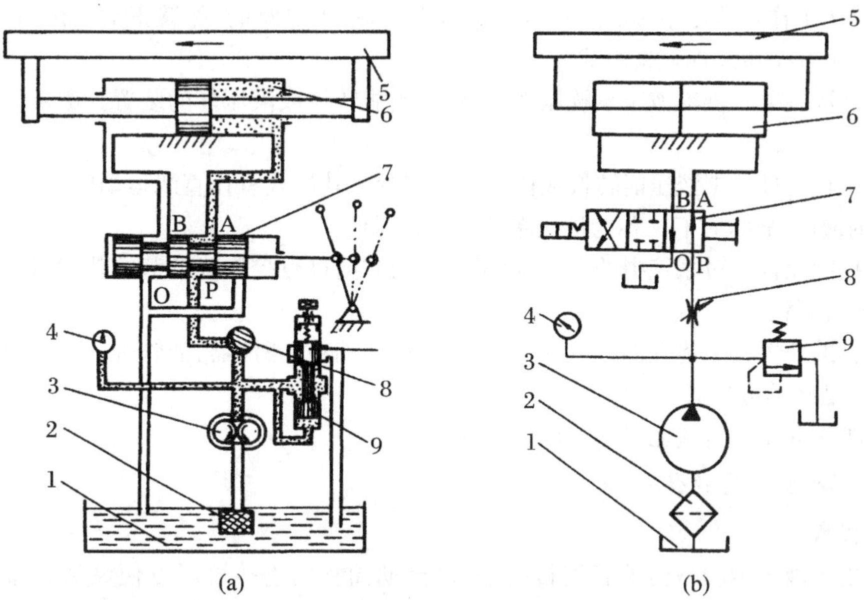

图 1.2　机床工作台液压传动系统

1. 油箱；2. 过滤器；3. 液压泵；4. 压力计；5. 机床工作台；6. 液压缸；7. 换向阀；8. 节流阀；9. 溢流阀

液压泵由电动机驱动进行工作，油箱中的油液经过滤器被吸，流往液压泵吸油口，并经液压泵升压后向系统输出。油液经节流阀、换向阀的 P-A 通道(换向阀的阀芯在图示的左边位置)进入液压缸的右腔，推动活塞连同工作台 5 向左运动，液压缸左腔的油液则经换向阀的 B-O 通道流回油箱。节流阀开口的大小调节油液的流量，从而调节液压缸连同工作台的运动速度。由于节流阀开口较小，在开口前后油液存在压力差，当系统压力达到某一数值时，溢流阀被打开，使系统中多余的油液经溢流阀开口流回油箱。当换向阀的阀芯移至右边位置时，来自液压泵的压力油液经换向阀的 P-B 通道进入液压缸的左腔，推动活塞连同工作台向右运动，液压缸右腔的油液则经换向阀的 A-O 通道流回油箱。

当换向阀的阀芯处于中间位置时，换向阀的进、回油口全被堵死，使液压缸两油腔既不进油也不回油，活塞停止运动。此时，液压泵输出的压力油液全部经过溢流阀流回油箱，即

在液压泵继续工作的情况下，也可以使工作台在任意位置停止。

三、液压元件的图形符号

如图 1.1 和图 1.2(a)所示的液压千斤顶和机床工作台液压系统结构原理图具有直观性强、容易理解的特点，但绘制较复杂，特别是系统中元件较多时，绘制更为困难。如果采用图形符号来代表各液压元件，绘制液压系统原理图将既方便又清晰。图 1.2(b)就是用图形符号绘制的机床工作台液压系统图。图中的图形符号只表示元件的功能、操作(控制)方法及外部连接口，不表示元件的具体结构及参数、连接口的实际位置和元件的安装位置。《液压气动图形符号》(GB/T 786.1—1993)对液压气动元(辅)件的图形符号作了具体规定，常用液压元件及液压系统其他有关装置或器件的图形符号见附录。

任务实施

一、液压传动系统的组成

从机床工作台液压系统的工作过程可以看出，一个完整的、能够正常工作的液压系统，应该由以下 5 个主要部分来组成：

① 能源装置　供给液压系统压力油，把机械能转换成液压能的装置。最常见的形式是液压泵。

② 执行元件　把液压能转换成机械能的装置。其形式有作直线运动的液压缸，有作回转运动的液压马达，它们又称为液压系统的执行元件。

③ 控制元件　对系统中的压力、流量或流动方向进行控制或调节的装置，如溢流阀、节流阀、换向阀等。

④ 辅助装置　上述三部分之外的其他装置，如油箱、滤油器、油管等。它们对保证系统正常工作是必不可少的。

⑤ 工作介质　传递能量的流体，即液压油。

二、液压传动的优缺点

1. 优点

① 由于液压传动是由油管连接的，所以借助油管的连接可以方便灵活地布置传动机构，这是比机械传动优越的地方。

② 液压传动装置的重量轻、结构紧凑、惯性小。

③ 可在大范围内实现无级调速。借助阀或变量泵、变量马达，可以实现无级调速，调速范围可达 1∶2 000，并可在液压装置运行的过程中进行调速。

④ 传递运动均匀平稳，负载变化时速度较稳定。

⑤ 液压装置易于实现过载保护。借助于设置溢流阀等，同时液压件能自行润滑，因此使用寿命长。

⑥ 液压传动易于实现自动化。借助于各种控制阀，特别是采用液压控制和电气控制结合使用时，能很容易地实现复杂的自动工作循环，而且可以实现遥控。

⑦ 液压元件已实现了标准化、系列化和通用化，便于设计、制造和推广使用。

2. 缺点

① 液压系统中的漏油等因素，影响运动的平稳性和正确性，使得液压传动不能保证严格的传动比。

② 液压传动对油温的变化比较敏感,温度变化时,液体黏性变化,引起运动特性的变化,使得工作的稳定性受到影响。所以它不宜在温度变化很大的环境下工作。

③ 为了减少泄漏,以及为了满足某些性能上的要求,液压元件的配合件制造精度要求较高,加工工艺较复杂。

④ 液压传动要求有单独的能源,不像电源那样使用方便。

⑤ 液压系统发生故障时,不易检查和排除。

任务二　液压油的认识和选用

任务导入

① 了解液压油的主要物理性质。

② 掌握液压油的选用方法。

相关知识

一、液压油的主要物理性质

1. 液体的密度

密度即单位体积液体的质量。体积为 V、质量为 m 的液体,其密度 ρ 为

$$\rho = \frac{m}{V}$$

矿物型液压油的密度随温度和压力的变化而变化。压力增加,密度加大;温度升高而密度减小,但其变动值很小,可认为其为常数,一般矿物油系液压油在 20 ℃时密度在 850～960 kg/m^3之间。

2. 液体的可压缩性

可压缩性是指液体受压力作用而发生体积变化的性质。

液体的压缩性可用体积压缩系数 k(m^2/N)来表示:

$$k = -\frac{1}{\Delta p}\frac{\Delta V}{V}$$

液体体积压缩系数的倒数,称为液体的体积弹性模量,以 K 表示,即 $K = 1/k$。

液压油的体积模量为(1.4～1.9)×10^9 N/m^2。对于液压系统来说,一般认为其不可压缩,但在混入空气后,动态性能要求提高,在压力变化范围大的高压系统中要考虑可压缩性的影响。实际计算时一般取其体积模量为(0.7～1.4)×10^9 N/m^2。

3. 液体的黏性

液体在外力作用下流动(或有流动趋势)时,分子间的内聚力为阻止分子间的相对运动而产生一种内摩擦力,这种性质叫作液体的黏性。液体只有在流动(或有流动趋势)时才会呈现黏性,静止液体是不呈现黏性的。

黏性使流动液体内部各处的速度不相等,以图 1.3 为例,若两平行平板间充满液体,下平板不动,而上平板以速度 v_0 向右平动。由于液体的黏性作用,紧靠下平板和上平板的液

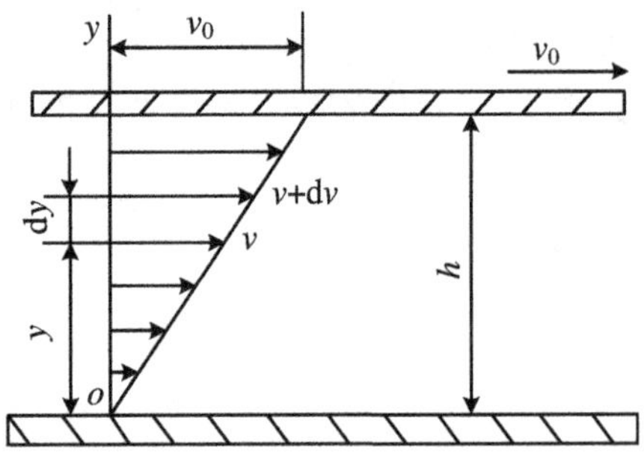

图 1.3 液体的黏性示意图

体层速度分别为 0 和 v_0。通过实验测定得出，液体流动时相邻液层间的内摩擦力 F_t，与液层接触面积 A 和液层间的速度梯度 $\mathrm{d}v/\mathrm{d}y$ 成正比，即

$$F_t = \mu A \frac{\mathrm{d}v}{\mathrm{d}y}$$

式中，μ 为比例常数，称为黏性系数或黏度。如以 τ 表示切应力，即单位面积上的内摩擦力，则

$$\tau = \frac{F_t}{A} = \mu \frac{\mathrm{d}v}{\mathrm{d}y}$$

液体的黏性用黏度表示，表示方式有动力黏度、运动黏度、相对黏度。

(1) 动力黏度

动力黏度又称绝对黏度，用 μ 表示：

$$\mu = \frac{F}{A\dfrac{\mathrm{d}v}{\mathrm{d}y}} = \frac{\tau}{\dfrac{\mathrm{d}v}{\mathrm{d}y}}$$

物理意义：当速度梯度为 $\mathrm{d}v/\mathrm{d}y=1$(即单位速度梯度)时，流动液体内接触液层间单位面积上的内摩擦力。法定计量单位为帕·秒(Pa·s)。

(2) 运动黏度

运动黏度用 ν 表示：

$$\nu = \frac{\mu}{\rho}$$

运动黏度没有明确的物理意义。在工程中，液体的黏度常用这种表示方法。法定计量单位为 $\mathrm{m^2/s}$。以前使用的单位为 cSt(厘斯)，关系为 $1\ \mathrm{m^2/s} = 10^6\ \mathrm{cSt} = 10^6\ \mathrm{mm^2/s}$。

(3) 相对黏度(条件黏度)

根据测量的仪器和条件不同分为：美国的赛氏黏度(SSU)、英国的雷氏黏度(R)和我国及欧洲的恩氏黏度(°E)。

恩氏黏度：它表示 200 mL 被测液体在 t ℃时，通过恩氏黏度计小孔($\phi = 2.8$ mm)流出所需的时间 t_1，与同体积 20 ℃的蒸馏水通过同样小孔流出所需时间 t_2 的比值。

恩氏黏度与运动黏度($\mathrm{mm^2/s}$)之间的换算关系为

$$\nu = 8\,\text{恩氏黏度值} - \frac{8.64}{\text{恩氏黏度值}} \quad (1.35 < \text{恩氏黏度值} \leqslant 3.2)$$

$$\nu = 7.6\,\text{恩氏黏度值} - \frac{4}{\text{恩氏黏度值}} \quad (\text{恩氏黏度值} > 3.2)$$

液体的黏度随液体的压力和温度而变。对液压传动工作介质来说，压力增大时，黏度增大。在一般液压系统使用的压力范围内，增大的数值很小，可以忽略不计。但液压传动工作介质的黏度对温度的变化十分敏感，称为“黏温特性”，温度升高，黏度下降。这个变化率的大小直接影响液压传动工作介质的使用，其重要性不亚于黏度本身。

液压传动工作介质还有一些其他性质，如稳定性(热稳定性、氧化稳定性、水解稳定性、剪切稳定性等)、抗泡沫性、抗乳化性、防锈性、润滑性以及相容性(对所接触的金属、密封材料、涂料等作用程度)等，它们对工作介质的选择和使用有重要影响。这些性质需要在精炼的矿物油中加入各种添加剂来获得，其含义较为明显，不多作解释，可参阅有关资料。

二、液压油的牌号和选用

正确而合理地选用液压油，是保证液压设备高效率正常运转的前提。

选用液压油时，可根据液压元件生产厂样本和说明书所推荐的品种号数来选用液压油，或者根据液压系统的工作压力、工作温度、液压元件种类及经济性等因素全面考虑，一般是先确定适用的黏度范围，再选择合适的液压油品种，同时还要考虑液压系统工作条件的特殊要求。如在寒冷地区工作的系统则要求油的黏度指数高、低温流动性好、凝固点低；伺服系统则要求油质纯、压缩性小；高压系统则要求油液抗磨性好。在选用液压油时，黏度是一个重要的参数。黏度的高低将影响运动部件的润滑、缝隙的泄漏以及流动时的压力损失、系统的发热升温等。所以，在环境温度较高，工作压力高或运动速度较低时，为减少泄漏，应选用黏度较高的液压油；否则相反。

液压油(液)的品种很多，主要分为两种：矿物型液压油和难燃型液压油，另外还有一些专用液压油。

液压油的牌号(即数字)，表示在 40 ℃下油液运动黏度的平均值(单位为 mm^2/s)。过去的牌号，是指在 50 ℃时油液运动黏度的平均值。常用黏度等级为 10～100 号，主要集中在 15～68 号，最常用的为 32、46、68 号。

例如，液压油代号为 L-HM32，则其含义为：L——润滑剂类；H——液压油组；M——防锈、抗氧和抗磨型；32——黏度等级 32 mm^2/s。

任务实施

对于液压油(液)的选择，需要查阅液压设计相关手册。

① 选择品种　根据液压系统所处的工作环境、系统的工况条件(压力、温度和液压泵类型)以及技术经济性(价格、使用寿命等)，再按液压油(液)性能综合考虑选择。

② 选择黏度　根据系统的工作温度范围、液压泵的类型、工作压力等因素确定。

任务三　液体的静力学和动力学规律的认知

任务导入

① 了解液体的静力学及其重要特征。

② 了解液体流动的性质及规律。

③ 了解液压传动中的冲击和空穴现象。

相关知识

一、液体静力学基础

液体静力学主要是讨论液体静止时的平衡规律及其应用。“液体静止”指的是液体内部质点间没有相对运动，不呈现黏性，至于盛装液体的容器，不论它是静止的或是匀速、匀加速运动都没有关系。

1．静压力及其特征

作用在液体上的力有两种类型：一种是质量力，另一种是表面力。

质量力作用在液体的所有质点上，它的大小与质量成正比，如重力、惯性力等。单位质量液体受到的质量力称为单位质量力，在数值上等于重力加速度。

表面力作用于所研究液体的表面上，如法向力、切向力。表面力可以是其他物体(例如活塞、大气层)作用在液体上的力，也可以是一部分液体间作用在另一部分液体上的力。对于液体整体来说，其他物体作用在液体上的力属于外力，而液体间的作用力属于内力。由于理想液体质点间的内聚力很小，液体不能抵抗拉力或切向力，即使是微小的拉力或切向力都会使液体发生流动。因为静止液体不存在质点间的相对运动，也就不存在拉力或切向力，所以静止液体只能承受压力。

所谓静压力是指静止液体单位面积上所受的法向力，用 p 表示。

液体内某质点处的法向力 ΔF 对其微小面积 ΔA 的极限称为压力 p，即

$$p = \lim_{\Delta A \to 0} \frac{\Delta F}{\Delta A}$$

若法向力均匀地作用在面积 A 上，则压力表示为

$$p = \frac{F}{A}$$

式中，A 为液体有效作用面积，F 为液体有效作用面积 A 上所受的法向力。

压力的法定单位为 Pa 或 N/m^2，工程上常用 kPa 或者 MPa，1 MPa = 10^3 kPa = 10^6 MPa，常用压力单位换算见表 1.1。

表 1.1　常用压力单位

牛/米^2 (Pa)	公斤力/厘米^2 (kgf/cm^2)	巴 (bar)	标准大气压 (atm)	工程大气压 (at)	毫米水柱 (mmH_2O)	毫米水银柱 (mmHg)
10^5	1.019 72	1	1.019 72	0.986 923	$1.019\ 72\times10^4$	$7.500\ 62\times10^2$

静压力具有下述两个重要特征：

① 液体静压力垂直于作用面，其方向与该面的内法线方向一致。

② 静止液体中，任何一点所受到的各方向的静压力都相等。

2．液体静压力基本方程

在重力作用下的静止液体，其受力情况如图 1.4(a)所示。

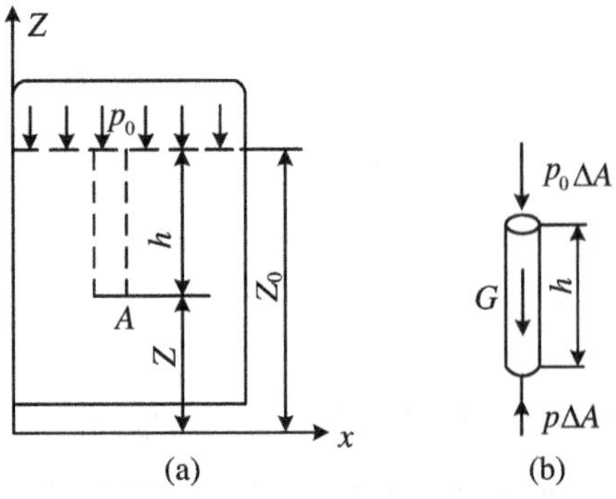

图 1.4　重力作用下的静止液体

由图 1.4 分析可知，A 点所受的压力为

$$p = p_0 + \rho g h$$

式中，g 为重力加速度，此表达式即为液体静压力的基本方程。由此式可知：

① 静止液体内任一点处的压力由两部分组成，一部分是液面上的压力，另一部分是液体重力所产生的压力。

② 同一容器中同一液体内的静压力随液体深度的增加而线性增加。

③ 连通器内同一液体中深度相同的各点压

力都相等。由压力相等的点组成的面称为等压面。重力作用下静止液体中的等压面是一个水平面。

3．液体压力的传递

对于密封容器内的静止液体，当边界上的压力 p 发生变化时，例如增加 Δp，则容器内任意一点的压力将增加同一数值 Δp。也就是说，在密封容器内施加于静止液体任一点的压力将以等值传递到液体各点。这就是帕斯卡原理或静压传递原理。

在液压传动系统中，通常是外力产生的压力要比液体自重所产生的压力大得多，自重所产生的压力可忽略不计。因此，我们认为静止液体内部各点的压力处处相等。

根据帕斯卡原理和静压力的特性，液压传动不仅可以进行力的传递，而且还能将力放大或改变力的方向。

如图 1.5 所示的是应用帕斯卡原理推导压力与负载关系的实例。图中垂直液压缸(负载缸)的截面积为 A_1，水平液压缸截面积为 A_2，两个活塞上的外作用力分别为 F_1、F_2，则缸内压力分别为 $p_1 = F_1/A_1$，$p_2 = F_2/A_2$。由于两缸充满液体且互相连接，根据帕斯卡原理有 $p_1 = p_2$。因此有

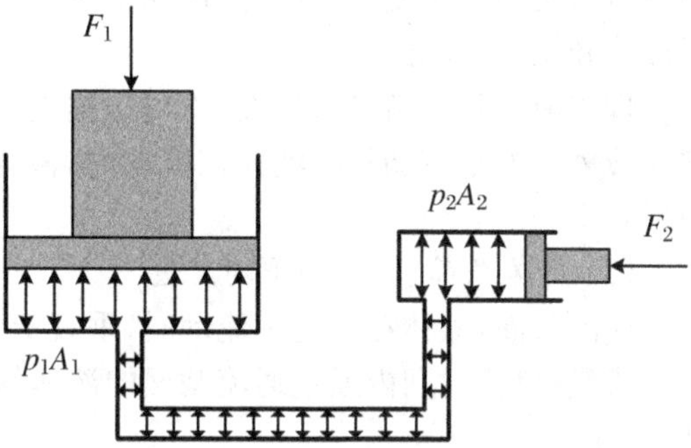

图 1.5　静压传递原理应用实例

$$F_1 = \frac{F_2 A_1}{A_2}$$

上式表明，只要 A_1/A_2 足够大，用很小的力 F_2 就可产生很大的力 F_1。液压千斤顶就是按此原理制成的。

如果垂直液压缸的活塞上没有负载，即 $F_1 = 0$，则当略去活塞重量及其他阻力时，不论怎样推动水平液压缸的活塞也不能在液体中形成压力。这说明液压系统中的压力是取决于负载的，这是液压传动的一个基本概念。

4．相对压力、绝对压力和真空度

相对于大气压(即以大气压为基准零值时)所测量到的一种压力，称它为相对压力或表压力。另一种是以绝对真空为基准零值时所测得的压力，称为绝对压力。当绝对压力低于大气压时，习惯上称为出现真空。因此，某点的绝对压力比大气压小的那部分数值叫作该点的真空度。

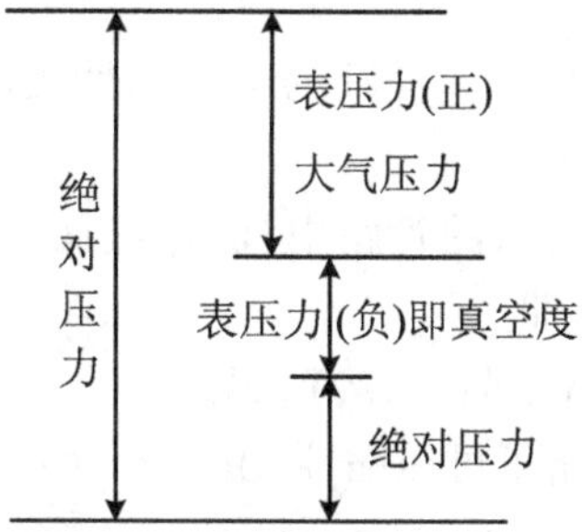

图 1.6　相对压力、绝对压力和真空度

三者之间的相对关系如图 1.6 所示。

5．液体静压力对固体壁面的作用力

静止液体和固体壁面相接触时，固体壁面上各点在某一方向上所受静压作用力的总和，便是液体在该方向上作用于固体壁面上的力。在液压传动计算中质量力可以忽略，静压力处处相等，所以可认为作用于固体壁面上的压力是均匀分布的。

当固体壁面是曲面时，作用在曲面各点的液体静压力是不平行的，曲面上液压作用力在某一方向上的分力等于液体静压力与曲面在该方向的垂直面内投影面积的乘积。

二、液体动力学基础

液体动力学主要讨论3个基本方程式，即液流的连续性方程、伯努利方程和动量方程。它们是刚体力学中的质量守恒定理、能量守恒定理及动量守恒原理在流体力学中的具体应用。前两个方程描述了压力、流速与流量之间的关系，以及液体能量相互间的变换关系，后者描述了流动液体与固体壁面之间作用的情况。液体是有黏性的，并在流动中呈现出来。

1. 基本概念

(1) 理想液体与恒定流动

液体具有黏性，并在流动时表现出来，因此研究流动液体时就要考虑其黏性，而液体的黏性阻力是一个很复杂的问题，这就使我们对流动液体的研究变得复杂。因此，我们引入理想液体和恒定流动的概念。

理想液体就是指没有黏性、不可压缩的液体。我们把既具有黏性又可压缩的液体称为实际液体。恒定流动是指液体在流动时，液体任一点压力、速度、密度都不随时间变化的流动形式。

(2) 通流截面、流量和平均流速

通流截面：液体在管道中流动时，垂直于流动方向的截面称为通流截面。

流量：单位时间内通过通流截面的液体的体积称为流量，用 q 表示，常用单位为 L/min 和 m^3/s。

对于微小流束，通过 dA 上的流量为 dq，其表达式为

$$dq = v dA$$

则整个通流截面的流量为

$$q = \int_v v dA$$

平均流速：在实际液体流动中，由于黏性摩擦力的作用，通流截面上流速 v 的分布规律难以确定，因此引入平均流速的概念，即认为通流截面上各点的流速均为平均流速，用 v_a 来表示，则通过通流截面的流量就等于平均流速乘以通流截面积。令该流量与上述实际流量相等，得

$$q = \int_v v dA = v_a A$$

则平均流速为

$$v_a = \frac{q}{A}$$

2. 流量连续性方程

连续性方程是质量守恒定律在流体力学中的一种表达形式。油液的可压缩性极小，通常可视作理想液体。

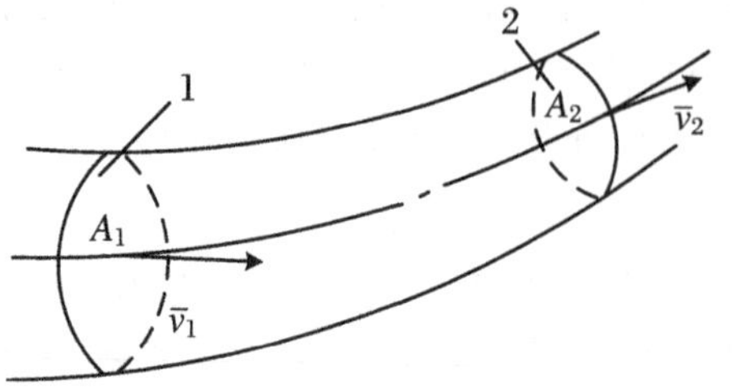

图1.7 液流连续性原理

在如图1.7所示的管路中，流过截面1和截面2的质量相等，即

$$\rho_1 \bar{v}_{a1} A_1 = \rho_2 \bar{v}_{a2} A_2$$

理想液体忽略了可压缩性，由于 $\rho_1 = \rho_2$，得

$$\bar{v}_{a1} A_1 = \bar{v}_{a2} A_2$$

或写成

$$q = A v_a = \text{常数}$$

这称为流体连续性方程。理想液体(不可压缩的液体)在无分支管路中恒定流动时,流过任一通流截面的流量相等。也就是流速和通流截面面积成反比,管路截面面积小(管径细)的地方平均流速大,管路截面面积大(管径粗)的地方平均流速小。

3．伯努利方程

伯努利方程是能量守恒定律在流体力学中的一种表达形式。如图1.8所示,密度为 ρ 的液体在通道内流动,重力加速度为 g,现任取两通流截面1和截面2作为研究对象,两截面至水平参考面的距离分别为 h_1 和 h_2,流速分别为 v_1 和 v_2,压力分别为 p_1 和 p_2。此时液流单位质量在截面1和截面2的能量构成见表1.2。

表1.2　能量构成(单位质量)

	截面1	截面2
压力能	$\frac{p_1}{\rho}$	$\frac{p_2}{\rho}$
位能	gh_1	gh_2
动能	$\frac{1}{2}v_1^2$	$\frac{1}{2}v_2^2$

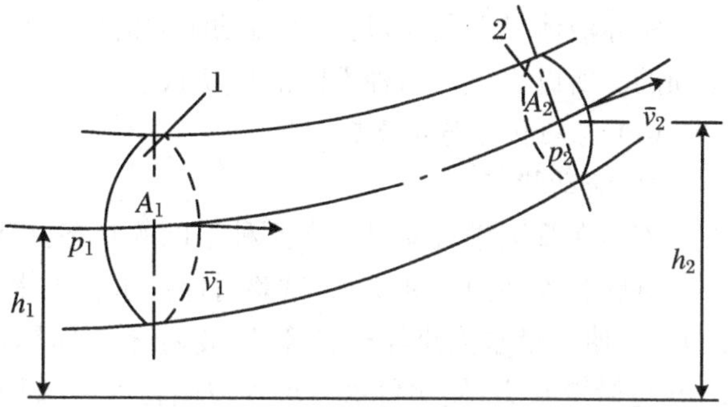

图1.8　伯努利方程示意图

根据能量守恒定律得

$$\frac{p_1}{\rho} + gh_1 + \frac{1}{2}v_1^2 = \frac{p_2}{\rho} + gh_2 + \frac{1}{2}v_2^2 = 常数$$

上式就是伯努利方程。由此方程可知,在重力作用下,在通道内流动的液体具有3种形式的能量,即压力能、位能和动能。这3种形式的能量在液体流动过程中可以相互转化,但其总和在各个截面处均为定值。

实际液体在通道内流动时,液体内摩擦力作用会造成能量损失;通道局部形状和尺寸的骤然变化会引起液流扰动,相应也会造成能量损失。实际液体的伯努利方程需考虑能量的损失。因此,实际液体的伯努利方程为

$$\frac{p_1}{\rho} + gh_1 + \frac{1}{2}a_1 v_1^2 = \frac{p_2}{\rho} + gh_2 + \frac{1}{2}a_2 v_2^2 + gh_w$$

式中,a_1 和 a_2 为动能修正系数,紊流取1,层流取2;gh_w 为能量损失。

4．动量方程

动量方程是动量定理在流体力学中的具体应用,可用来计算流动液体作用在限制其流动的固体壁面上的总作用力。

$$\sum F = \frac{mv_2 - mv_1}{\Delta t}$$

将 $m = \rho V$ 和 $\frac{V}{\Delta t} = q$ 代入上式得

$$\sum F = \rho q(v_2 - v_1)$$

作用在液体控制体积上的外力总和等于单位时间内流出控制表面与流入控制表面的液体的动量之差。

注意:

① $\boldsymbol{F}$、$\boldsymbol{v}$ 是矢量。

② 流动液体作用在固体壁面上的力与作用在控制液体上的力大小相等，方向相反。

作恒定流动的液体在某一方向上的动量定理，即该方向上的稳态液动力为

$$F'_x = -\sum F_x = \rho q(\beta_1 v_{1x} - \beta_2 v_{2x})$$

由上式可知，阀芯上所受的稳态液动力都有使滑阀阀口关闭的趋势，流量越大，流速越大，则稳态液动力也越大。这将增大操纵滑阀所需要的力，所以对于大流量的换向阀则要采用液动控制或电液控制。

5. 管道内的压力损失

实际液体具有黏性，是产生流动阻力的根本原因。然而流动状态不同，则阻力大小也是不同的。所以先研究两种不同的流动状态。

(1) 流动状态与雷诺数

◎ 流动状态

液体在管道中流动时存在两种不同的状态：层流和紊流，它们的阻力性质不相同。

试验装置如图1.9所示，试验时保持水箱中水位恒定，并尽可能平静，然后将阀门A微微开启，使少量水流流经玻璃管，即玻璃管内平均流速 v_a 很小。这时，如将颜色水容器的阀门B也微微开启，使颜色水也流入玻璃管内，我们可以在玻璃管内看到一条细直而鲜明的颜色流束，而且不论颜色水放在玻璃管内的任何位置，它都呈直线状，这说明管中水流都是安定地沿轴向运动，液体质点没有垂直于主流方向的横向运动，所以颜色水和周围的液体没有混杂。如果把A阀缓慢开大，管中流量和它的平均流速 v_a 也将逐渐增大，直至平均流速增加至某一数值，颜色流束开始弯曲颤动，这说明玻璃管内液体质点不再保持安定，开始发生脉动，不仅具有横向的脉动速度，而且具有纵向的脉动速度。如果A阀继续开大，脉动加剧，颜色水就完全与周围液体混杂而不再维持原来的状态。

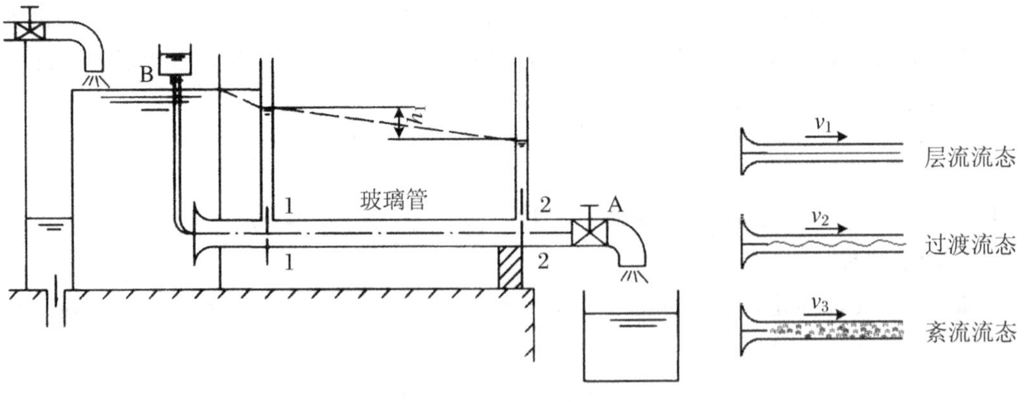

图1.9 雷诺试验

在液体运动时，如果质点没有横向脉动，不引起液体质点混杂，而是层次分明，能够维持安定的流束状态，这种流动称为层流。

在液体流动时，如果质点具有横向脉动速度，引起流层间质点相互错杂交换，这种流动称为紊流或湍流。

◎ 雷诺数

雷诺数可以用来判别液体流动时究竟是层流还是紊流。

实验证明，液体在圆管中的流动状态不仅与管内的平均流速 v_a 有关，还和管径 d、液体的运动黏度 ν 有关。但是，真正决定液流状态的，却是这 3 个参数所组成的一个称为雷诺数 Re 的无量纲纯数：

$$Re = \frac{v_a d}{\nu}$$

由上式可知，液流的雷诺数如果相同，它的流动状态也相同。当液流的雷诺数 Re 小于临界雷诺数时，液流为层流；反之，液流大多为紊流。常见的液流管道的临界雷诺数由实验求得，示于表 1.3 中。

表 1.3　常见液流管道的临界雷诺数

管道的材料与形状	Re_{cr}	管道的材料与形状	Re_{cr}
光滑的金属圆管	2 000～2 320	带槽装的同心环状缝隙	700
橡胶软管	1 600～2 000	带槽装的偏心环状缝隙	400
光滑的同心环状缝隙	1 100	圆柱形滑阀阀口	260
光滑的偏心环状缝隙	1 000	锥状阀口	20～100

(2) 液体在圆管中流动时的压力损失

液体在直管中流动时的压力损失是由液体流动时的摩擦引起的，称为沿程压力损失，它主要取决于管路的长度、内径、液体的流速和黏度等。液体的流态不同，沿程压力损失也不同。在液压传动中，液体在圆管中层流流动最为常见。

在液压传动中，能量损失主要表现为压力损失。压力损失分为两类：沿程压力损失和局部压力损失。

◎ 沿程压力损失

沿程压力损失是指由液体沿等直径直管流动时所产生的压力损失，这类压力损失是由液体流动时的内、外摩擦力所引起的。

① 流速的分布规律　液体在直管中作层流运动时，速度关于圆管中心线对称并按抛物线规律分布。如图 1.10 所示。

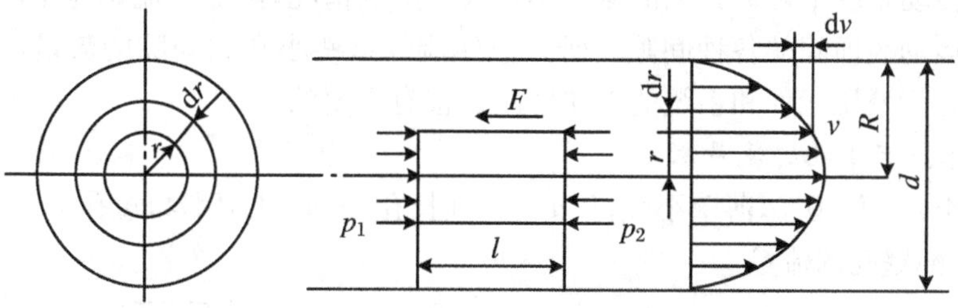

图 1.10　直管中液体作层流运动

② 通过管道的流量：

$$q = \int v \mathrm{d}A = \int_0^R \frac{p_1 - p_2}{4\mu l}(R^2 - r^2)2\pi r \mathrm{d}r = \frac{\pi d^4}{128\mu l}\Delta p$$

③ 管道内的平均流速：

$$v_a = \frac{q}{A} = \frac{1}{\frac{\pi d^2}{4}} \frac{\pi d^4}{128\mu l} \Delta P = \frac{d^2}{32\mu l} \Delta P$$

④ 沿程压力损失：

上式整理后可得沿程压力损失计算公式：

$$\Delta p_\lambda = \frac{64v}{v_a d} \frac{l}{d} \frac{\rho v_a^2}{2} = \frac{64}{Re} \frac{l}{d} \frac{\rho v_a^2}{2} = \lambda \frac{l}{d} \frac{\rho v_a^2}{2}$$

式中，v_a 为平均流速；ρ 为液体密度；λ 为沿程阻力系数。圆管层流：理论 $\lambda = 64/Re$，实际 $\lambda = 75/Re$；橡胶管：$\lambda = 80/Re$；紊流：当 $2.3\times10^3 < Re < 10^5$ 时，$\lambda \approx 0.3164\, Re^{-0.25}$。

◎ 局部压力损失

局部压力损失是在油液流经局部障碍（如弯管、接头、管道截面突然扩大或收缩）时，由于液流的方向和速度的突然变化，在局部形成漩涡引起油液质点间，以及质点与固体壁面间相互碰撞和剧烈摩擦而产生的压力损失，即

$$\Delta p_\xi = \xi \frac{\rho v_a^2}{2}$$

式中，ξ 为局部阻力系数，具体数值可查相关手册。

液体流经各种阀的局部压力损失 Δp_v，常用下列经验公式计算：

$$\Delta p_v = \Delta p_n \left(\frac{q}{q_n}\right)^2$$

式中，q_n 为阀的额定流量；Δp_n 为阀在额定流量下的压力损失（查阅阀的样本手册）；q 为通过阀的实际流量。

◎ 管道系统中总压力损失

管道系统中的总压力损失为所有的沿程压力损失和所有局部压力损失之和，即

$$\sum \Delta p = \sum \Delta p_\lambda + \sum \Delta p_\xi + \sum \Delta p_v$$

管道系统中的压力损失会使油温升高，泄漏增多，系统效率降低，影响系统工作性能。

改善措施有：缩短管路长度，减小管路弯曲和截面的突变，管壁光滑，管径合理，流速低。

6. 液体流经小孔及间隙的流量

在液压传动系统中常遇到油液流经小孔或间隙的情况，例如节流调速中的节流小孔，液压元件相对运动表面间的各种间隙。研究液体流经这些小孔和间隙的流量，了解其影响因素对于正确分析液压元件和系统的工作性能是很有必要的。

（1）液体流经小孔的流量

孔的种类：$l/d \leqslant 0.5$，薄壁小孔；$l/d > 4$，细长孔；$0.5 < l/d \leqslant 4$，短孔。

◎ 流经薄壁孔的流量

$$q = v_{ac} A_c = C_c C_v A \sqrt{\frac{2\Delta p}{\rho}} = C_q A \sqrt{\frac{2\Delta p}{\rho}}$$

式中，C_q 为流量系数，$C_q = C_v C_c$，当完全收缩（$D/d > 7$）时，$C_q = 0.60 \sim 0.62$，当不完全收缩时，$C_q = 0.7 \sim 0.8$，C_c 为收缩系数；A_c 为收缩完成处的面积；A 为通流小孔截面积。

◎ 流经细长孔的流量

$$q = \frac{\pi d^4 \Delta p}{128\mu l}$$

◎ 薄壁小孔和细长小孔的特点比较

液体流经薄壁小孔时，流量与压力差 Δp 的平方根成正比，因孔短摩擦阻力小，流量受温度和黏度变化的影响小，流量稳定。所以可作节流孔（节流阀）用。

液体流经细长小孔时，流量与液体的黏度有关，温度变化引起黏度变化，所以流量受温度变化影响较大。

(2) 液体流经间隙的流量

液压元件内各零件间有相对运动，所以必须要有适当间隙。间隙过大，会造成泄漏；间隙过小，会使零件卡死。泄漏是由压差和间隙造成的。如图 1.11 所示，内泄漏的损失转换为热能，使油温升高，外泄漏污染环境，两者均影响系统的性能与效率，因此，研究液体流经间隙的泄漏量、压差与间隙量之间的关系，对提高元件性能及保证系统正常工作是必要的。间隙中的流动一般为层流，一种是压差造成的流动称为压差流动，另一种是相对运动造成的流动称为剪切流动，还有一种是在压差与剪切同时作用下的流动。

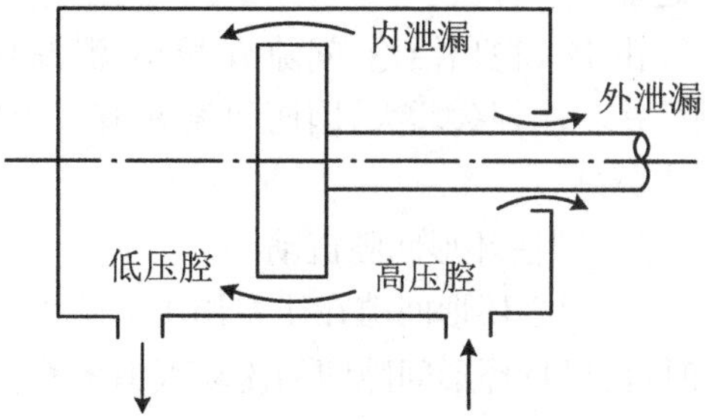

图 1.11　内泄漏与外泄漏

◎ 平行平板的间隙流动

下面分两种情况进行讨论。

① 固定平行平板间隙流动（压差流动）。上、下两平板均固定不动，液体在间隙两端的压差的作用下在间隙中流动，称为压差流动。其流量为

$$q = \frac{bh^3}{12\mu l}\Delta p$$

从上式可以看出，间隙中的速度分布规律呈抛物线状，通过间隙的流量与间隙的三次方成正比，因此必须严格控制间隙量，以减小泄漏。

② 两平行平板有相对运动时的间隙流动，如图 1.12 所示。

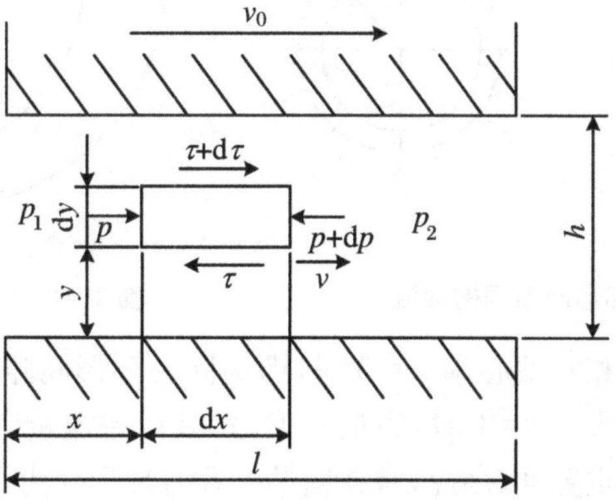

图 1.12　平行平板间隙流动

(a) 两平行平板有相对运动，速度为 v_0，但无压差，这种流动称为纯剪切流动。其流量为

$$q = v_a A = \frac{v_0}{2}bh$$

(b) 两平行平板既有相对运动，两端又存在压差的流动，这是一种普遍情况，其速度和流量是以上两种情况的线性迭加，即

$$q = \frac{bh^3}{12\mu l}\Delta p \pm \frac{v_0}{2}bh$$

式中正负号的确定：当长平板相对于短平板的运动方向和压差流动方向一致时，取"+"号；反之取"-"号。

由上式得出结论：间隙 h 越小，泄漏功率损失也越小。但是 h 的减小会使液压元件中的摩擦功率损失增大，因而间隙 h 有一个使这两种功率损失之和达到最小的最佳值，并不是越小越好。

◎ 圆柱环形间隙流动

① 同心环形间隙在压差作用下的流动。如图 1.13 所示为同心环形间隙流动，当 $h/r \ll 1$ 时，可以将环形间隙间的流动近似地看作是平行平板间隙间的流动，只要将 $b = \pi d$ 代入上式，就可得到这种情况下的流动，即

$$q = \frac{\pi dh^3}{12\mu l}\Delta p \pm \frac{\pi dh}{2}v_0$$

式中，"+"号和"-"号的确定也同上式。

② 偏心环形间隙在压差作用下的流动。液压元件中经常出现偏心环状的情况，如图 1.14 所示，例如活塞与油缸不同心时就形成了偏心环状间隙。通过偏心环状间隙流量为

$$q = \frac{\pi dh^3}{12\mu l}\Delta p(1 + 1.5\varepsilon) \pm \frac{\pi dh}{2}v_0$$

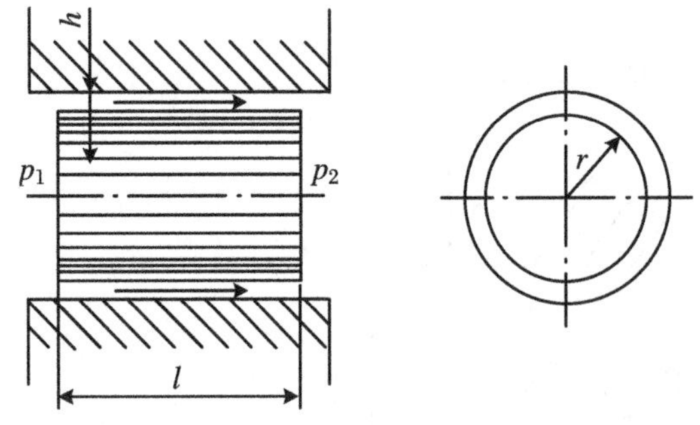

图 1.13 同心环形间隙间的液流

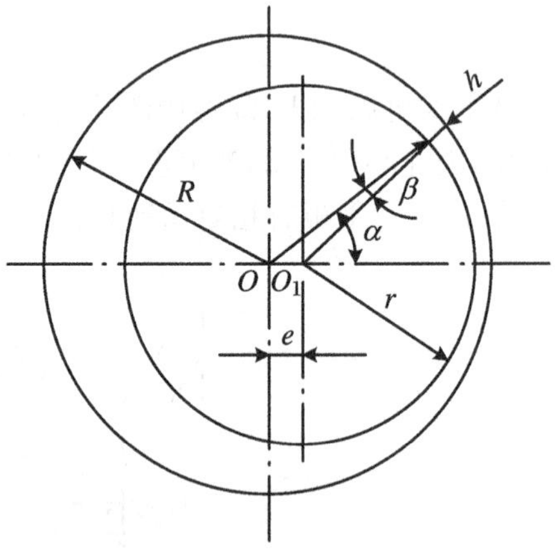

图 1.14 偏心环状间隙中的液流

从上式可以看出，当相对偏心率 $\varepsilon = 0$ 时，即为同心环形间隙的流量。随着偏心量的增大，通过的流量也随之增大。$\varepsilon = 1$ 时，为最大偏心，其压差流量为同心圆环的 2.5 倍，由此可见，阀件配合同轴度的重要性，因此，常在阀芯上开有环形压力平衡槽，通过压力作用使其自动对中，减少偏心，从而减少泄漏量。

7. 液压冲击及空穴现象

(1) 液压冲击

在液压系统中，当极快地换向或关闭液压回路时，液流速度急速地改变(变向或停止)，由于流动液体的惯性或运动部件的惯性，系统内的压力会突然升高或降低，这种现象称为液

压冲击(水力学中称为水锤现象)。

液压冲击的危害是很大的。发生液压冲击时管路中的冲击压力往往激增很多倍,而使按工作压力设计的管道破裂。此外,所产生的液压冲击波会引起液压系统的振动和冲击噪音。因此,在液压系统设计时要考虑这些因素,应当尽量减少液压冲击的影响。为此,一般可采取如下措施:

① 缓慢关闭阀门,削减冲击波的强度。

② 在阀门前设置蓄能器,以减小冲击波传播的距离。

③ 应将管中流速限制在适当范围内,或采用橡胶软管,也可以减小液压冲击。

④ 在系统中装置安全阀,可起卸载作用。

(2) 空穴现象

一般液体中溶解有空气,水中溶解有约2%体积的空气,液压油中溶解有6%～12%体积的空气。呈溶解状态的气体对油液体积弹性模量没有影响,而呈游离状态的小气泡则对油液体积弹性模量产生显著的影响。空气的溶解度与压力成正比。当压力降低时,原先压力较高时溶解于油液中的气体成为过饱和状态,于是就要分解出游离状态微小气泡,其速率是较低的,但当压力低于空气分离压 p_g 时,溶解的气体就要以很高的速度分解出来,成为游离微小气泡,并聚合长大,使原来充满油液的管道变为混有许多气泡的不连续状态,这种现象称为空穴现象。油液的空气分离压随油温及空气溶解度而变化,当油温 $t=50$ ℃时,$p_g<4\times10^4$ Pa(0.4 bar)(绝对压力)。

空穴现象引起系统的振动,产生冲击、噪音、气蚀而使工作状态恶化,应采取如下预防措施:

① 限制泵吸油口离油面高度,泵吸油口要有足够的管径,滤油器压力损失要小,自吸能力差的泵用辅助供油。

② 管路密封要好,防止空气进入。

③ 节流口压力降要小,一般控制节流口前后压差比 $p_1:p_2<3.5$。

任务实施

能够根据相关知识分析液体的流动规律和液压系统中的现象。

思　考　题

1. 液压传动系统由哪几部分组成?各组成部分的作用是什么?

2. 液压传动的主要优缺点是什么?

3. 国家新标准规定的液压油液牌号是温度在多少下的哪种黏度的平均值?

4. 液压油的选用应考虑哪几个方面?

5. 什么叫压力?压力有哪几种表示方法?液压系统的压力与外界负载有什么关系?

6. 解释下述概念:理想流体、稳定流动、通流截面、流量、平均流速、层流、紊流和雷诺数。

7. 连续性方程的本质是什么?它的物理意义是什么?

8. 说明伯努利方程的物理意义,并指出理想液体伯努利方程和实际液体伯努利方程的区别。

9. 如图1.15所示的连通器，内装两种液体，其中已知水的密度 $\rho_a = 1\,000\ \mathrm{kg/m^3}$，$h_a = 60\ \mathrm{cm}$，$h_b = 75\ \mathrm{cm}$，试求另一种液体的密度 ρ_b。

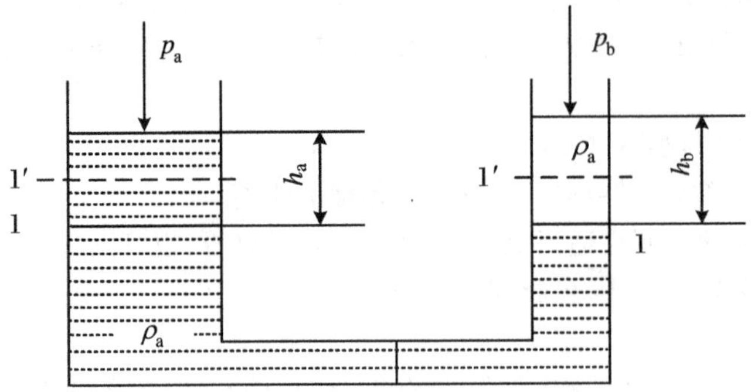

图1.15 思考题9图

项目二　液压传动系统组成元件

一个完整的液压系统由5个部分组成，即动力元件、执行元件、控制元件、辅助元件和液压油。

动力元件的作用是将原动机的机械能转换成液体的压力能，即指液压系统中的油泵，它向整个液压系统提供动力。液压泵的结构形式一般有齿轮泵、叶片泵和柱塞泵。执行元件（如液压缸和液压马达）的作用是将液体的压力能转换为机械能，驱动负载作直线往复运动或回转运动。控制元件（即各种液压阀）在液压系统中控制和调节液体的压力、流量和方向。根据控制功能的不同，液压阀可分为压力控制阀、流量控制阀和方向控制阀。辅助元件包括油箱、滤油器、油管及管接头、密封圈、压力表、油位油温计等。液压油是液压系统中传递能量的工作介质，有矿物油、乳化液和合成型液压油等几大类。

任务一　液压动力元件的认知

任务导入

① 了解液压泵的工作原理、主要性能参数及特点。

② 掌握各种结构液压泵的原理和结构特点。

③ 了解液压泵的选用。

相关知识

一、液压泵概述

在液压传动系统中，液压动力装置的作用是将电动机（或其他原动机）输出的机械能转换为液体的压力能，从而为系统提供动力。液压泵是液压系统的主要动力装置。

1. 液压泵的工作原理

图2.1为最简单的单柱塞液压泵的工作原理简图，柱塞2靠弹簧4压紧在偏心轮1上，偏心轮1的转动使柱塞2作往复运动。柱塞2向右移动时，油腔a的容积由小变大，形成局部真空，大气压力迫使油箱中的油液通过吸油管顶开单向阀6，进入油腔a中，这就是泵的吸油过程。

当柱塞2向左移动时，油腔a的容积由大变小，迫使其中的油液顶开单向阀5流入系统，这就是泵的压油过程。偏心轮不断地旋转，泵就不断地吸油和压油。

由于这种泵是依靠泵的密封工作腔的容积变化来实现吸油和压油的，所以输出油量的大小取决于工作腔密封容积的大小。

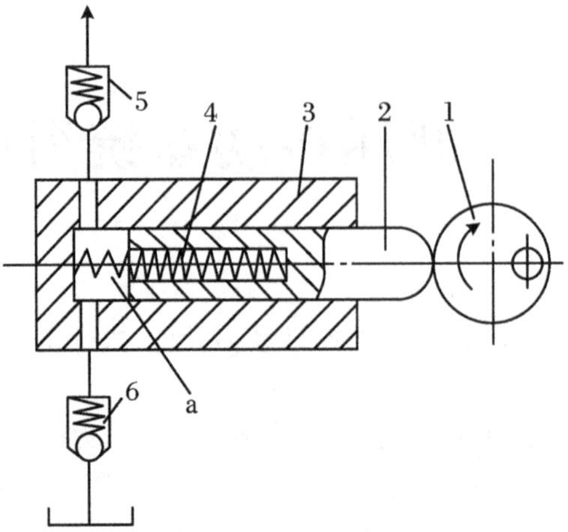

图 2.1　液压泵的工作原理简图

1. 偏心轮；2. 柱塞；3. 泵体；4. 弹簧；5、6. 单向阀

通过分析得到液压泵工作的基本条件如下：

① 在结构上能形成密封的工作容积。

② 密封工作容积能实现周期性的变化，密封工作容积由小变大时与吸油腔相通，由大变小时与排油腔相通。

③ 吸油腔与排油腔必须相互隔开。

液压泵的种类很多，按其结构不同可分为齿轮泵、叶片泵、柱塞泵等；按其输油方向能否改变可分为单向泵和双向泵；按其输出的流量能否调节可分为定量泵和变量泵；按其额定压力的高低可分为低压泵、中压泵、高压泵等。

液压泵的图形符号见表 2.1。

表 2.1　液压泵的图形符号

单向定量	双向定量	单向变量	双向变量
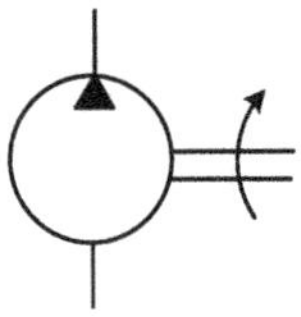	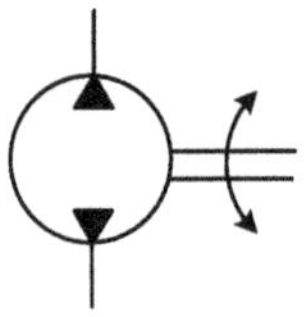	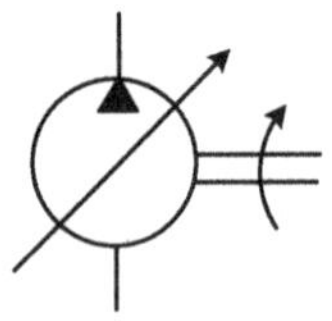	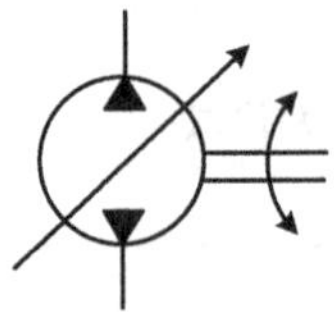

2. 液压泵的基本参数

(1) *液压泵的压力*

① 工作压力　液压泵实际工作时的输出压力称为工作压力。工作压力取决于外负载的大小和排油管路上的压力损失，而与液压泵的流量无关。

② 额定压力　液压泵在正常工作条件下，按试验标准规定连续运转的最高压力称为液压泵的额定压力。额定压力受本身的结构强度和泄漏的制约。

③ 最高允许压力　在超过额定压力的条件下，根据试验标准规定，允许液压泵短暂运行的最高压力值，称为液压泵的最高允许压力。

液压的压力等级：低压≤2.5 MPa；中压＞2.5～8 MPa；中高压＞8～16 MPa；高压＞16～31.5 MPa；超高压＞31.5 MPa。

(2) 液压泵的排量 V_p和流量 q_p

① 排量 V_p　在没有泄漏的情况下,泵轴转动一转所排出液体的体积,单位为 mL/r(毫升/转),排量大小仅与泵的几何尺寸有关。

② 理论流量 q_{pt}　在没有泄漏的情况下,泵单位时间内所输出油液的体积。计算公式:$q_{pt}=V_p n_p$,单位为 m^3/s 或 L/min。

③ 实际流量 q_p　泵在单位时间内实际输出油液的体积 q_p。计算公式:$q_p=q_{pt}-\Delta q_p$(Δq_p为泄漏量)。

④ 额定流量 q_{pn}　泵在额定转速和额定压力下输出的实际流量 q_{pn}。

(3) 液压泵的功率

① 泵的输入功率 P_{pi}　计算公式:$P_{pi}=2\pi n_p T_{pi}$(泵的输出功率 P_{pi}为原动机输出转矩 T_{pi}与泵轴输入转速 ω_p($\omega_p=2\pi n_p$)的乘积)。

② 泵的输出功率 P_{po}　计算公式:$P_{po}=pq_p$(泵实际输出液体的压力 p 与实际输出流量 q_p 的乘积)。

③ 理论功率 P_{pt}　计算公式:$P_{pt}=pq_{pt}=2\pi n_p T_{pt}$。

(4) 液压泵的效率

① 容积效率 η_{pv}　容积损失是因内泄漏、气穴和油液在高压下的压缩而造成的流量上的损失。流量损失主要是内泄漏,随工作压力的增高而加大,所以实际流量总是小于理论流量。容积效率 η_{pv}的计算公式为

$$\eta_{pv}=\frac{q_p}{q_{pt}}=\frac{q_{pt}-\Delta q_p}{q_{pt}}=1-\frac{\Delta q_p}{q_{pt}}$$

② 机械效率 η_{pm}　机械损失是因摩擦而造成的转矩上的损失。驱动液压泵的转矩总是大于其理论上所需的转矩。机械效率 η_{pm}的计算公式为

$$\eta_{pm}=\frac{T_{pt}}{T_{pi}}=\frac{pV_p}{2\pi T_{pi}}$$

③ 总效率 η_p　总效率为输出功率与输入功率的比值。等于容积效率和机械效率的乘积。总效率 η_p的计算公式为

$$\eta_p=\frac{P_{po}}{P_{pi}}=\frac{pq_p}{2\pi n_p T_{pi}}=\frac{q_p}{V_p n_p}\frac{pV_p}{2\pi T_{pi}}=\eta_{pv}\eta_{pm}$$

二、齿轮泵

齿轮泵是液压系统中最常用的液压泵。它具有结构简单、制造方便、造价低、重量轻、外形尺寸小、自吸性能好、对油的污染不敏感、工作可靠、允许转速高等优点。但是其缺点是流量脉动较大、有困油现象、噪音较大、排量不可变。

工作范围:工作压力为 2.5 MPa,中高压可达到 16～20 MPa,高压可达到 32 MPa。

分类:外啮合齿轮泵(如渐开线直齿轮)和内啮合齿轮泵(如渐开线直齿轮、摆线齿轮)。

1. 外啮合齿轮泵

(1) 工作原理

图 2.2 为外啮合齿轮泵的工作原理图。泵体内装有一对外啮合齿轮,齿轮两侧面用端盖(图中未画出)密封。泵体、两端盖和齿轮的各个齿间组成密封容积,齿轮副的啮合线把密封容积分成两部分,即吸油腔和压油腔。当齿轮按图示方向回转时,泵的右侧(吸油腔)由于齿轮的轮齿脱开啮合,使密封容积逐渐增大,形成局部真空,油箱中的油液在大气压力的作

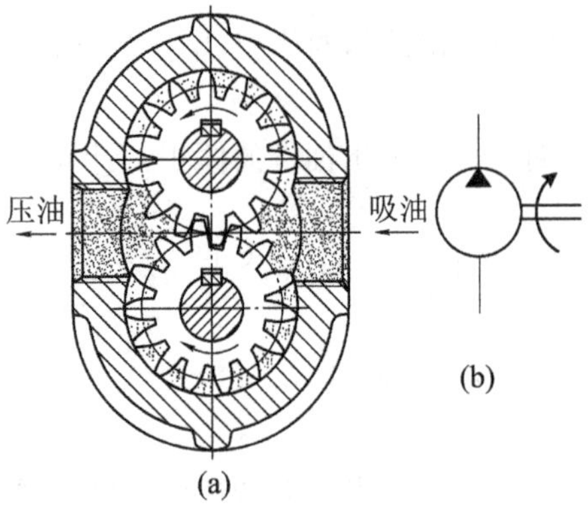

图 2.2 外啮合齿轮泵工作原理图

用下，经吸油管路被吸入吸油腔内，并充满齿间。随着齿轮的回转，吸入到轮齿间的油液被带到泵的左侧（压油腔）。因左侧的轮齿逐渐进入啮合，故密封容积不断减小，齿间的油液被压出泵外，输送到压力管路中去。当齿轮泵的齿轮在电动机带动下连续回转时，轮齿脱开啮合的一侧（吸油腔），由于密封容积变大而不断地从油箱吸入油液，由于密封容积减小而不断地压油。这就是外啮合齿轮泵的工作原理。

(2) 齿轮泵的流量计算

齿轮泵的排量 V_p 相当于一对齿轮所有齿槽容积之和，假如齿槽容积大致等于轮齿的体积，那么齿轮泵的排量等于一个齿轮的齿槽容积和轮齿容积体积的总和，即相当于以有效齿高（$h=2m$）和齿宽构成的平面所扫过的环形体积，即

$$V_p = \pi DhB = 2\pi zm^2B$$

式中，D 为齿轮分度圆直径，$D=mz$；h 为有效齿高，$h=2m$；B 为齿轮宽；m 为齿轮模数；z 为齿数。

实际上齿槽的容积要比轮齿的体积稍大，故上式中的 π 常以 3.33 代替，得到

$$V_p = 6.66zm^2B$$

齿轮泵的流量 q_p（L/min）为

$$q_p = 6.66zm^2Bn_p\eta_{pv}\times 10^{-3}$$

式中，n_p 为齿轮泵转速（r/min）；η_{pv} 为齿轮泵的容积效率。

实际上，齿轮泵的输油量是有脉动的，故上式所表示的是泵的平均输油量。

从上面公式可以看出流量和几个主要参数的关系为：

① 输油量与齿轮模数 m 的平方成正比。

② 在泵的体积一定时，齿数少，模数就大，故输油量增加，但流量脉动大；齿数增加时，模数就会减小，输油量减少，流量脉动也小。

③ 输油量和齿宽 B、转速 n_p 成正比。

(3) 齿轮泵的结构特点

◎ 困油现象

齿轮泵要能连续地供油，就要求齿轮啮合的重叠系数 ε 大于 1，也就是当一对齿轮尚未脱开啮合时，一对齿轮已进入啮合，这样，就出现同时有两对齿轮啮合的瞬间，在两对齿轮的齿向啮合线之间形成了一个封闭容积，一部分油液也就被困在这一封闭容积中，见图 2.3(a)，齿轮连续旋转时，这一封闭容积便逐渐减小，到两啮合点处于节点两侧的对称位置时，见图 2.3(b)，封闭容积为最小，齿轮再继续转动时，封闭容积又逐渐增大，直到图 2.3(c)所示位置时，容积又变为最大。在封闭容积减小时，被困油液受到挤压，压力急剧上升，使轴承上突然受到很大的冲击载荷，使泵剧烈振动，这时高压油从一切可能泄漏的缝隙中挤出，造成功率损失，使油液发热等。当封闭容积增大时，由于没有油液补充，因此形成局部真空，使原来溶解于油液中的空气分离出来，形成了气泡，油液中产生气泡后，会引起噪音、气蚀等一系列恶果。以上情况就是齿轮泵的困油现象。这种困油现象极为严重地影响着泵的工作平

稳性和使用寿命。

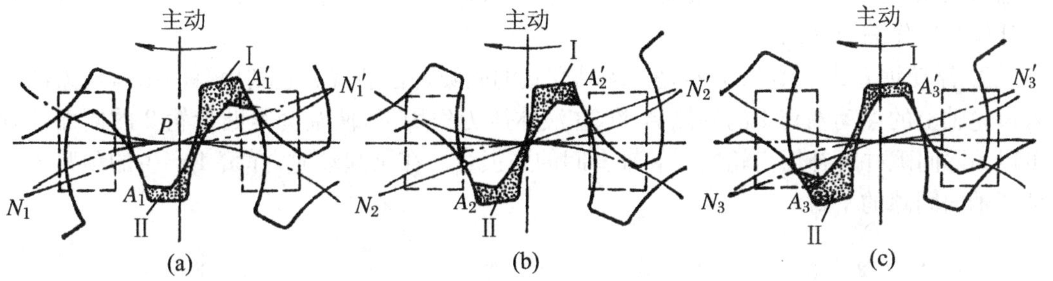

图 2.3　齿轮泵的困油现象

为了消除困油现象，在齿轮泵的泵盖上铣出两个困油卸荷凹槽，其几何关系如图 2.4 所示。卸荷槽的位置应该使困油腔由大变小时，能通过卸荷槽与压油腔相通，而当困油腔由小变大时，能通过另一卸荷槽与吸油腔相通。两卸荷槽之间的距离为 a，必须保证在任何时候都不能使压油腔和吸油腔互通。

按上述要求对称开的卸荷槽，当困油封闭腔由大变至最小时(图 2.4)，由于油液不易从即将关闭的缝隙中挤出，故封闭油压仍将高于压油腔压力，齿轮继续转动，当封闭腔和吸油腔相通的瞬间，高压油又突然和吸油腔的低压油相接触，会引起冲击和噪音。于是齿轮泵将卸荷槽的位置整个向吸油腔侧平移了一个距离。这时封闭腔只有在由小变至最大时才和压油腔断开，油压没有突变，封闭腔和吸油腔接通时，封闭腔不会出现真空也没有压力冲击，这样改进后，使齿轮泵的振动和噪音得到了进一步改善。

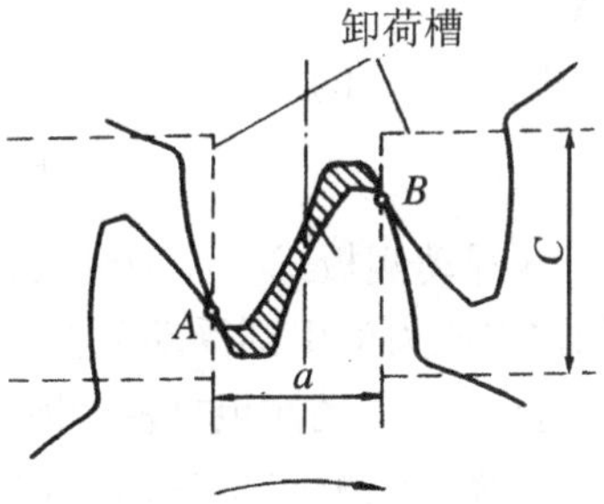

图 2.4　齿轮泵的困油卸荷槽图

◎ 齿轮泵的径向不平衡力

齿轮泵工作时，在齿轮和轴承上承受径向液压力的作用。如图 2.5 所示，泵的右侧为吸油腔，左侧为压油腔。在压油腔内有液压力作用于齿轮上，沿着齿顶的泄漏油，具有大小不等的压力，就是齿轮和轴承受到的径向不平衡力。液压力越高，这个不平衡力就越大，其结果不仅加速了轴承的磨损，降低了轴承的寿命，甚至使轴变形，造成齿顶和泵体内壁的摩擦等。为了解决径向力不平衡问题，在有些齿轮泵上，采用开压力平衡槽的办法来消除径向不平衡力，但这将使泄漏增大，容积效率降低等。齿轮泵则采用缩小压油腔，以减少液压力对齿顶部分的作用面积来减小径向不平衡力，所以泵的压油口孔径比吸油口孔径要小。

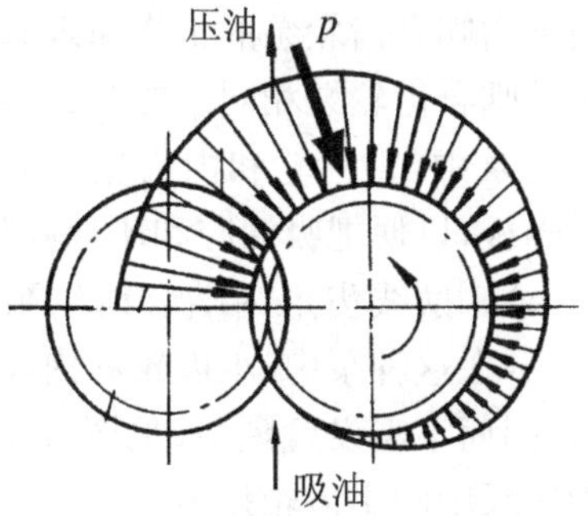

图 2.5　齿轮泵的径向不平衡力

◎ 泄漏

由于上述齿轮泵存在泄漏，途径有齿轮啮合处的间隙、泵体内孔和齿顶圆间的径向间隙、齿轮两端面和端盖间的端面间隙(泄漏量最大)，且流体中存在径向不平衡力，故压力不易提高。高压齿轮泵主要是针对上述问题采取了一些措施，如尽量减小径向不平衡力和提高轴与轴承的刚度；对泄漏量最大处的端面间隙，采用了自动补偿装置等。下面对端面间隙的补偿装置作简单介绍。

① 浮动轴套式　图 2.6(a)是浮动轴套式的间隙补偿装置。它利用泵的出口压力油，引入齿轮轴上的浮动轴套 1 的外侧 A 腔，在液体压力作用下，使轴套紧贴齿轮 3 的侧面，因而可以消除间隙并可补偿齿轮侧面和轴套间的磨损量。在泵起动时，弹簧 4 产生的预紧力，保证了轴向间隙的密封。

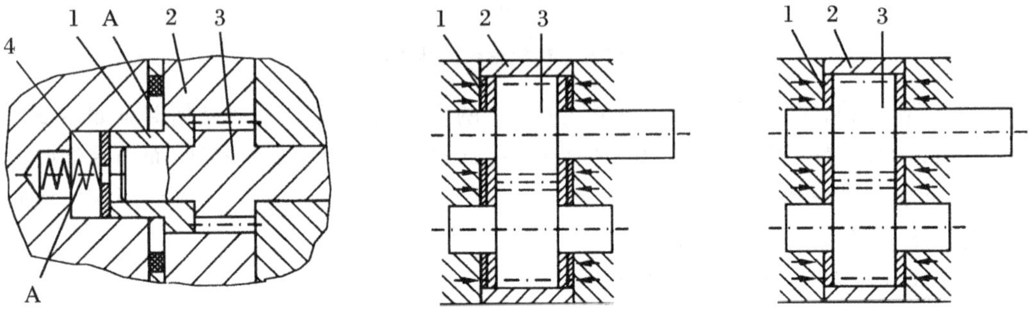

(a)　(b)　(c)

图 2.6　浮动轴套式间隙的补偿装置

② 浮动侧板式　浮动侧板式补偿装置的工作原理与浮动轴套式基本相似，它也是利用泵的出口压力油引到浮动侧板 1 的背面，见图 2.6(b)，使之紧贴于齿轮 2 的端面来补偿间隙。起动时，浮动侧板靠密封圈来产生预紧力。

③ 挠性侧板式　图 2.6(c)是挠性侧板式间隙补偿装置。它是利用泵的出口压力油引到侧板的背面后，靠侧板自身的变形来补偿端面间隙的，侧板的厚度较薄，内侧面要耐磨(如烧结有厚为 0.5～0.7 mm 的磷青铜)。这种结构采取一定措施后，易使侧板外侧面的压力分布大体上和齿轮侧面的压力分布相适应。

2. 内啮合齿轮泵

内啮合齿轮泵按齿廓曲线的形状分为渐开线内啮合齿轮泵和摆线内啮合齿轮泵。

这两种内啮合齿轮泵的工作原理和主要特点皆与外啮合齿轮泵相同。在渐开线齿形内啮合齿轮泵中，小齿轮和内齿轮之间要装一块月牙隔板，以便把吸油腔和压油腔隔开，见图 2.7(a)。摆线齿形内啮合齿轮泵又称摆线转子泵，在这种泵中，小齿轮和内齿轮只相差一齿，因而不需设置隔板，见图 2.7(b)。内啮合齿轮泵中的小齿轮是主动轮。

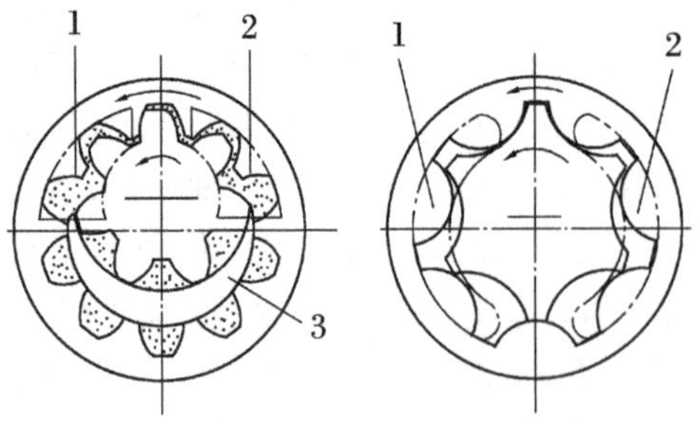

(a) 渐开线型　(b) 摆线型

图 2.7　内啮合齿轮泵工作原理图

1. 吸油腔；2. 压油腔；3. 隔板

内啮合齿轮泵的结构紧凑、尺寸小、质量小、运转平稳、噪音低，在高转速工作时有较高的容积效率；但在低速高压下工作时，压力脉动大，容积效率低，所以一般用于中低压系统。在闭式系统中，这种泵常被用作补油泵。内啮合齿轮泵的缺点是：齿形复杂、加工困难、价格较贵。

三、叶片泵

叶片泵的结构较齿轮泵的复杂，但运转平稳、压力脉动小、噪音小、结构紧凑、尺寸小、流量大、寿命较长，所以被广泛应用于专业机床、自动线等中低压液压系统中。叶片泵分单作用叶片泵（变量泵）和双作用叶片泵（定量泵）。

1. 单作用式变量叶片泵

（1）工作原理

工作原理如图 2.8 所示，单作用叶片泵的定子内表面是一个圆形，转子与定子间有一偏心量 e，两端的配流盘上只开有一个吸油窗口和一个压油窗口。当转子旋转一周时，每一叶片在转子槽内往复滑动一次，每相邻两叶片间的密封容腔容积发生一次增大和缩小的变化，容积增大时通过吸油窗口吸油，容积减小时通过压油窗口将油挤出。

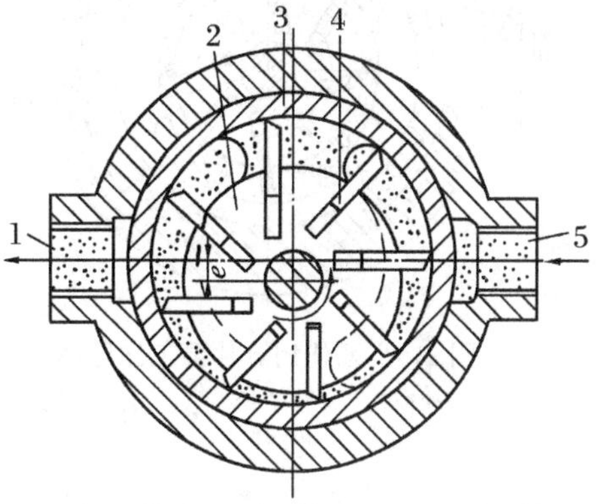

图 2.8　单作用叶片泵工作原理

1. 压油口；2. 转子；3. 定子；4. 叶片；5. 吸油口

由于这种泵在转子每转一周过程中，每个密封容腔容积吸油压油各一次，故称为单作用叶片泵。又因这种泵的转子受有不平衡的液压作用力，故又称不平衡式叶片泵。由于轴和轴承上的不平衡负荷较大，因而使这种泵工作压力的提高受到了限制。改变定子和转子间的偏心距 e 值，可以改变泵的排量，因此单作用叶片泵是变量泵。

（2）单作用叶片泵排量和流量

排量：

$$V_p = 2\pi beD$$

实际流量：

$$q_p = = 2\pi beDn_p\eta_{pv}$$

式中，b 为叶片宽度（cm）；D 为定子的内径（cm）；e 为定子与转子的偏心量（cm）；n_p为泵轴的转速（r/min）；η_{pv}为泵的容积效率。

注意：单作用叶片泵由于定子和转子偏置安装，造成容积变化不均匀导致流量脉动，当叶片数为奇数时流量脉动小，一般取 13 片或 15 片。

（3）结构特点

① 定子和转子相互偏置，改变偏心距就可以调节排量。

② 径向液压力不平衡，这种泵不适合在高压下工作。

③ 叶片后倾，后倾角为 24°，利于叶片在惯性力作用下被甩出。

2. 双作用式定量叶片泵

（1）结构和原理

如图 2.9 所示，双作用叶片泵定子的两端装有配流盘，定子 3 的内表面曲线由 2 段大半径圆弧、2 段小半径圆弧以及 4 段过渡曲线组成。定子 3 和转子 2 的中心重合。在转子 2 上沿圆周均布开有若干条（一般为 12 或 16 条）与径向成一定角度（一般为 13°）的叶片槽，槽内装有可自由滑动的叶片。在配流盘上，对应于定子 4 段过渡曲线的位置开有 4 个腰形配流窗口，其中 2 个与泵吸油口 4 连通的是吸油窗口；另外 2 个与泵压油口 1 连通的是压油窗口。

当转子 2 在传动轴带动下转动时，叶片在离心力和底部液压力（叶片槽底部始终与压油腔相通）的作用下压向定子 3 的内表面，在叶片、转子、定子与配流盘之间构成若干密封空间。当叶片从小半径曲线段向大半径曲线滑动时，叶片外伸，这时所构成的密封容积由小变大，形成部分真空，油液便经吸油窗口吸入；而处于从大半径曲线段向小半径曲线滑动的叶片缩回，所构成的密封容积由大变小，其中的油液受到挤压，经过压油窗口压出。

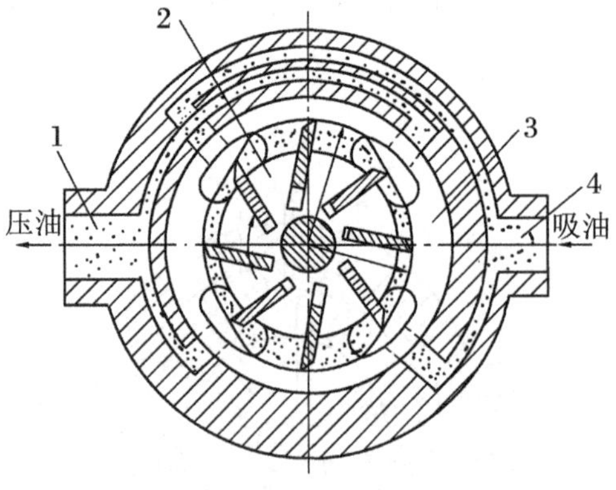

图 2.9　双作用叶片泵工作原理

1. 压油窗口；2. 转子；3. 定子；4. 吸油口

这种叶片泵每转一周，每个密封容腔完成两次吸、压油过程，故这种泵称为双作用叶片泵。同时，泵中两吸油区和两压油区各自对称，使作用在转子上的径向液压力互相平衡，所以这种泵又被称为平衡式叶片泵。这种泵的排量不可调，因此它是定量泵。

（2）双作用叶片泵排量和流量

排量：

$$V_p = 2\pi(R^2 - r^2)b$$

实际流量：

$$q_p = 2\pi(R^2 - r^2)b\, n_p \eta_{pv}$$

式中，b 为叶片宽度（cm）；R 为定子的长半径（cm）；r 为定子的短半径（cm）；n_p为泵轴的转速（r/min）；η_{pv}为泵的容积效率。

注意：双作用叶片泵由于叶片的厚度，会有一定量的脉动。可以采用定子为等加速等减速曲线，叶片数为 12 时能避免流量脉动。

（3）结构特点

① 定子曲线由 4 段圆弧（2 段大圆弧和 2 段小圆弧）和 4 段过渡曲线组成。

② 吸、压油口对称分布，转子和轴承所承受的径向力是平衡的（又称平衡式叶片泵）。

③ 端面间隙自动补偿，使容积效率得到了一定的提高。

④ 提高工作压力的措施是采用双叶片或子母叶片（复合叶片）。

3. 限压式变量叶片泵

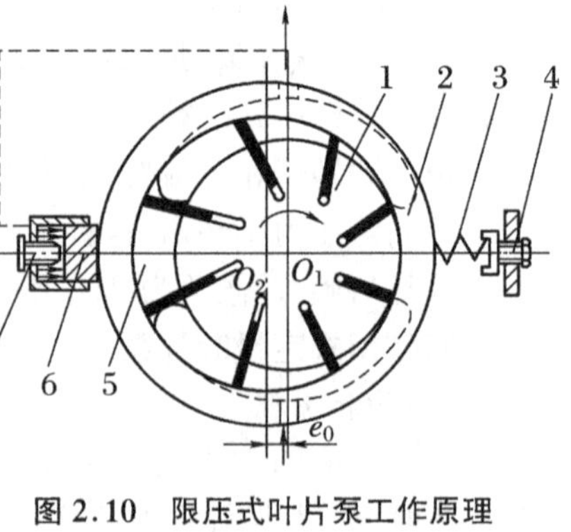

图 2.10　限压式叶片泵工作原理

1. 转子；2. 定子；3. 弹簧；4. 调节螺栓
5. 配油盘；6. 活塞；7. 流量调节螺钉

限压式变量叶片泵是单作用叶片泵。根据前面介绍的单作用叶片泵的工作原理，改变定子和转子间的偏心距 e，就能改变泵的输出流量，限压式变量叶片泵能借助输出压力大小自动改变偏心距 e 的大小来改变输出流量。当压力低于某一可调节的限定压力时，泵的输出流量最大；当压力高于限定压力时，随着压力的增加，泵的输出流量线性地减少，其工作原理如图 2.10 所示。

当泵的压力达到某一数值时，偏心量接近于零（微小偏心量所排出的流量只够补偿内泄漏），泵的输出流量为零。此时泵的压力称为泵的极限工作压力。

四、柱塞泵

工作原理：依靠柱塞在缸体内作往复运动，使密封容积发生变化以实现吸油和压油。

优点：效率高，工作压力高，结构紧凑，在结构上容易实现流量调节。

缺点：机构复杂，价格高，加工精度和日常维护要求高，对油液的污染敏感。

分类：按柱塞排列方向分为轴向柱塞泵（柱塞都平行于缸体的中心线）和径向柱塞泵（柱塞与缸体的中心线垂直）；按配流方式分为阀配流（缸体不动）、端面配流和轴配流（缸体转动）。

1. 轴向柱塞泵

(1) 工作原理

如图 2.11 所示，轴向柱塞泵主要由缸体 7、配油盘 10、柱塞 5 和斜盘 1 等组成。

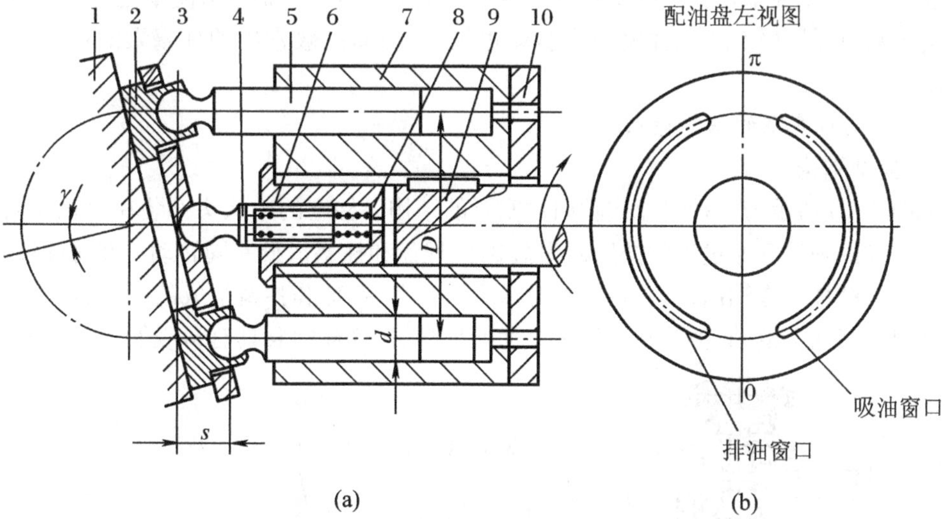

图 2.11　斜盘式轴向柱塞泵工作原理

斜盘和配油盘固定不动，斜盘法线与缸体轴线有交角。缸体由轴 9 带动旋转，缸体上均匀分布有若干个轴向柱塞孔，孔内装有柱塞，内套筒 4 在中心弹簧 6 的作用下，通过压板 3 而使柱塞头部的滑靴 2 紧靠在斜盘上，同时外套筒 8 在弹簧 6 的作用下，使缸体与配油盘紧密接触，起密封作用。在配油盘上开有两个腰形吸、压油窗口。

当传动轴带动缸体按图示方向旋转时，在右半周内，柱塞逐渐向外伸出，柱塞与缸体孔内的密封容积逐渐增大，形成局部真空，通过配油盘的吸油窗口吸油；缸体在左半周旋转时，柱塞在斜盘斜面作用下，逐渐被压入柱塞孔内，密封容积逐渐减小，通过配油盘的压油窗口压油。

缸体每转一转，每个柱塞往复运动一次，吸、压油各一次。若改变斜盘倾角的大小，就能改变柱塞的行程长度，也就改变了泵的排量。如果改变斜盘倾角的方向，就能改变吸、压油的方向，所以称为双向变量轴向柱塞泵。

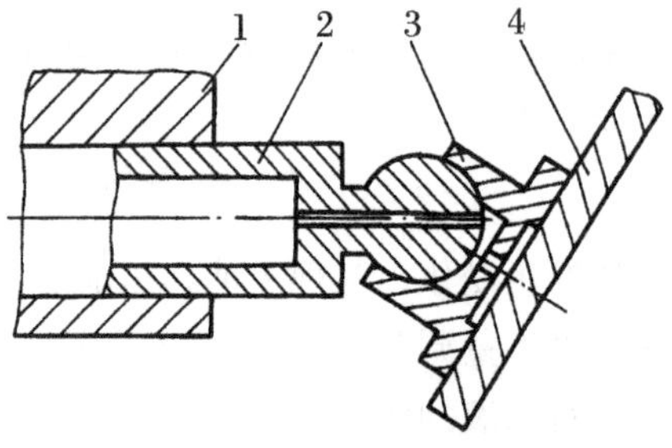

图 2.12 柱塞与斜盘的滑靴式结构

1. 缸体；2. 柱塞；3. 滑靴；4. 斜盘

这种结构的轴向柱塞泵用于高压时，往往采用如图 2.12 所示的滑靴式结构。柱塞的球形头与滑靴的内球面接触，而滑靴的底平面与斜盘接触。这样，便将点接触改变成面接触，从而大大降低了柱塞球形头的磨损。

(2) 轴向柱塞泵的排量和流量计算

如图 2.11 所示，柱塞的直径为 d，柱塞分布圆直径为 D，斜盘倾角为 γ 时，柱塞的行程 $s = D\tan\gamma$，所以当柱塞数为 z 时，轴向柱塞泵的排量为

$$V_{\mathrm{p}} = \frac{\pi d^2 D(\tan\gamma)z}{4}$$

设泵的转数为 n，容积效率为 η_{pv}，则泵的实际输出流量为

$$q_{\mathrm{p}} = \frac{\pi d^2 D(\tan\gamma)zn\eta_{\mathrm{pv}}}{4}$$

实际上，由于柱塞在缸体孔中运动的速度不是恒定的，因而输出流量是有脉动的，当柱塞数为奇数时，脉动较小，且柱塞数多脉动也较小，因而一般常用的柱塞泵的柱塞个数为 9 或 11。

(3) 轴向柱塞泵的结构特点

◎ 典型结构

如图 2.13 所示为一种斜盘式轴向柱塞泵的结构。柱塞的球状头部装在滑靴 4 内，以缸体作为支撑的弹簧 9 通过钢球推压回程盘 3，回程盘和柱塞滑靴一同转动。在排油过程中借助斜盘 2 推动柱塞作轴向运动；在吸油时依靠回程盘、钢球和弹簧组成的回程装置将滑靴紧紧压在斜盘表面上滑动，弹簧 9 一般称之为回程弹簧，这样的泵具有自吸能力。在滑靴与斜

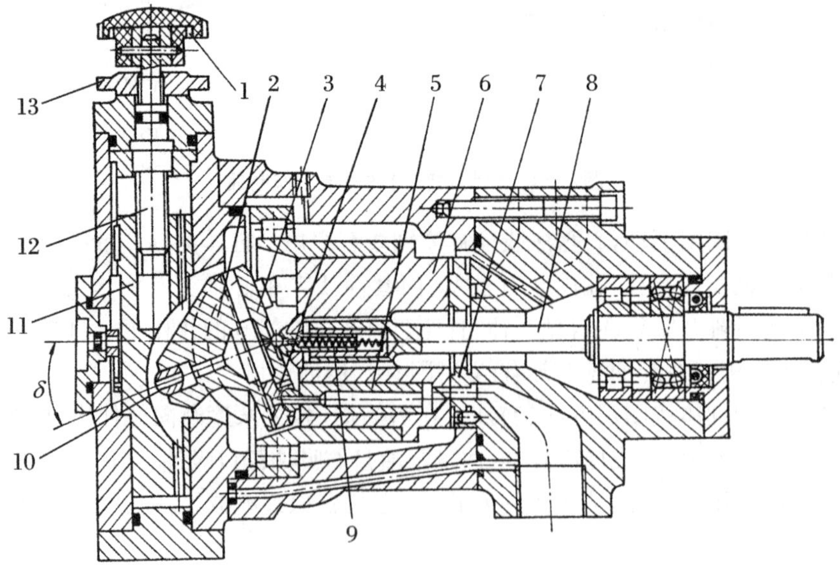

图 2.13 斜盘式轴向柱塞泵结构

1. 转动手轮；2. 斜盘；3. 回程盘；4. 滑靴；5. 柱塞；6. 缸体；7. 配油盘；8. 传动轴；9. 中心弹簧；10. 轴销；11. 变量活塞；12. 丝杠；13. 螺母

盘相接触的部分有一油室，它通过柱塞中间的小孔与缸体中的工作腔相连，压力油进入油室后在滑靴与斜盘的接触面间形成了一层油膜，起着静压支承的作用，使滑靴作用在斜盘上的力大大减小，因而磨损也减小。传动轴 8 通过左边的花键带动缸体 6 旋转，由于滑靴 4 贴紧在斜盘表面上，柱塞在随缸体旋转的同时在缸体中作往复运动。缸体中柱塞底部的密封工作容积是通过配油盘 7 与泵的进出口相通的。随着传动轴的转动，液压泵就连续地吸油和排油。

◎ 变量机构

若要改变轴向柱塞泵的输出流量，只要改变斜盘的倾角，即可改变轴向柱塞泵的排量和输出流量，下面介绍常用的轴向柱塞泵的手动变量的工作原理。

如图 2.13 所示，转动手轮 1 使丝杠 12 转动，带动变量活塞 11 作轴向移动（因导向键的作用，变量活塞只能作轴向移动，不能转动）。通过轴销 10 使斜盘 2 绕变量机构壳体上的圆弧导轨面的中心（即钢球中心）旋转。从而使斜盘倾角改变，达到变量的目的。当流量达到要求时，可用锁紧螺母 13 锁紧。这种变量机构结构简单，但操作不轻便，且不能在工作过程中变量。

2. 径向柱塞泵

（1）径向柱塞泵的工作原理

径向柱塞泵的工作原理如图 2.14 所示，柱塞 1 径向排列装在缸体 2 中，缸体由原动机带动连同柱塞 1 一起旋转，所以缸体 2 一般称为转子，柱塞 1 在离心力的（或在低压油）作用下抵紧定子 4 的内壁，当转子按图示方向回转时，由于定子和转子之间有偏心距 e，柱塞绕经上半周时向外伸出，柱塞底部的容积逐渐增大，形成部分真空，因此便经过衬套 3（衬套 3 是压紧在转子内，并和转子一起回转）上的油孔从配油孔 5 和吸油口 b 吸油；当柱塞转到下半周时，定子内壁将柱塞向里推，柱塞底部的容积逐渐减小，向配油轴的压油口 c 压油，当转子回转一周时，每个柱塞底部的密封容积完成一次吸压油，转子连续运转，即完成压吸油工作。配油轴固定不动，油液从配油轴上半部的两个孔 a 流入，从下半部两个油孔 d 压出，为了进行配油，配油轴在和衬套 3 接触的一段加工出上下两个缺口，形成吸油口 b 和压油口 c，留下的部分形成封油区。封油区的宽度应能封住衬套上的吸压油孔，以防吸油口和压油口相连通，但尺寸也不能大得太多，以免产生困油现象。

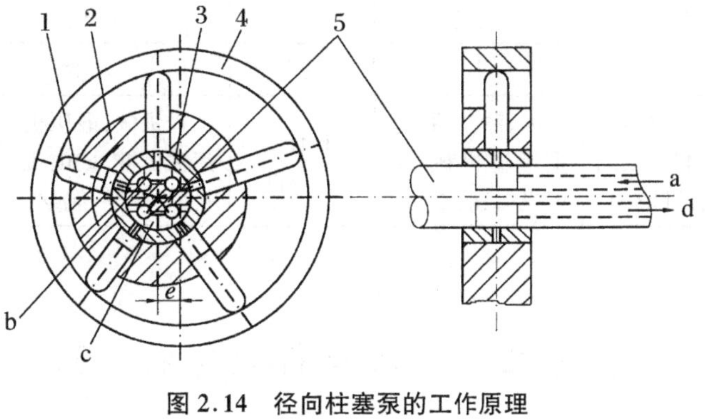

图 2.14　径向柱塞泵的工作原理

1. 柱塞；2. 缸体；3. 衬套；4. 定子；5. 配油孔

（2）径向柱塞泵的排量和流量计算

当转子和定子之间的偏心距为 e 时，柱塞在缸体孔中的行程为 $2e$，设柱塞个数为 z，直径为 d，则泵的排量为

$$V_p = \frac{\pi}{4} d^2 2ez$$

设泵的转数为 n_p，容积效率为 η_{pv}，则泵的实际输出流量为

$$q_p = \frac{\pi}{4} d^2 2ezn_p \eta_{pv} = \frac{\pi}{2} d^2 ezn_p \eta_{pv}$$

径向柱塞泵以其工作压力高、抗冲击、寿命长、控制精度高、噪音低等优点，引起国内外液压泵生产厂家的重视和使用厂家的青睐。它被广泛应用于冶金、矿山、锻压、注塑、船舶、重型等机械设备中。

任务实施

液压泵是液压系统提供一定流量和压力的油液动力元件，它是每个液压系统都不可缺少的核心元件，合理地选择液压泵对于降低液压系统的能耗、提高系统的效率、降低噪音、改善工作性能和保证系统的可靠工作都十分重要。

选择液压泵的原则是：根据主机工况、功率大小和系统对工作性能的要求，首先确定液压泵的类型，然后按系统所要求的压力、流量大小确定其规格型号。

表 2.2 液压泵的主要性能和选用

项目	齿轮泵	双作用叶片泵	单作用叶片泵	轴向柱塞泵	径向柱塞泵
工作压力(MPa)	<20	6.3～20	≤7	20～35	10～20
流量调节	不能	不能	能	能	能
容积效率	0.70～0.95	0.80～0.95	0.80～0.90	0.90～0.98	0.85～0.95
总效率	0.60～0.85	0.75～0.85	0.70～0.85	0.85～0.95	0.75～0.92
流量脉动率	大	小	中等	中等	中等
对油的污染敏感性	不敏感	敏感	敏感	敏感	敏感
自吸性能	好	较差	较差	较差	差
噪音	大	小	较大	大	较大
应用范围	机床、工程机械、农机、航空、船舶、一般机械	机床、注塑机、起重运输机械、工程机械、航空	机床、注塑机	工程机械、锻压机械、起重运输机械、矿山机械、冶金机械、船舶、航空	机床、液压机、船舶机械

任务二　液压执行元件的认知

任务导入

① 了解液压马达的相关参数和原理、类型和特点。

② 了解液压缸的主要类型、工作原理、特点及典型结构。

③ 掌握液压缸基本参数的计算方法。

相关知识

液压执行元件是将液压泵提供的液压能转变为机械能的能量转换装置，它包括液压缸和液压马达。液压马达习惯上是指输出旋转运动的液压执行元件，而把输出直线运动（其中包括输出摆动运动）的液压执行元件称为液压缸。

一、液压马达

1. 液压马达的特点及分类

从能量转换的观点来看，液压泵与液压马达是可逆工作的液压元件，向任何一种液压泵输入工作液体，都可使其变成液压马达工况；反之，当液压马达的主轴由外力矩驱动旋转时，也可变为液压泵工况。因为它们具有同样的基本结构要素——密闭而又可以周期变化的容积和相应的配油机构。

液压马达和液压泵的工作条件不同，对它们的性能要求也不一样，所以同类型的液压马达和液压泵之间，仍存在许多差别。首先，液压马达应能够正反转，因而要求其内部结构对称，液压马达的转速范围需要足够大，特别对它的最低稳定转速有一定的要求。因此，它通常都采用滚动轴承或静压滑动轴承。其次，液压马达由于在输入压力油条件下工作，因而不必具备自吸能力，但需要一定的初始密封性，才能提供必要的起动转矩。由于存在着这些差别，使得液压马达和液压泵在结构上比较相似，但不能可逆工作。

液压马达按其结构类型来分可以分为齿轮式、叶片式、柱塞式和其他形式；按额定转速分为高速和低速两大类，额定转速高于 500 r/min 的属于高速液压马达，额定转速低于 500 r/min 的属于低速液压马达。高速液压马达的基本形式有齿轮式、螺杆式、叶片式和轴向柱塞式等。它们的主要特点是转速较高、转动惯量小，便于启动和制动，调节（调速及换向）灵敏度高。通常高速液压马达输出转矩不大（仅几十 N・m 到几百 N・m）所以又称为高速小转矩液压马达。低速液压马达的基本形式是径向柱塞式，此外在轴向柱塞式、叶片式和齿轮式中也有低速的结构形式。低速液压马达的主要特点是排量大、体积大转速低（有时可达每分钟几转甚至零点几转），因此可直接与工作机构连接，不需要减速装置，使传动机构大为简化，通常低速液压马达输出转矩较大（可达几千 N・m 到几万 N・m），所以又称为低速大转矩液压马达。

2. 液压马达的基本性能参数

液压马达的性能参数有压力、输入流量、排量、扭矩、功率和效率等，而基本参数是排量、扭矩和转速。

(1) 工作压力和额定压力

工作压力是指液压马达入口油液的实际压力。

工作压差（Δp）是指马达入口压力和出口压力的差值。

马达的工作压力取决于负载。

额定压力是指马达在正常的工作条件下，按实验标准规定的连续运转的最高工作压力。其大小受到其结构强度和泄漏的制约。

(2) 流量和排量

排量（V_m）是指马达轴转动一周，需要的液体体积（计算所得）。

实际流量(q_m)是指输入给马达的流量。

理论流量(q_{mt})是指形成指定转速,马达容积变化所需要的流量。

泄漏量 Δq_m是指实际流量与理论流量之差值($\Delta q_m = q_m - q_{mt}$)。

马达的排量是指在没有泄漏的情况下,马达轴每转一周,由其密封容腔几何尺寸变化所计算得到的排出液体体积。

(3) 容积效率和转速

液压马达的理论流量 q_{mt}与实际流量 q_m之比为马达的容积效率,即

$$\eta_{mv} = \frac{q_{mt}}{q_m} = \frac{q_{mt}}{q_{mt} + \Delta q_m} = \frac{1}{1 + \dfrac{\Delta q_m}{q_{mt}}}$$

马达的输出转速等于理论流量 q_{mt}与排量 V_m的比值,即

$$n_m = \frac{q_{mt}}{V_m} = \frac{q_m \eta_{mv}}{V_m}$$

(4) 转矩和机械效率

马达的输出转矩称为实际输出转矩 T_m,由于马达中存在机械摩擦,使马达的实际输出转矩 T_m 小于理论转矩 T_{mt},若液压马达的转矩损失为 ΔT_m,则 $\Delta T_m = T_{mt} - T_m$。

马达的实际输出转矩 T_m 与理论转矩之比称为马达的机械效率,即

$$\eta_{mm} = \frac{T_m}{T_{mt}} = 1 - \frac{\Delta T_m}{T_{mt}}$$

设马达的进、出口压力差为 Δp,排量为 V_m,则马达的理论输出转矩与泵有相同的表达形式,即

$$T_{mt} = \frac{\Delta p V_m}{2\pi}$$

马达的实际输出转矩为

$$T_m = \frac{\Delta p V_m}{2\pi}\eta_{mm}$$

(5) 功率和总效率

马达的输入功率 $P_{mi} = \Delta p q_m$。

马达的输出功率 $P_{mo} = 2\pi n_m T_m$。

马达的总效率等于马达的输出功率 P_{mo}与输入功率 P_{mi}之比,即

$$\eta_m = \frac{P_{mo}}{P_{mi}} = \frac{2\pi n_m T_m}{\Delta p q_m} = \eta_{mm}\eta_{mv}$$

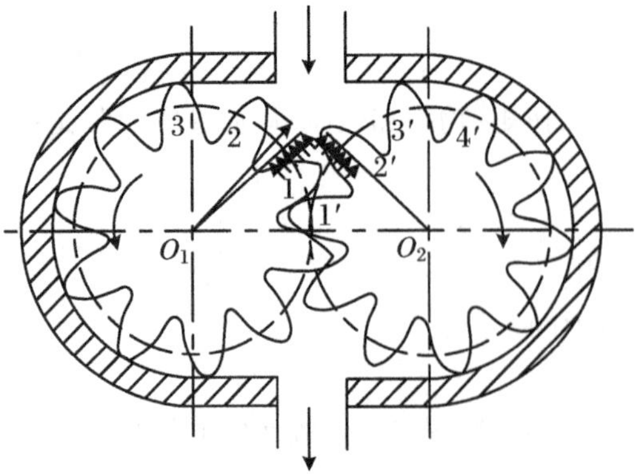

图 2.15 齿轮马达工作原理

3. 高速马达

(1) 齿轮马达

如图 2.15 所示的相互啮合的两个齿轮只有一部分处于高压腔。这样两个齿轮处于高压腔的两个齿面所受到的切向液压力相同。但是由于液压油作用面积的不同,液压力对各齿轮轴的力矩是不平衡的。两个齿轮各自受到不平衡的切向液压力,分别形

成了力矩使其旋转。

齿轮马达在结构上为了适应正、反转要求，要求进、出油口相等，具有对称性，有单独外泄口将轴承部分的泄漏油引出壳体外；为了减少起动摩擦力矩，采用滚动轴承；为了减少转矩脉动，齿轮液压马达的齿数比泵的齿数要多。

齿轮液压马达由于密封性差，容积效率较低，输入油压力不能过高，不能产生较大转矩，并且瞬间转速和转矩随着啮合点的位置变化而变化，因此齿轮液压马达仅适合高速小转矩的场合。一般用于工程机械、农业机械以及对转矩均匀性要求不高的机械设备上。

(2) 叶片马达

如图 2.16 所示为叶片液压马达的工作原理图。

当压力为 p 的油液从进油口进入叶片 1 和叶片 3 之间时，叶片 2 因两面均受液压油的作用所以不产生转矩。在叶片 1 和叶片 3 上，都一面作用有压力油，另一面为低压油。由于叶片 3 伸出的面积大于叶片 1 伸出的面积，因此作用于叶片 3 上的总液压力大于作用于叶片 1 上的总液压力，于是压力差使转子产生顺时针的转矩。同样道理，压力油进入叶片 5 和叶片 7 之间时，叶片 7 伸出的面积大于叶片 5 伸出的面积，也产生顺时针转矩。这样，就把油液的压力能转变成了机械能，这就是叶片马达的工作原理。当输油方向改变时，液压马达就反转。

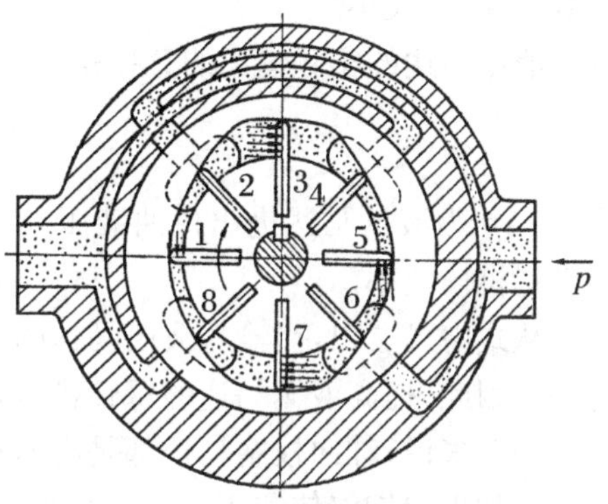

图 2.16　叶片马达的工作原理图

1～7. 叶片

叶片马达的体积小，转动惯量小，因此动作灵敏，可适应的换向频率较高，但泄漏较大，不能在很低的转速下工作。因此，叶片马达一般用于转速高、转矩小和动作灵敏的场合。

(3) 轴向柱塞马达

轴向柱塞马达的结构形式基本上与轴向柱塞泵一样，故其种类与轴向柱塞泵相同，也分为直轴式轴向柱塞马达和斜轴式轴向柱塞马达两类。

轴向柱塞马达的工作原理如图 2.17 所示。

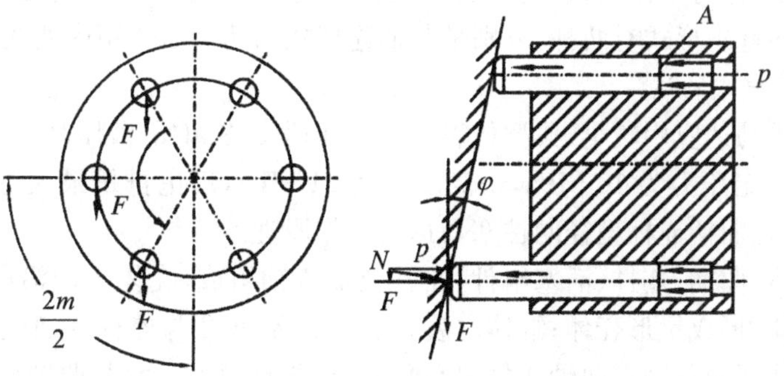

图 2.17　斜盘式轴向柱塞马达的工作原理图

当压力油进入液压马达的高压腔之后，工作柱塞便受到油压作用力为 pA（p 为油压力，A 为柱塞面积），通过滑靴压向斜盘，其反作用为 N。N 力分解成两个分力，沿柱塞轴向分力 p，与柱塞所受液压力平衡；另一分力 F，与柱塞轴线垂直向上，它与缸体中心线的距离为

γ，这个力便产生驱动马达旋转的力矩。F 力的大小为

$$F = pA\tan\gamma$$

式中，γ 为斜盘的倾斜角度(°)。

这个 F 力是缸体产生扭矩的大小，由柱塞在压油区所处的位置而定。设有一柱塞与缸体的垂直中心线成 φ 角，则该柱塞使缸体产生的扭矩 T 为

$$T = Fr = FR\sin\varphi = pAR(\tan\gamma)\sin\varphi$$

式中，R 为柱塞在缸体中的分布圆半径(m)。

随着角度 φ 的变化，柱塞产生的扭矩也跟着变化。整个液压马达能产生的总扭矩，是所有处于压力油区的柱塞产生的扭矩之和，因此，总扭矩也是脉动的，当柱塞的数目较多且为单数时，脉动较小。

液压马达的实际输出的总扭矩可用下式计算：

$$T = \frac{\eta_m \cdot \Delta p V_m}{2\pi}$$

式中，Δp 为液压马达进出口油液压力差(N/m^2)；V_m 为液压马达理论排量(m^3/r)；η_m为液压马达机械效率。

从式中可看出，当输入液压马达的油液压力一定时，液压马达的输出扭矩仅和每转排量有关。因此，提高液压马达的每转排量，可以增加液压马达的输出扭矩。

一般来说，轴向柱塞马达都是高速马达，输出扭矩小，因此，必须通过减速器来带动工作机构。如果我们能使液压马达的排量显著增大，也就可以使轴向柱塞马达做成低速大扭矩马达。

4. 低速马达

低速液压马达通常是径向柱塞式的，其特点是：排量大、体积大、低速稳定性好(一般可在 10 r/min 以下平稳运转，有的可低到 0.5 r/min 以下)，因此可以直接与工作机构连接，不需要减速装置，使传动结构大为简化。低速马达输出扭矩大，可达几千 N·m 到几万N·m，所以又称低速大扭矩液压马达。由于上述特点，低速大扭矩液压马达广泛用于起重、运输、建筑、矿山和船舶等机械上。

低速液压马达按其每转作用次数，可分单作用式和多作用式。若马达每旋转一周，柱塞作一次往复运动，称为单作用式；若马达每旋转一周，柱塞作多次往复运动，称为多作用式。低速液压马达的基本形式有两种，分别是曲柄连杆式马达和多作用内曲线马达。

(1) 曲柄连杆式马达

曲柄连杆式马达应用较早，典型代表为英国斯达发(Staffa)液压马达。我国的同类型号为 JMZ 型，其额定压力为 16 MPa，最高压力为 21 MPa，理论排量最大可达 6.140 L/min。如图 2.18 所示是曲柄连杆型径向柱塞马达的工作原理。

马达由壳体、曲柄、连杆、活塞组件、曲轴及配流轴组成，壳体 1 内沿圆周呈放射状均匀布置了 5 只缸体，形成星形壳体；缸体内装有活塞 2，活塞 2 与连杆 3 通过球铰连接，连杆大端做成鞍形圆柱瓦面紧贴在曲轴 4 的偏心圆上，其圆心为 O_1，它与曲轴旋转中心 O 的偏心矩 $OO_1 = e$，液压马达的配流轴 5 与曲轴 4 通过“十”字键连接在一起，随曲轴一起转动，马达的压力油经过配流轴通道，由配流轴分配到对应的活塞油缸。在图中，油缸的①、②、③腔通压力油，活塞受到压力油的作用；其余的活塞油缸则与排油窗口接通。根据曲柄连杆机构运动原理，受油压作用的柱塞就通过连杆对偏心圆中心 O_1 作用一个力 F，推动曲轴绕旋转中

心 O 转动，对外输出转速和扭矩。如果进、排油口对换，液压马达也就反向旋转。随着驱动轴、配流轴转动，配流状态交替变化。在曲轴旋转过程中，位于高压侧的油缸容积逐渐增大，而位于低压侧的油缸的容积逐渐缩小，因此，在工作时高压油不断进入液压马达，然后由低压腔不断排出。

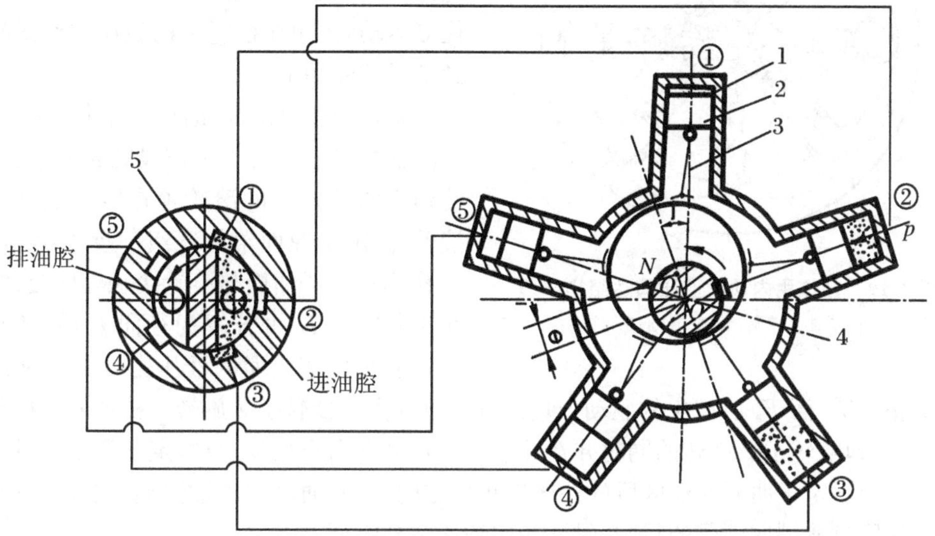

图 2.18　曲柄连杆式马达工作原理

1. 壳体；2. 活塞；3. 连杆；4. 曲轴；5. 配流轴

总之，由于配流轴过渡密封间隔的方位和曲轴的偏心方向一致，并且同时旋转，所以配流轴颈的进油窗口始终对着偏心线 OO_1 一边的 2 只或 3 只油缸，吸油窗对着偏心线 OO_1 另一边的其余油缸，总的输出扭矩是叠加所有柱塞对曲轴中心所产生的扭矩，该扭矩使得旋转运动得以持续下去。

以上讨论的是壳体固定轴旋转的情况。如果将轴固定，进、排油直接通到配流轴中，就能达到外壳旋转的目的，构成了所谓的车轮马达。

曲柄连杆式马达的排量 V_m 为

$$V_m = \frac{\pi d^2 ez}{2}$$

式中，d 为柱塞直径；e 为曲柄偏心距；z 为柱塞数。

(2) 多作用内曲线液压马达

多作用内曲线液压马达的结构形式很多，就使用方式而言，有轴转、壳转与直接装在车轮的轮毂中的车轮式液压马达等形式。而从内部的结构来看，根据不同的传力方式、柱塞部件的结构可有多种形式，但液压马达的主要工作过程是相同的。现以图 2.19 为例来说明其基本工作原理。

液压马达由定子 1(凸轮环)、转子 2、配流轴 4 与柱塞 5 等主要部件组成，定子 1 的内壁由若干段均布的、形状完全相同的曲面组成，每一相同形状的曲面又可分为对称的两边，其中允许柱塞副向外伸的一边称为进油工作段，与它对称的另一边称为排油工作段，每个柱塞在液压马达每转中往复的次数就等于定子曲面数 x，我们将 x 称为该液压马达的作用次数。在转子的径向有 z 个均匀分布的柱塞缸孔，每个缸孔的底部都有一配流窗口，并与它的中心

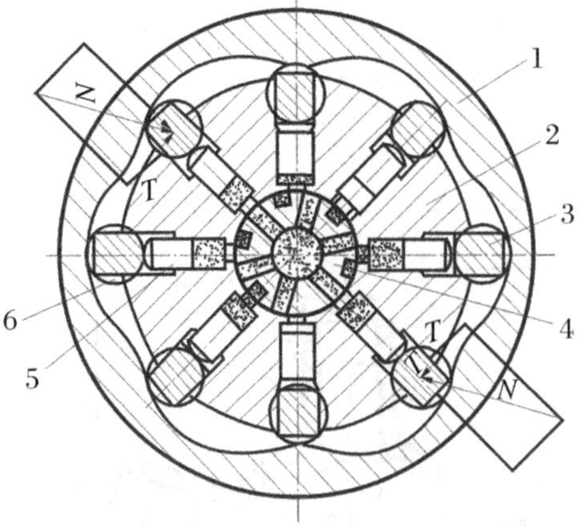

图 2.19 多作用内曲线液压马达结构原理

1. 定子;2. 转子;3. 横梁;4. 配流轴;5. 柱塞;6. 滚轮

配流轴 4 相配合的配流孔相通。配流轴 4 中间有进油和回油的孔道,它的配流窗口的位置与导轨曲面的进油工作段和回油工作段的位置相对应,所以在配流轴圆周上有 $2x$ 个均布配流窗口。柱塞 5 沿转子 2 上的柱塞缸孔作往复运动,作用在柱塞上的液压力经滚轮传递到定子的曲面上。

来自液压泵的高压油首先进入配流轴,经配流轴窗口进入处于工作段的各柱塞缸孔中,使相应的柱塞组的滚轮顶在定子曲面上。在接触处,定子曲面给柱塞组一反力 N,该反力 N 作用在定子曲面与滚轮接触处的公法面上。此法向反力 N 可分解为径向力 $\boldsymbol{F}_{\mathrm{R}}$ 和圆周力 F_{a},$\boldsymbol{F}_{\mathrm{R}}$ 与柱塞底面的液压力以及柱塞组的离心力等相平衡,而 F_{a} 所产生的驱动力矩则克服负载力矩使转子 2 旋转。柱塞所作的运动为复合运动,即随转子 2 旋转的同时并在转子的柱塞缸孔内作往复运动,定子和配流轴是不转的。而对应于定子曲面回油区段的柱塞作相反方向运动,通过配流轴回油,在柱塞 5 经定子曲面工作段过渡到回油段的瞬间,供油和回油通道被闭死。

若将液压马达的进出油方向对调,液压马达将反转;若将驱动轴固定,则定子、配流轴和壳体将旋转,通常称为壳转工况,变为车轮马达。

多作用内曲线马达的排量为

$$V_{\mathrm{m}} = \frac{\pi d^2}{4} sxyz$$

式中,d、s 为柱塞直径及行程;x 为作用次数;y 为柱塞排数;z 为每排柱塞数。

当多作用内曲线马达在柱塞数 z 与作用次数 x 之间存在一个大于 1 小于 z 的最大公约数 m 时,通过合理设计导轨曲面,可使径向力平衡,理论输出转矩均匀无脉动。同时,马达的起动转矩大,并能在低速下稳定地运转,故能应用于工程、建筑、起重运输、煤矿、船舶、农业等领域中。

二、液压缸

1. 活塞式液压缸

活塞式液压缸有双杆式和单杆式两种。按其安装方式的不同,又有缸体固定式(缸固式)和活塞杆固定式(杆固式)两种。

(1) 双活塞杆液压缸

◎ 双活塞杆液压缸的结构和工作原理

如图 2.20 所示为常见的双作用式实心双活塞杆液压缸(缸固式)的结构图。

液压缸由缸体 6、两个端盖 8、活塞 5、两实心活塞杆 7 和密封圈 2 等组成。缸体固定不动,两活塞杆都伸出缸外并与运动构件(如工作台)相连。端盖与缸体间用纸垫密封,活塞杆与端盖间用密封圈密封,活塞与缸体之间则采用环形槽间隙密封。两进出油口 a 和 b 设置在两端盖上。

当压力油从进出油口交替输入液压缸的左右油腔时,压力油推动活塞运动,并通过活塞杆带动工作台作往复直线运动。

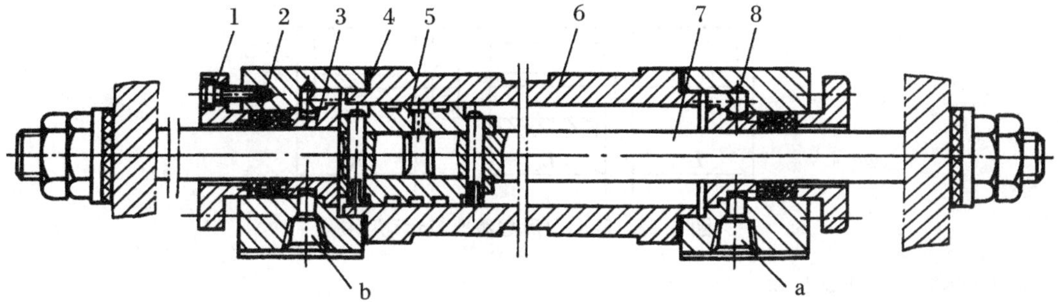

图 2.20　实心双活塞杆液压缸的结构

1. 压盖；2. 密封圈；3. 导向套；4. 密封纸垫；5. 活塞；6. 缸体；7. 活塞杆；8. 端盖

双活塞杆液压缸也可制成活塞杆固定不动、缸体与工作台相连的结构形式（杆固式）。这种液压缸的组成与实心双活塞杆液压缸相类似，只是为了向液压缸左右油腔交替输送压力油，将进出油口设置在活塞杆上，因而将活塞杆制成空心的。如图 2.21 所示为其工作原理结构图。

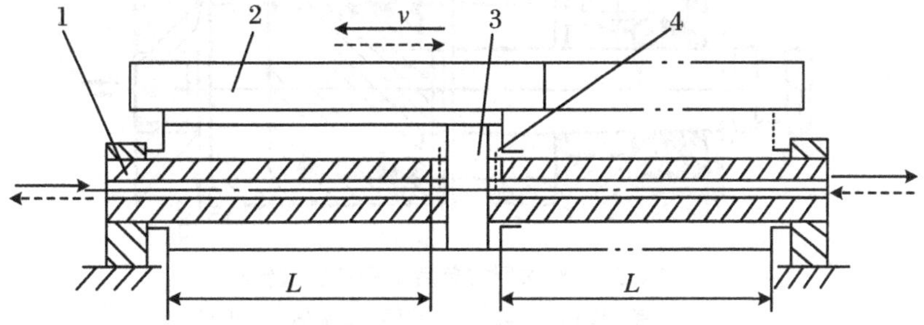

图 2.21　空心双活塞杆液压缸工作原理图

1. 活塞杆；2. 工作台；3. 活塞；4. 缸体

◎ 双活塞杆液压缸的特点和应用

① 根据不同的要求，两活塞杆的直径可以相等，也可以不相等。两直径相等时，由于活塞两端的有效作用面积相同，因此，在供油压力 p 和流量 q_v 相同的情况下，往复运动的速度相等、推力相等。

② 固定缸体时（实心双活塞杆液压缸），工作台的往复运动范围约为有效行程 L 的 3 倍（图 2.22）；固定活塞杆时（空心双活塞杆液压缸），工作台的往复运动范围约为有效行程 L 的 2 倍（图 2.21）。

③ 活塞与缸体之间采用间隙密封，结构简单，摩擦阻力小，但内泄漏较大，仅适用于工作台运动速度较高的场合。

双活塞杆液压缸常用于工作台往返运动速度相同（两活塞杆直径相等），推力不大的场合。缸体固定的液压缸，因运动范围大，占地面积较大，一般用于小型机床或液压设备；活塞杆固定的液压缸则因运动范围不大，占地面积较小，常用于中型或大型机床或液压设备。

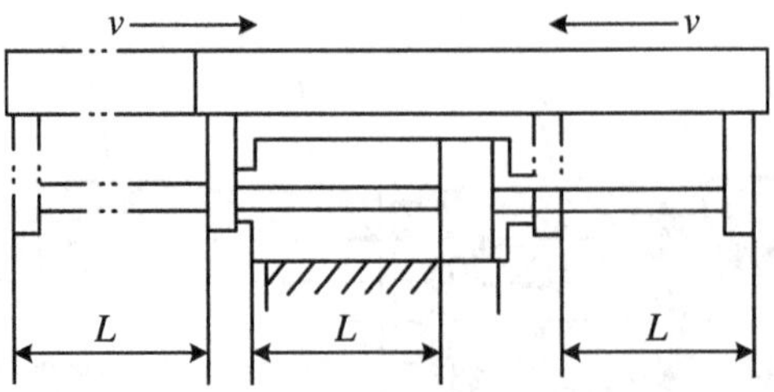

图 2.22 实心双活塞液压缸运动范围

(2) 单活塞杆液压缸

◎ 单活塞杆液压缸的结构和工作原理

图 2.23 为一种简易的双作用式单活塞杆液压缸的结构图。主要由缸体 4、带杆活塞 5 和端盖 2、7 组成。进出油口设置在两端盖上，缸体固定不动。端盖与缸体间用垫圈 3 密封，活塞杆与端盖间、活塞与缸体之间用 O 形密封圈密封。

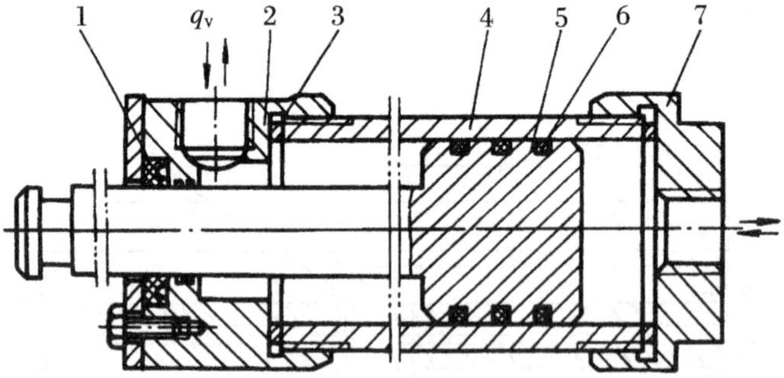

图 2.23 双作用式单活塞杆液压缸结构

1、6. 密封圈；2、7. 端盖；3. 垫圈；4. 缸体；5. 活塞

压力油从进出油口交替输入液压缸的左右油腔时，推动活塞并通过活塞杆带动工作台实现往复直线运动。由于液压缸仅一端有活塞杆，所以活塞两端有效作用面积不等。

这种液压缸可以采用缸体固定、活塞杆运动，也可以是活塞杆固定、缸体运动的方式工作。其往复运动的范围都约为有效行程 L 的 2 倍。

◎ 单活塞杆液压缸的特点和应用

单活塞杆液压缸与双活塞杆液压缸比较，具有如下特点：

① 工作台往复运动速度不相等。图 2.24 为双作用式单活塞杆液压缸工作原理图。A_1 为活塞左侧有效作用面积，A_2 为活塞右侧有效作用面积。由液压泵输入油缸的流量为 q_v，压力为 p。当压力油输入油缸左腔时，工作台向右的运动速度为

$$v_1 = \frac{q_v}{A_1} = \frac{4q_v}{\pi D^2}$$

当压力油输入油缸右腔时，工作台向左的运动速度为

$$v_2 = \frac{q_v}{A_2} = \frac{4q_v}{\pi(D^2 - d^2)}$$

由于 $A_1 > A_2$，可见 $v_2 > v_1$；如果 $A_1 = 2A_2$，则 $v_2 = 2v_1$。

单活塞杆液压缸工作时，工作台往复运动速度不相等这一特点常被用于实现机床的工

作进给及快速退回。

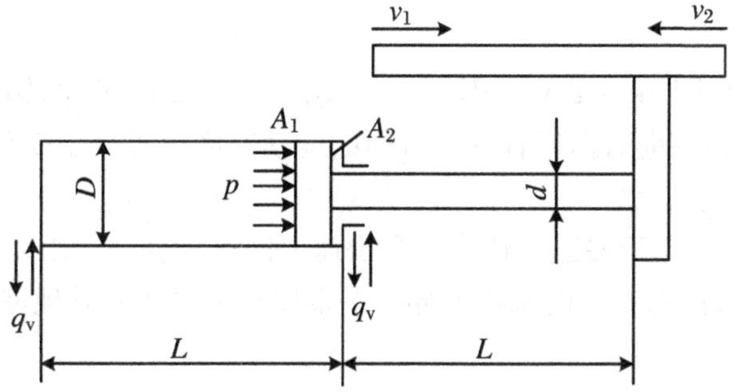

图 2.24　双作用式单活塞杆液压缸工作原理图

② 活塞两个方向的作用力不相等。压力油输入无活塞杆的油缸左腔时，油液对活塞的作用力(产生的推力)为

$$F_1 = pA_1 = p\frac{\pi D^2}{4}$$

压力油输入有活塞杆的油缸右腔时，油液对活塞的作用力(产生的推力)为

$$F_2 = pA_2 = p\frac{\pi(D^2 - d^2)}{4}$$

可见 $F_1 > F_2$。即在单活塞杆液压缸工作中，工作台作慢速运动时，活塞获得的推力大；工作台作快速运动时，活塞获得的推力小。

③ 液压缸的运动范围较小。无论是缸体固定还是活塞杆固定，液压缸的运动范围都是工作行程 L 的 2 倍。

(3) 差动液压缸

如图 2.25 所示，改变管路连接方法，使单活塞杆液压缸左右两油腔同时输入压力油。由于活塞两侧的有效作用面积 A_1 和 A_2 不相等，因此作用于活塞两侧的推力不等，存在推力差。在此推力差的作用下，活塞向有活塞杆一侧方向运动，而有活塞杆一侧油腔排出的油液不流回油箱，而是同液压泵输出的油液一起进入无活塞杆一侧油腔，使活塞向有活塞杆一侧方向运动速度加快。这种两腔同时输入压力油，利用活塞两侧有效作用面积差进行工作的单活塞杆液压缸称为差动液压缸。

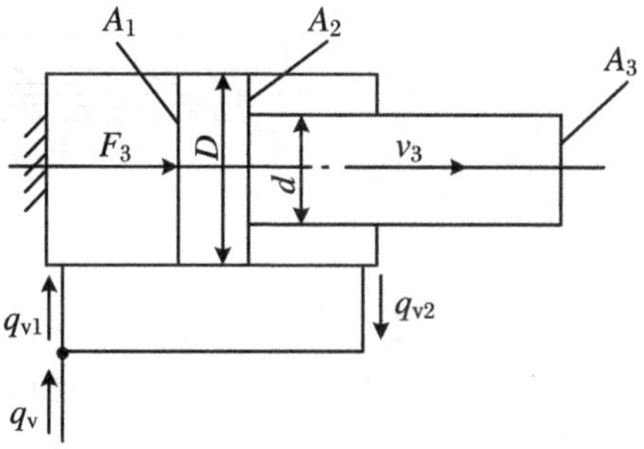

图 2.25　差动液压缸

由图 2.25 可知，进入差动液压缸无活塞杆一侧油腔的流量 q_{v1}，除液压泵输出流量 q_v 外，还有来自活塞杆一侧油腔的流量 q_{v2}，即 $q_{v1} = q_v + q_{v2}$。设差动液压活塞的运动速度为 v_3，作用于活塞上的推力为 F_3，则由 $q_v = q_{v1} - q_{v2} = A_1 v_3 - A_2 v_3 = A_3 v_3 = v_3 \frac{\pi d^2}{4}$ 得

$$v_3 = \frac{4q_v}{\pi d^2}$$

$$F_3 = pA_3 = p\frac{\pi d^2}{4}$$

由此可知，在差动液压缸中，活塞（工作台）的运动速度 v_3 大于非差动连接时的速度 v_1，因而可以获得快速运动。差动连接时，活塞运动的速度 v_3 与活塞杆的截面积 A_3 成反比。

如果使 $D=\sqrt{2}d$（即 $A_1=2A_3$），则由 $q_{v2}=q_v$，$q_{v1}=2q_{v2}$ 可知，输入无活塞杆一侧油腔的流量增加 1 倍，使活塞向有活塞杆一侧方向的运动速度也提高了 1 倍。这样，活塞的往返运动速度相同（$v_3=v_2$）。

单活塞杆液压缸常用于慢速工作进给和快速退回的场合。采用差动连接时可满足实现快进（v_3）、工进（v_1）、快退（v_2）的工作循环。在金属切削机床和其他液压系统中得到广泛的应用。

2. 柱塞式液压缸

活塞式液压缸在机床中应用较广，但缸筒内孔精度要求高，行程较长时加工困难，此时宜采用柱塞式液压缸。如图 2.26(a)所示，它由缸筒 1、柱塞 2、导向套和缸盖 3 等零件组成。柱塞和缸筒内壁不接触，运动时由缸盖上的导向套来导向，因此缸筒内孔不需精加工、工艺性好、结构简单、成本低，常用于行程很长的龙门刨床、导轨磨床和大型拉床等设备的液压系统中。

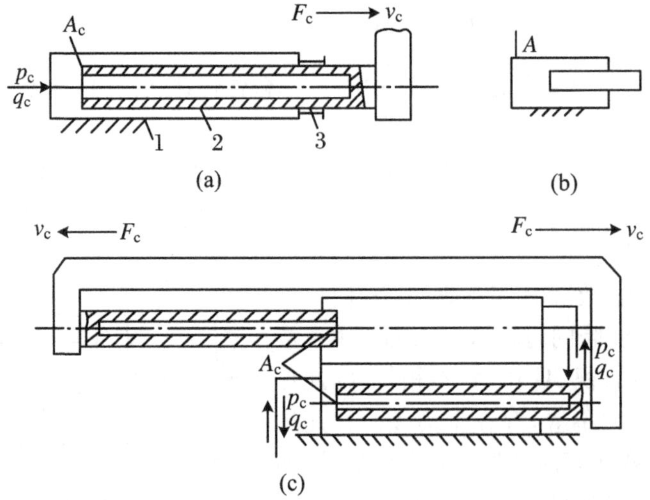

图 2.26 柱塞式液压缸

1. 缸筒；2. 柱塞；3. 缸盖

柱塞式液压缸是单作用液压缸，它的回程要靠自重力（垂直放置时）或其他外力（如弹簧力）来完成。为了获得双向运动，柱塞式液压缸常成对使用（图 2.26(c)）。

3. 摆动式液压缸

摆动式液压缸是一种输出转矩并实现往复摆动的液压执行元件，又称摆动式液压马达或回转液压缸。常有单叶片式和双叶片式两种结构形式，如图 2.27 所示。它由叶片轴 1、缸体 2、定子块 3 和回转叶片 4 等零件组成，定子块固定在缸体上，叶片和叶片轴（转子）连接在一起。当油口 A、B 交替输入压力油时，叶片带动叶片轴作往复摆动，输出转矩和角速度。

摆动式液压缸结构紧凑、输出转矩大，但密封性较差，一般只用于机床和工夹具的夹紧装置、送料装置、转位装置、周期性进给机构等中低压系统以及工程机械中。

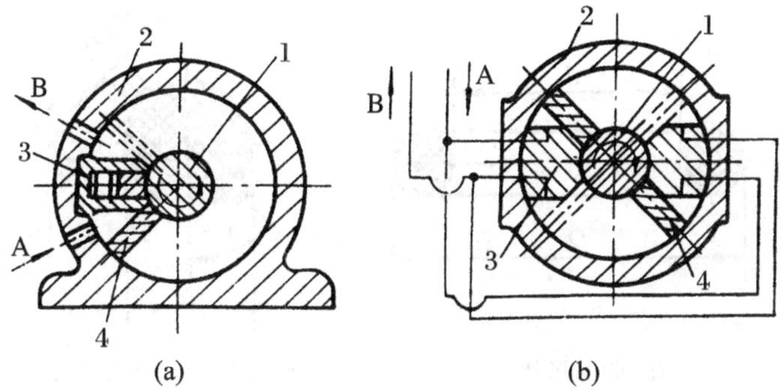

图 2.27　摆动式液压缸

1. 叶片轴;2. 缸体;3. 定子块;4. 回转叶片

三、液压缸的密封、缓冲和排气

1. 液压缸的密封

液压传动是依靠密封容积的变化来传递运动的,密封性能的好坏直接影响液压传动的性能和效率,所以,液压元件均要求有良好的密封性能。液压缸作为液压系统执行元件,其密封性能的好坏直接影响液压缸的工作性能和效率,因此要求液压缸所选用的密封元件,应在一定的工作压力下具有良好的密封性能,使泄漏不致因压力升高而显著增加。密封元件还应结构简单、摩擦力小、寿命长。

液压缸的密封包括固定件的密封(如缸体与端盖间的密封)和运动件的密封(如活塞与缸体、活塞杆与端盖间的密封)。

常用的密封方法有间隙密封和密封圈密封。

(1) 间隙密封

间隙密封是通过相对运动零件之间小配合间隙来保证的。如图 2.28 所示,在活塞上开有几个环形沟槽(一般为 0.5 mm×0.5 mm)。其作用有两个:一是可以减小活塞和液压缸壁之间的接触面积;二是利用沟槽内油液压力的均匀分布,使活塞处于中心位置,减小因零件精度不高而产生的侧压力所造成的活塞与液压缸壁之间的摩擦,并可减小泄漏。

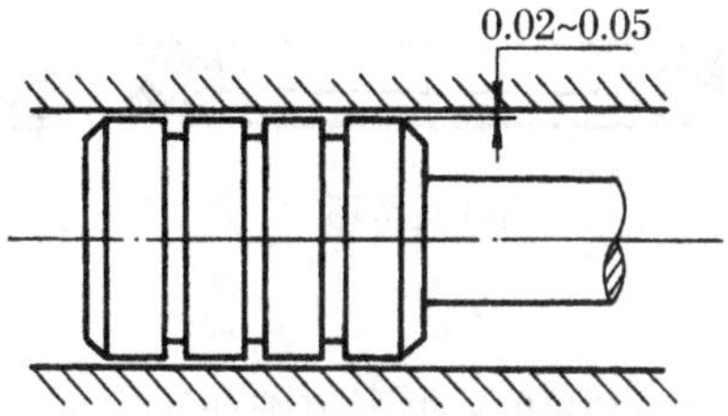

图 2.28　间隙密封

间隙密封方法的摩擦阻力小,但密封性能差,加工精度要求较高,因此,只适用于尺寸较小、压力较低、运动速度较高的场合。

(2) 密封圈密封

密封圈密封是液压系统中应用最广泛的一种密封方法。密封圈用耐油橡胶、尼龙等材料制成,其截面通常做成 O 形、Y 形、V 形等。

O 形密封圈(图 2.29)是截面形状为圆形的密封元件,其结构简单,制造容易,密封可靠,摩擦力小,因而应用广泛,既可用于固定件的密封,也可用于运动件的密封。为保证密封性能,制造时其分模面(产生飞边处)应选在相对轴线倾斜 45°的位置。

Y 形密封圈(图 2.30)的截面呈 Y 形,其结构简单,适用性很广,密封效果好,常用于活塞和液压缸之间、活塞杆与液压缸端盖之间的密封。一般情况下,Y 形密封圈可直接装入沟

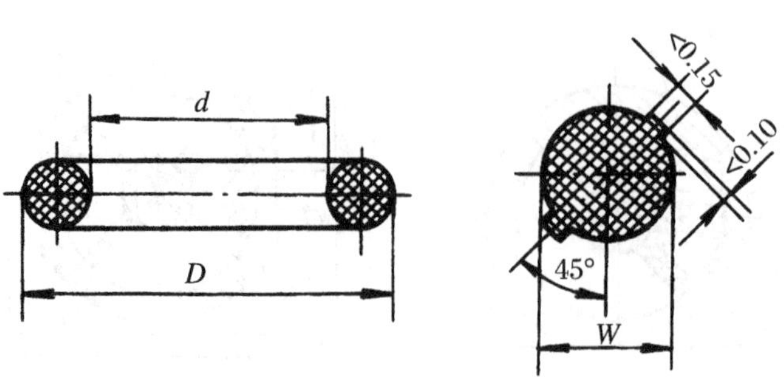

(a) 截面形状　　(b) 分模面位置及尺寸

图 2.29　O 形密封圈

槽使用，但在压力变动较大、运动速度较高的场合，应使用支承环固定 Y 形密封圈。

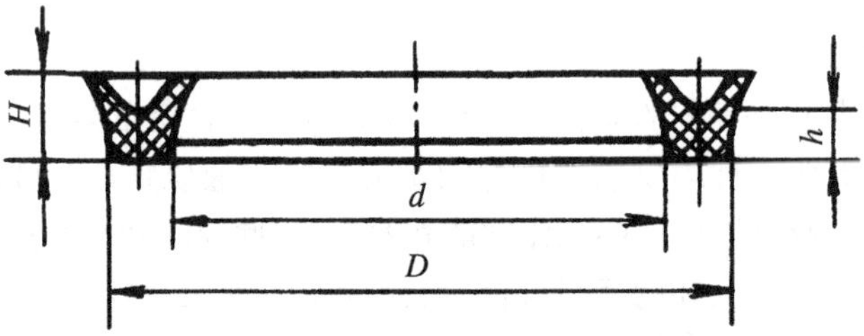

图 2.30　Y 形密封圈

V 形密封圈由形状不同的支承环、密封环和压环组成(图 2.31)。V 形密封圈接触面大，密封可靠，但摩擦阻力大，主要用于移动速度不高的液压缸中(如磨床工作台液压缸)。

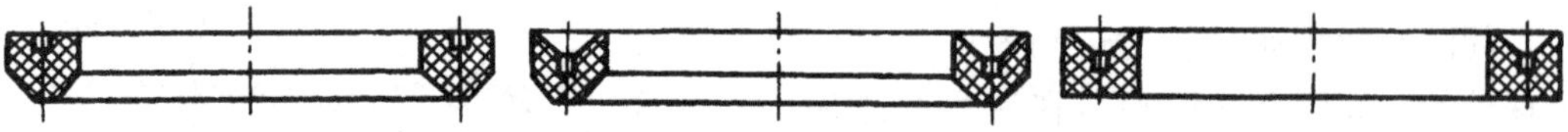

(a) 支承环　　(b) 密封环　　(c) 压环

图 2.31　V 形密封圈

Y 形和 V 形密封圈在压力油作用下，其唇边张开，贴紧在密封表面，油压愈大密封性能愈好，因此，在使用时要注意安装方向，使其在压力油作用下张开。

密封圈为标准件，选用时其技术规格及使用条件可参阅有关手册。

2. 液压缸的缓冲

液压缸的缓冲结构是为了防止活塞在行程终了时，由于惯性力的作用与端盖发生撞击，影响设备的使用寿命。特别是当液压缸驱动重负荷或运动速度较大时，液压缸的缓冲就显得更为必要。缓冲的原理是当活塞将要达到行程终点，接近端盖时，增大回油阻力，以降低活塞的运动速度，从而减小和避免活塞对端盖的撞击。常用的缓冲结构如图 2.32 所示，主要由活塞顶端的凸台和端盖上的凹槽构成。凸台制成圆台或带斜槽圆柱，凹槽则为内圆柱盲孔。当活塞运动至接近端盖时，凸台进入凹槽，凹槽内的油液被压经凸台与凹槽间的缝隙回流，而增大回油阻力，产生制动作用，使活塞运动速度减慢，从而实现缓冲。

3. 液压缸的排气

由于安装、停车或其他原因，液压缸内常因混入空气而聚积在缸的最高部位处。液压系统中渗入空气后，会影响运动的平稳性，使换向精度下降，活塞低速运动时产生爬行，甚至在开始运动时运动部件产生冲击现象，严重时会使液压系统不能正常工作。为此，液压缸需设排气装置。为了便于排除积留在液压缸内的空气，油液最好从液压缸的最高点进入和引出。

对于要求不高的液压系统，往往不设专门的排气装置，而是将缸的进、出油口设置在缸体两端的最高处，回油时将缸内的空气带回油箱，再从油箱中逸出。

对运动平稳性要求较高的液压缸，常在液压缸两端装有排气塞，其结构如图 2.32 所示。工作前拧开排气塞，使活塞全行程空载往复数次，将缸中空气通过排气塞排净，然后拧紧排气塞，即可进行工作。

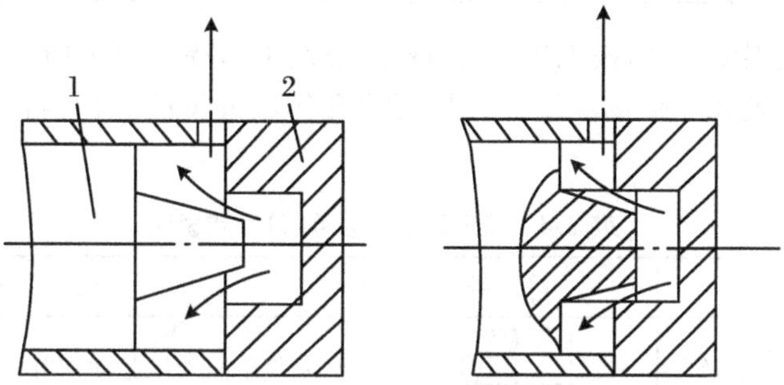

(a) 圆台凸台　　(b) 带槽圆柱凸台

图 2.32　液压缸的缓冲结构

1. 活塞；2. 端盖

任务实施

选择液压马达时，应根据液压系统所确定的压力、排量、设备结构尺寸、使用要求、工作环境等合理选定马达的具体类型和规格。

若工作机构速度高、负载小，宜选用齿轮马达或叶片马达；速度平稳性要求高时，选用双作用叶片马达；当负载较大时，则宜选用轴向柱塞马达。若工作机构速度低、负载大，则有两种方案选择：一种是用高速小扭矩马达，配合减速装置来驱动工作机构；另一种是选用低速大扭矩马达，直接驱动工作机构。到底选用那种方案，要经过技术经济比较才能确定。常用液压马达的性能比较见表 2.3，供选用时参考。

表 2.3　常用液压马达性能比较

类型	压力	排量	转速	扭矩	性能及适用工况
齿轮马达	中低	小	高	小	结构简单，价格低，抗污染性好，效率低，用于负载扭矩不大、速度平稳性要求不高、噪音限制不大及环境粉尘较大的场合
叶片马达	中	小	高	小	结构简单，噪音和流量脉动小，适于负载扭矩不大、速度平稳性和噪音要求较高的条件
轴向柱塞马达	高	小	高	较大	结构复杂，价格高，抗污染性差，效率高，可变量，用于高速运转、负载较大、速度平稳性要求较高的场合

续表

类型	压力	排量	转速	扭矩	性能及适用工况
曲柄连杆式径向柱塞马达	高	大	低	大	结构复杂,价格高,低速稳定性和启动性能较差,适用于负载扭矩大、速度低(5～10 r/min),对运动平稳性要求不高的场合
内曲线径向柱塞马达	高	大	低	大	结构复杂,价格高,径向尺寸较大,低速稳定性和启动性能好,适用于负载扭矩大、速度低(0～40 r/min),对运动平稳性要求高的场合,用于直接驱动工作机构

液压缸的种类很多,可以按工作压力、使用领域、工作特点、结构形式和作用等不同的归类方法进行分类。表 2.4 是按液压缸结构形式和作用分类的名称、符号和说明,供选用时参考。

表 2.4　液压缸分类名称、符号和说明

分类	名　称	符　号	说　明
单作用液压缸	单活塞杆液压缸	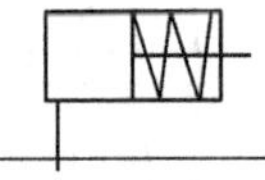	活塞仅单向液压驱动,利用自重或负载返回行程
	双活塞杆液压缸	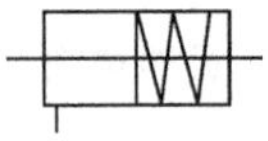	活塞的两侧都装有活塞杆,但只向活塞一侧供给压力油,通常利用弹簧力、重力或外力返回行程
	柱塞式液压缸	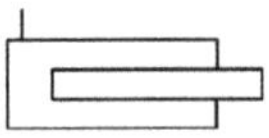	柱塞仅单向液压驱动,通常利用自重或负载使柱塞进入返回行程
	伸缩液压缸	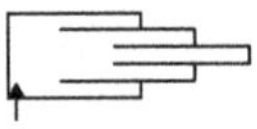	柱塞为多段套筒形式,它以短缸获得长行程,用压力油从大到小逐节推出,靠外力由小到大逐节缩回
双作用液压缸	单活塞杆液压缸	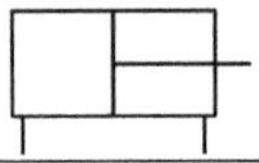	单边有活塞杆,双向液压驱动,双向推力和速度不等
	双活塞杆液压缸	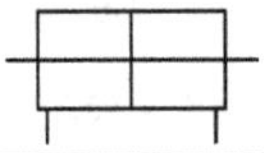	双边有活塞杆,双向液压驱动,可实现等速往复运动
	伸缩液压缸	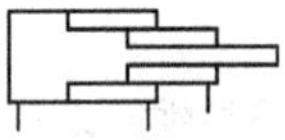	套筒活塞可双向液压驱动,伸出由大到小逐节推出,由小到大逐节缩回
组合液压缸	弹簧复位液压缸	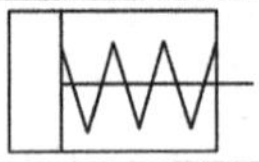	单向液压驱动,由弹簧力复位
	增压缸(增压器)	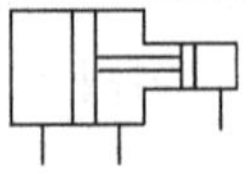	由大小两油缸串联而成,由低压大缸 A 驱动,使小缸 B 获得高压油源
	齿条传动液压缸	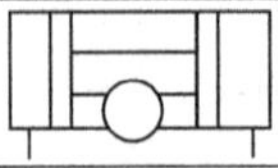	活塞的往复运动经装在一起的齿条驱动齿轮,获得往复回转运动
摆动液压缸		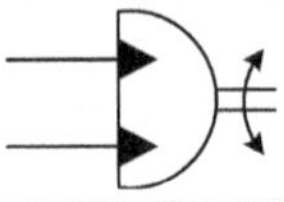	输出轴直接输出扭矩,往复回转角度小于 360°

任务三　液压控制元件的认知

任务导入

① 了解液压控制阀的种类，熟悉液压控制阀的特点、功用。

② 掌握各种液压控制阀的图形符号的含义及画法。

③ 了解液压控制元件的选用。

相关知识

在液压传动系统中，用来对液体流动的方向、压力和流量进行控制和调节的液压元件称为控制阀，又称液压阀，简称阀。控制阀是液压系统中不可缺少的重要元件。

控制阀通过对液体流动的方向、压力和流量的控制和调节，来控制执行元件的运动方向、输出的力或转矩、动作顺序、运动速度，还可限制和调节液压系统的工作压力和防止过载。

尽管液压阀存在着各种各样不同的类型，但它们之间还是保持着一些基本共同之点。

① 在结构上，所有的阀都是由阀芯、阀体和驱动阀芯动作的元件组成的。

② 在工作原理上，所有的阀都是通过改变阀芯与阀体的相对位置来控制调节液流的压力、流量及流动方向的。

③ 所有阀中，通过阀口的流量与阀口通流面积的大小、阀口前后的压差有关，它们之间的关系都符合流体力学中的孔口流量公式。

液压控制阀应满足如下基本要求。

① 动作灵敏，使用可靠，工作时冲击和振动小。

② 油液流过的压力损失小。

③ 密封性能好。

④ 结构紧凑，安装、调整、使用、维护方便，通用性大。

根据用途和工作特点的不同，液压控制阀分为以下三大类。

① 方向控制阀：单向阀、换向阀等。

② 压力控制阀：溢流阀、减压阀、顺序阀、压力继电器等。

③ 流量控制阀：节流阀、调速阀、溢流节流阀等。

一、压力控制阀

压力控制阀是用于控制液压系统压力或利用压力作为信号来控制其他元件动作的液压阀，简称压力阀。

常用的压力控制阀有溢流阀、减压阀和顺序阀等。它们的共同特点是：利用油液的液压作用力与弹簧力相平衡的原理来进行工作，通过调节阀的开口量的大小，达到控制系统压力的目的。

1. 溢流阀

(1) 溢流阀的功用和分类

溢流阀在液压系统中的功用主要有两个方面：一是起溢流和稳压作用，保持液压系统的压力恒定；二是起限压保护作用，防止液压系统过载。溢流阀通常接在液压泵出口处的油路上。

根据结构和工作原理不同，溢流阀可分为直动型溢流阀和先导型溢流阀两类。直动型溢流阀用于低压系统，先导型溢流阀用于中、高压系统。

(2) 直动型溢流阀的结构和工作原理

直动型溢流阀的结构如图2.33所示，其工作原理如图2.34所示。由两图可知，当作用于阀芯底面的液压作用力 $pA<F_{簧}$ 时，阀芯3在弹簧力作用下往下移并关闭回油口，没有油液流回油箱。当系统压力 $pA>F_{簧}$ 时，弹簧被压缩，阀芯上移，打开回油口，部分油液流回油箱，限制压力继续升高，使液压泵出口处压力保持恒定值。调节弹簧力的大小，即可调节液压系统压力的大小。直动型溢流阀结构简单、制造容易、成本低，但油液压力直接靠弹簧平衡，所以压力稳定性较差，运作时有振动和噪音；此外，系统压力较高时，要求弹簧刚度大，使阀的开启性能变坏。所以直动型溢流阀只用于低压液压系统中。

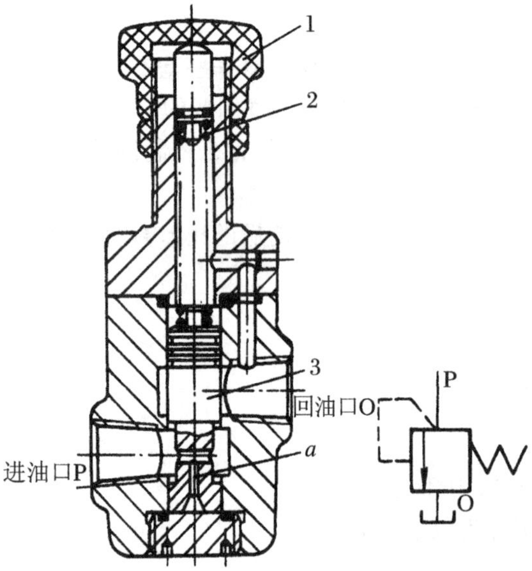

图2.33　直动型溢流的结构

1. 调压螺母；2. 弹簧；3. 阀芯

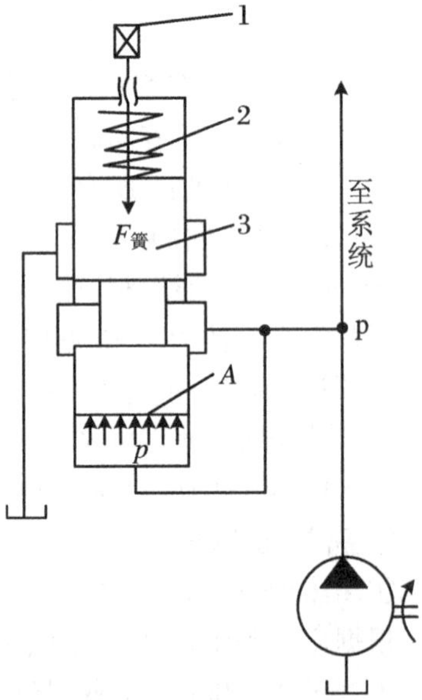

图2.34　直动型溢流阀的工作原理图

1. 调压零件；2. 弹簧；3. 阀芯

(3) 先导型溢流阀的结构和工作原理

先导型溢流阀的结构如图2.35所示，由先导阀和主阀两部分组成。先导阀实际上是一个小流量的直动型溢流阀，阀芯是锥阀，用来控制压力；主阀阀芯是滑阀，用来控制溢流流量。其工作原理如图2.36所示，压力油经进油口 P、通道a进入主阀芯5底部油腔A，并经节流小孔b进入上部油腔，再经通道c进入先导阀右侧油腔B，给锥阀3以向左的作用力，调压弹簧2给锥阀以向右的弹簧力。在稳定状态下，当油液压力 p 较小时，作用于锥阀上的液压作用力小于弹簧力，先导阀关闭。此时，油腔A和油腔B的压力相同，在主阀弹簧4的作用下，主阀芯处于最下端位置，回油口O关闭，没有溢油。当油液压力 p 增大，使作用于锥阀上的液压作用力大于弹簧 2 的弹簧力时，先导阀开启，油液经通道 e、回油口 O 流回油箱。这时，压力油流经节流小孔 b 时产生压力降，使 B 腔油液压力 p_1小于油腔 A 中油液压力 p，当此压力差（$p-p_1$）产生的向上作用力超过主阀弹簧 4 的弹簧力并克服主阀芯自重和摩擦力时，主阀芯向上移动，接通进油口 P 和回油口 O，溢流阀溢油，使油液压力 p 不超过设定压力，当压力 p 随溢流而下降，p_1也随之下降，直到作用于锥阀上的液压作用力小于弹簧 2 的弹簧力时，先导阀关闭，节流小孔 b 中没有油液流过，$p_1=p$，主阀芯在主阀弹簧 4 作用下，往下移动，关闭回油口 O，停止溢流。这样，在系统压力超过调定压力时，溢流阀溢油，不超过时则不溢油，起到限压、溢流作用。

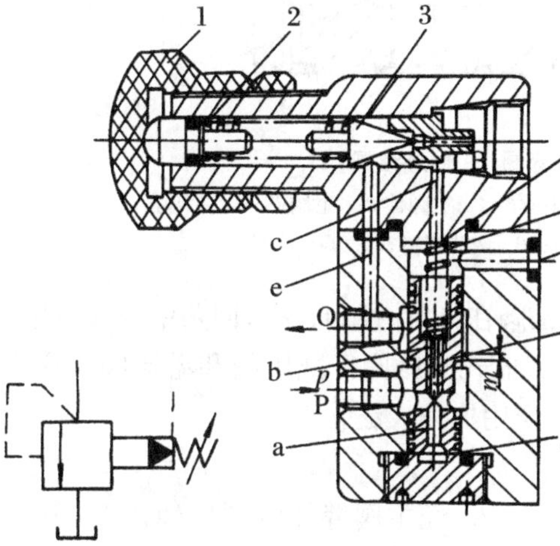

图 2.35　先导型溢流阀的结构

1．调节螺母；2．调压弹簧；3．锥阀；4．主阀弹簧；5．主阀芯

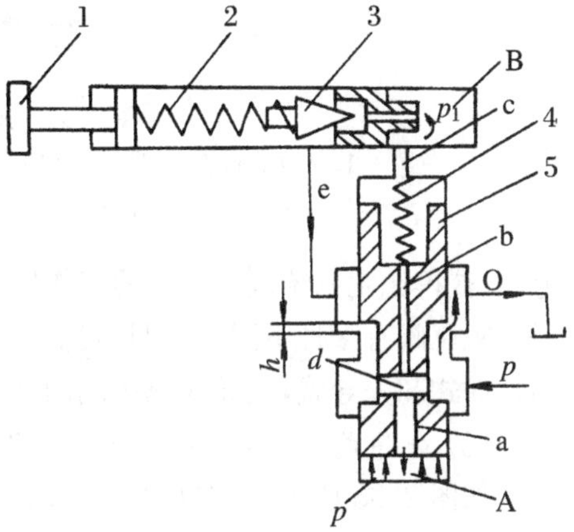

图 2.36　先导型溢流阀的工作原理图

先导型溢流阀设有远程控制口 K（参见图 2.35），可以实现远程调压（与远程调压接通）或卸荷（与油箱接通），不用时封闭。

先导型溢流阀压力稳定、波动小，主要用于中压液压系统。

如图 2.37 所示为另一种先导式溢流阀，工作原理和上述先导式溢流阀基本相同，不同的是主阀芯为锥形，因而过流面积大，溢流量变化引起主阀芯位移量小使得进口压力更稳定。这种结构的先导式溢流阀适用于高压、大流量的场合。

(4) 溢流阀的应用

① 作溢流阀用，起溢流稳压作用，维持液压系统压力恒定。在系统正常工作时，溢流阀阀口始终处于开启状态溢流，维持泵的输出压力恒定不变。

② 作安全阀用，起安全保护作用，防止液压系统过载，当系统工作压力超过溢流阀的开启压力时，溢流阀开启溢流，使系统工作压力不再升高（限压），以保证系统的安全。这种情况溢流阀的开启压力，通常应比液压系统的最大工作压力高 10%～20%。

③ 作背压阀用，将溢流阀连接在系统的回油路上，在回油路中形成一定的回油阻力（背压），以改善液压执行元件运动的平稳性。

④ 实现远程调压，远程调压阀与先导式溢流阀的外控口连接，便能实现远程调压。

2．减压阀

(1) 减压阀的功用和分类

功用：可以使出口压力（低于进口压力）保持恒定，用来减低液压系统中某一部分的压

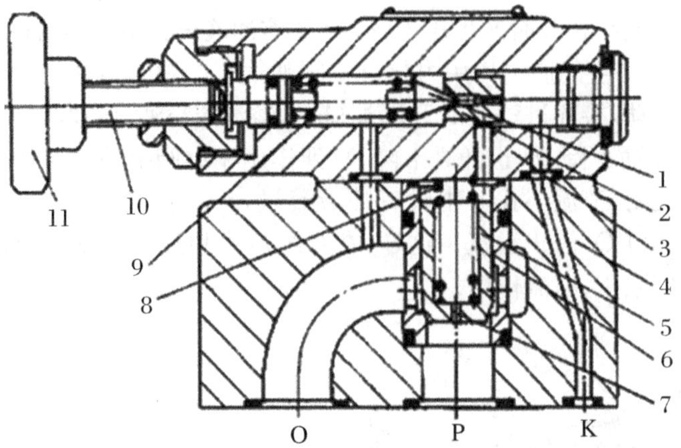

图 2.37　先导式溢流阀(主阀为锥阀)

1. 先导式阀芯;2. 先导阀阀座;3. 先导阀阀体;4. 主阀体;5. 主阀芯;6. 主阀套;
7. 阻尼孔;8. 主阀复位弹簧;9. 调压弹簧;10. 调节螺钉;11. 调压手轮

力,以获得比主系统低的稳定的工作压力。减压阀在夹紧、控制、润滑回路中经常应用。

减压阀有多种不同的类型,我们常说的是定值式减压阀。减压阀和溢流阀一样也可分为直动式和先导式,先导式减压阀的性能较好,应用比较广泛。

(2) 先导式减压阀的结构和工作原理

如图 2.38 所示,工作时液压油从进油口 P_1 进入,经主阀缝隙流到出油口 P_2,送往执行机构。主阀芯左端有轴向沟槽 b,阀芯的中心有阻尼小孔 e,减压油可经过槽口 a、阻尼小孔 e、油室 f 和孔 g 通到先导阀的下端并给锥阀一个向上的液压力。

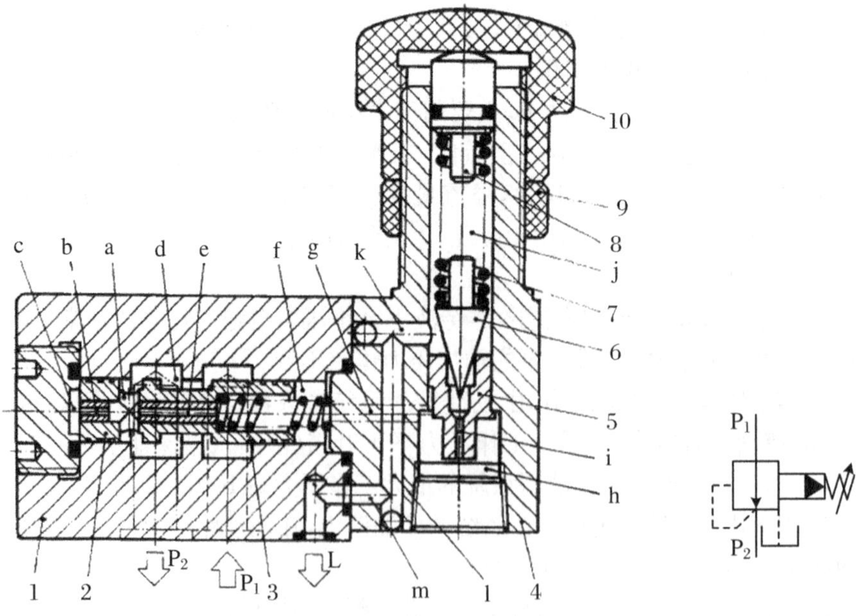

图 2.38　先导式减压阀的结构和符号

1. 主阀阀体;2. 主阀芯;3. 复位弹簧;4. 先导阀阀体;5. 先导阀阀座;
6. 先导阀阀芯;7. 调压弹簧;8. 调节杆;9. 锁紧螺母;10. 调压螺母

当负载较小，出油口压力小于调定压力时，锥阀不开，主阀芯的左右两端的油压相等，主阀芯在平衡弹簧作用下压至最低位置，主阀芯与阀体形成的狭缝 d 最大，油液流过时压力损失最小，这时减压阀处于非工作状态，位于常开。

当负载较大，出油口压力达到调定压力时，锥阀打开，控制油开始流动，主阀芯上的阻尼小孔 e 有油液流过，产生压力降，使得主阀芯右端油压小于左端油压，主阀芯在压力差的作用下克服平衡弹簧的作用而右移，使主阀口的狭缝 d 减小，产生压力降。此压力降能自动调节，使出油口油压稳定在调定值上，此时减压阀处于工作状态。当负载更大时，节流口 d 将更小，压力降更大，使出油口压力稳定在调定值上。

(3) 减压阀与溢流阀的应用区别

① 溢流阀是保持进口的压力基本不变，控制主阀芯移动的油液来自进油腔；减压阀是保持出口的压力基本不变，控制主阀芯移动的油液来自出油腔。

② 不工作时，溢流阀处于关闭状态，减压阀处于开启状态。

③ 溢流阀的泄漏油采用内泄方式回油箱；减压阀由于进、出油腔都有压力，所以泄漏油不能从出油腔排出，只能从泄漏口单独引回油箱。这种方式称为外泄。

3. 顺序阀

(1) 顺序阀的功用和分类

顺序阀控制多个执行元件的顺序动作。通过改变控制方式、泄油方式和油路的接法，顺序阀还可构成其他功能，作背压阀、平衡阀或卸荷阀使用。

按主阀芯动作的工作原理分为直动式与先导式；按主阀芯控制油路的来源分：内控与外控。

(2) 直动式顺序阀的结构和工作原理

直动式顺序阀的结构如图 2.39 所示。压力油从进油口 P_1 进入阀体内通过通道 a 和 b 进入阀芯的左端，作用在控制阀芯活塞上并产生向右的液压力。液压力通过阀芯和弹簧 3 产生的作用力相平衡。当液压力小于弹簧的调定压力时，阀口关闭。油液不能从顺序阀出油口 P_2 流出。当液压力达到弹簧的调定压力时，阀芯右移，压缩弹簧，阀口被开启，油从顺序阀的出油口 P_2 流出，进入油路工作。此时顺序阀是利用进油口压力控制，称为直动式顺序阀(内控式顺序阀)。

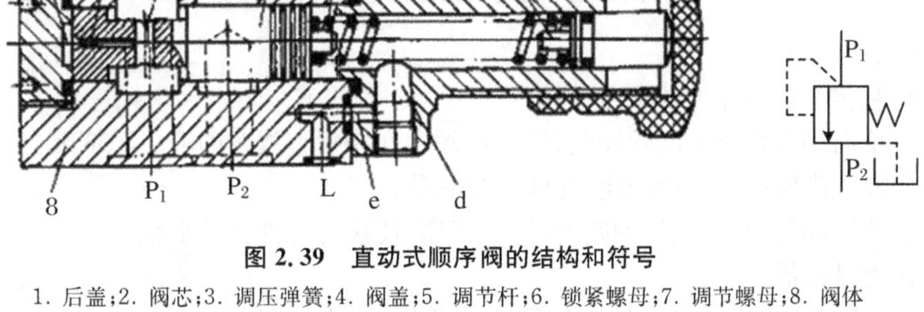

图 2.39　直动式顺序阀的结构和符号

1. 后盖；2. 阀芯；3. 调压弹簧；4. 阀盖；5. 调节杆；6. 锁紧螺母；7. 调节螺母；8. 阀体

出口 P_2 接执行元件，有一定压力，所以泄漏油单独引回油箱。

(3) 外控式顺序阀的结构和工作原理

直动式外控顺序阀的工作原理图和图形符号如图2.40所示，和上述顺序阀的差别仅仅在于其左端有一控制油口K，阀芯的启闭是利用通入控制油口K的外部控制油来控制。

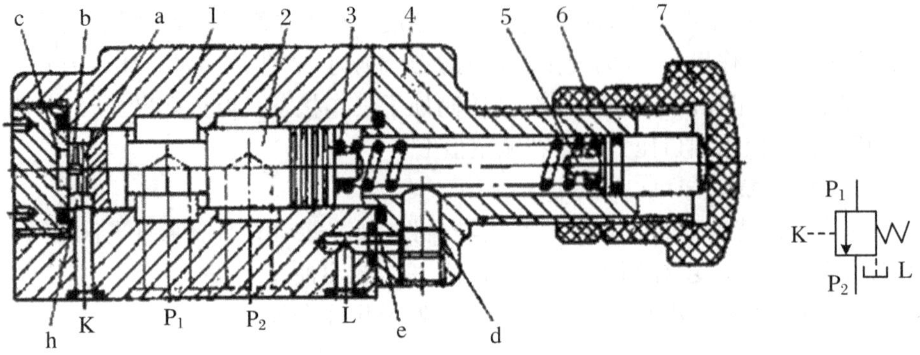

图2.40 外控式顺序阀的结构和符号

1. 阀体；2. 阀芯；3. 调压弹簧；4. 阀盖；5. 调节杆；6. 锁紧螺母；7. 调节螺母

(4) 先导式顺序阀的结构和工作原理

先导式顺序阀的结构原理基本原理与先导式溢流阀的相同。如图2.41所示，不同的是，先导式顺序阀出口接执行元件，所以泄漏油采用外泄式回油箱。

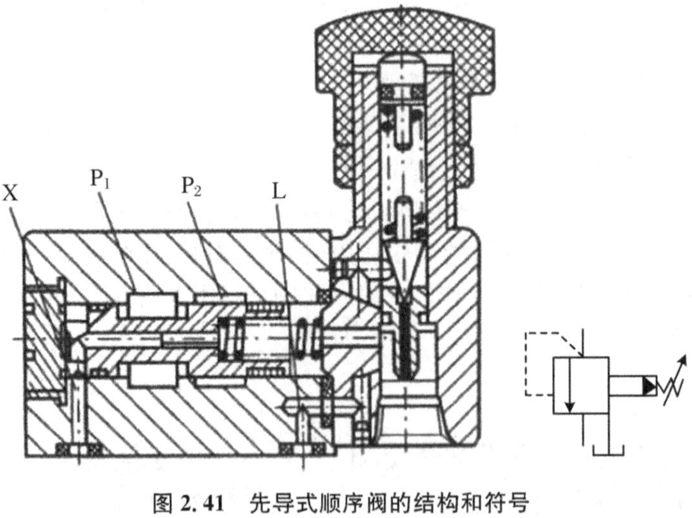

图2.41 先导式顺序阀的结构和符号

(5) 顺序阀的应用

① 控制多个执行元件的顺序动作。

② 与单向阀组合成单向顺序阀，作平衡阀。保持垂直放置的液压缸不因自重而下落。

③ 外控顺序阀可作卸荷阀用，使液压泵卸荷。

④ 作背压阀使用，接在回油路上，增大背压，使执行元件运动平稳。

4. 压力继电器

压力继电器是一种将油液压力信号转化成电信号的电液转换元件。

当控制压力达到设定压力时，发出电信号，控制电气元件(如电磁铁、继电器等)动作，实现油路转换、泵的加载或卸荷、执行元件的顺序动作、系统的安全保护和连锁等功能。

压力继电器的结构、工作原理及符号如图 2.42 所示。

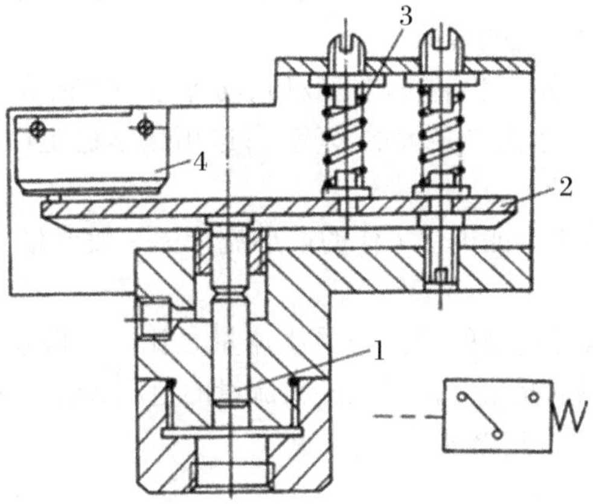

图 2.42　压力继电器

1. 柱塞;2. 杠杆;3. 弹簧;4. 开关

二、流量控制元件

流量控制元件是依靠改变阀口通流截面积的大小或通流通道的长短来控制通过阀的流量的,达到调节执行元件运动速度的目的。

分类:普通节流阀、调速阀(压力补偿型和温度补偿型)、溢流节流阀等。

要求:具有足够的调节范围,能保持稳定的最小稳定流量,压力和温度的变化对流量的影响要小,调节方便,泄漏要小等。

1. 流量控制原理及节流口形式

节流口的基本形式有:薄壁孔、细长孔和厚壁孔。

(1) 流量通式

薄壁小孔的流量计算式为

$$q = C_d A\sqrt{\frac{2\Delta p}{\rho}} = C_d\sqrt{\frac{2}{\rho}}A\Delta p^{0.5}$$

细长孔的流量计算式为

$$q = \frac{\pi d^4}{128\eta l}\Delta p = \frac{d^2}{32\eta l}\,\frac{\pi d^2}{4}\Delta p$$

通用的流量表达式

$$q = KA\Delta p^m$$

式中,K 为由节流口形状、液流状态、油液的性质决定的系数,由实验确定;A 为通流截面积,调节 A,可改变流量;m 为节流口指数,其值在 0.5~1.0 之间,薄壁孔 $m\approx 0.5$,细长孔 $m\approx 1.0$。

(2) 影响节流阀流量稳定性的因素

① 压力　当 A 一定时,则 F 变化,Δp 变化,q 变化。且 m 越大,Δp 变化对 q 的影响越大。

② 温度　温度变化→黏度变化→流量变化。对薄壁孔,黏度对流量的影响较小,而对细长孔,黏度对流量的影响较大。

③ 节流口的形状　节流口的形状主要影响最小稳定流量,要求水力半径越大越好。

(3) 最小稳定流量和流量调节范围

节流阀的阻塞现象:在所有因素不变的情况下,当节流阀口小到一定程度时,通过节流阀的流量会变化甚至产生断流的现象。

阻塞的原因:油液中高温氧化后析出的胶质、沥青等黏附在节流口上。

防止阻塞的措施:采用水力半径大的节流口;选用化学稳定性好、抗氧化稳定性好的油液;定期更换,精心过滤油液。

① 最小稳定流量:指能保证正常工作的最小流量。一般流量控制阀的最小稳定流量为 0.05 L/min。

② 流量调节范围:指通过阀的最大与最小流量之比。一般在 50 左右,高压阀在 10 左右。有的产品样本上标明的是最小流量至最大流量的范围(q_{min}～q_{max})。

(4) 常见节流口的形式(图 2.43)

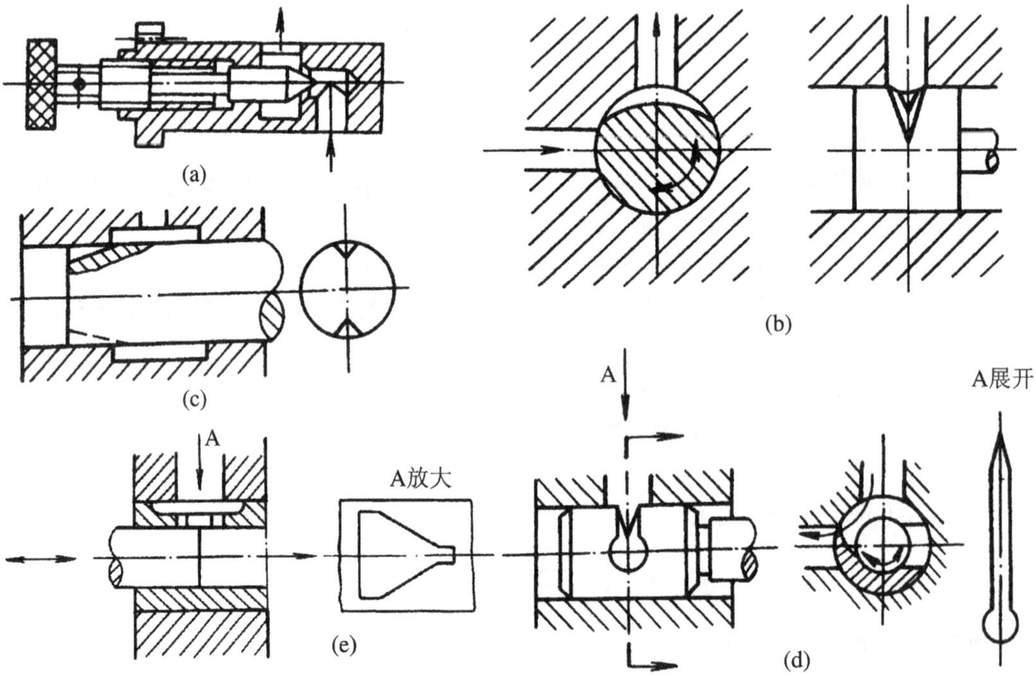

图 2.43　典型节流口的形式

(5) 节流阀的应用(图 2.44)

节流阀与溢流阀的组合应用,如图 2.44(a)所示,若为图 2.44(b),则不能进行节流调速。

(6) 对流量控制阀的要求

① 流量调节范围宽,且流量调节均匀。

② 流量受阀前、后压差变化的影响小。

③ 流量受温度变化的影响小。

④ 阀开启时的压力损失小。

⑤ 阀关闭时的泄漏小。

2. 普通节流阀

(1) 工作原理

图 2.45 是一种普通节流阀的结构和图形符号。

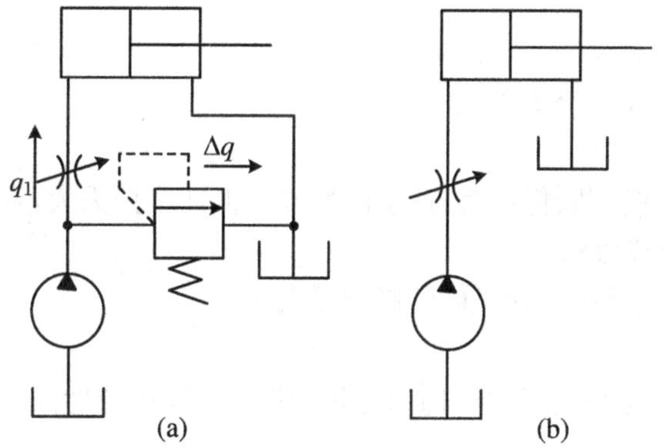

图 2.44　节流阀的应用

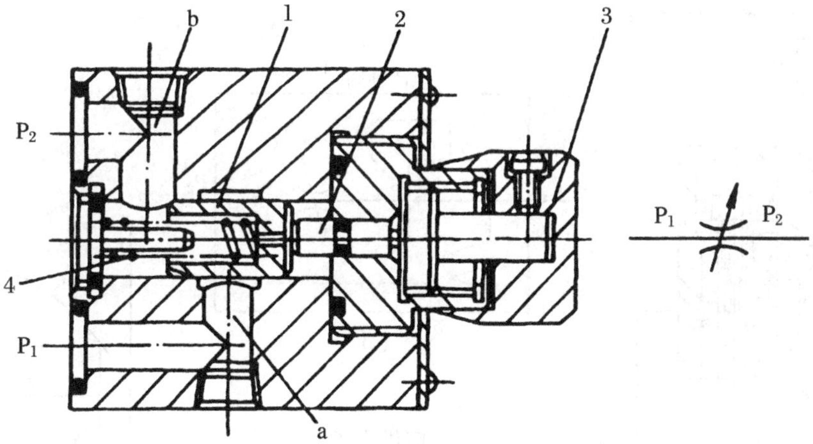

图 2.45　普通节流阀

1. 阀芯；2. 推杆；3. 调节手柄；4. 弹簧

(2) 节流阀的刚性

节流阀的刚性是指它抵抗负载变化的干扰，是速度对负载变化抗衡能力的一种说明，说明活塞运动速度受负载变化而变化的程度。

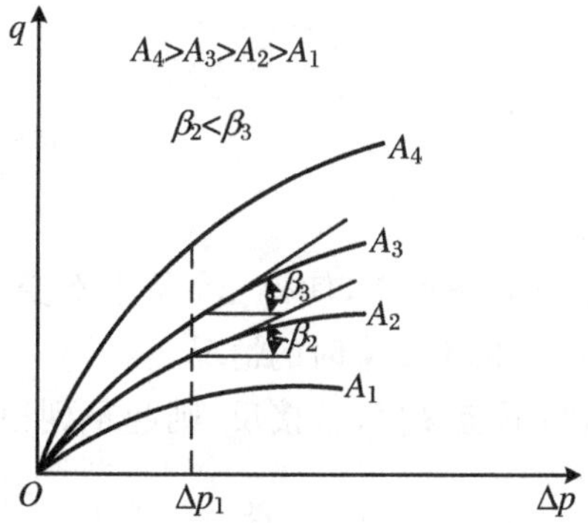

图 2.46　节流阀不同开口时的流量

节流阀的刚性的物理量——刚度：

$$T = \frac{d\Delta p}{dq}$$

由流量通式 $q = KA\Delta p^m$ 隐函数求到可得

$$T = \frac{d\Delta p}{dq} = \frac{\Delta p^{1-m}}{KAm}$$

节流阀的刚性的物理意义：节流阀流量特性曲线上某点斜率的倒数，或者说特性曲线上某点切线和横坐标夹角 β 的余切。见图 2.46。此时刚度为

$$T = \frac{d\Delta p}{dq} = \cot\beta = \frac{1}{\tan\beta}$$

讨论：

① $\beta\downarrow\rightarrow T\uparrow$。

② 当 Δp 一定时，$A\downarrow\rightarrow T\uparrow$。

③ 当 A 一定时，$\Delta p\uparrow\rightarrow T\uparrow$。

④ $m\downarrow\rightarrow T\uparrow$。

普通节流元件用在轻载、低速时，速度刚性高。但功率损失大，效率低。

3. 调速阀和溢流节流阀

普通节流阀的流量受压力和温度的影响较大。

(1) 调速阀

图 2.47 所示分别为调速阀的结构示意图、职能符号和特性曲线。图中 p_1 由溢流阀调定，基本恒定。

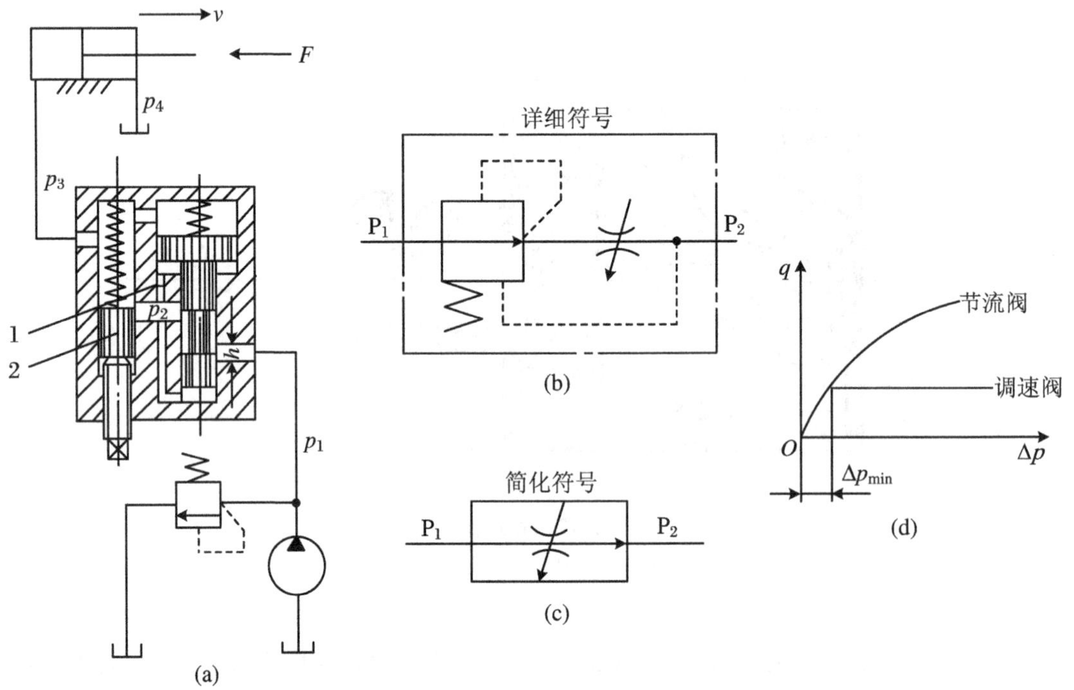

图 2.47 调速阀

1. 调速阀；2. 节流阀

调速阀的作用：调节流量。

调速阀的特点：流量不受压差(即负载)的影响。

调速阀的组成："差压式减压阀 + 节流阀"串联而成。

分析：当 $F\uparrow\rightarrow p_3\uparrow\rightarrow$减压阀 $h\uparrow\rightarrow\Delta p_{减}=(p_1-p_2)\downarrow\rightarrow p_2\uparrow$，使得 Δp 基本不变，故调速阀的流量受压力(负载)波动的影响较小。同理，可以分析出 $F\downarrow$ 时的情况。

调速阀也可以先节流后减压型，原理相似。但调速阀不能接反，若接反，则起不到稳流的作用，仅相当于一个普通节流阀。

注意：

① 调速阀的流量—压力特性曲线为图 2.47(d)。

② 只有调速阀的压差 $\Delta p>0.5$ MPa 时，才能正常工作；否则，仅相当于普通节流阀。

③ 如图 2.47 所示的调速阀只能消除负载变化对流量的影响。

(2) 溢流节流阀

如图 2.48 所示的是溢流节流阀的工作原理及图形符号。它也是一种压力补偿型节流阀。

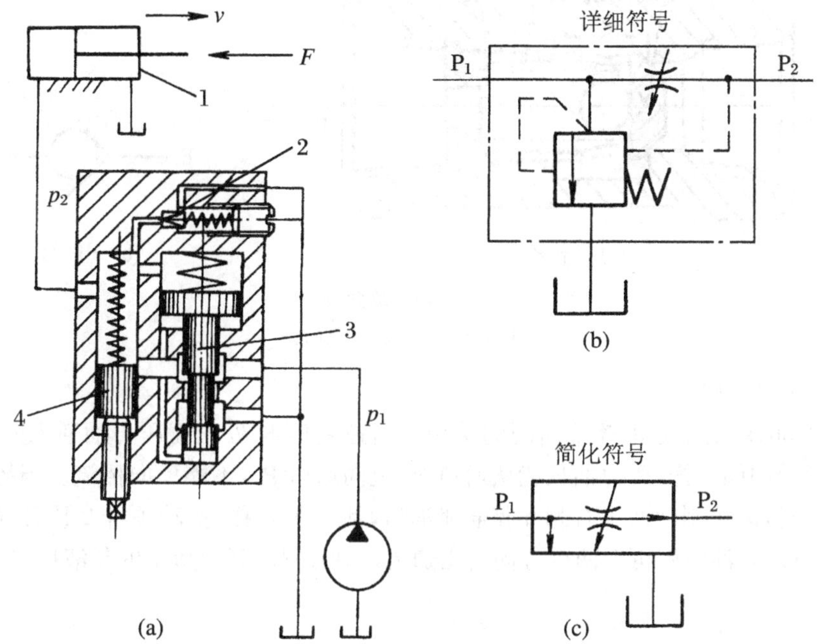

图 2.48　溢流节流阀

1. 液压缸；2. 安全阀；3. 溢流阀；4. 节流阀

溢流节流阀由差压式溢流阀和普通节流阀并联而成。

分析：这里，p_1随外界负载变化而变化，当 $F\uparrow\rightarrow p_2\uparrow\rightarrow x_R\downarrow\rightarrow p_1\uparrow$，故 $\Delta p=p_1-p_2$ = 常量。所以流量变化不大。

优点如下：

① 通过 p_1随 p_2变化，保持 $\Delta p=p_1-p_2$不变，保持流量恒定。

② 自身附带安全阀，防止系统过载。

③ 功率损失低，发热量小。

缺点：

入口压力影响节流阀的压差，而入口压力由差压式溢流阀控制，由于溢流阀受弹簧的影响，故稳定性稍差。这里全额流量通过差压式溢流阀，故弹簧较硬，流量受 Δp 影响较大。

三、方向控制阀

1. 单向阀

液压系统中常见的单向阀有普通单向阀和液控单向阀两种。

(1) 普通单向阀

普通单向阀的作用，是使油液只能沿一个方向流动，不许它反向倒流。如图 2.49(a)所示是一种管式普通单向阀的结构。压力油从阀体左端的通口 P_1流入时，克服弹簧 3 作用在阀芯 2 上的力，使阀芯向右移动，打开阀口，并通过阀芯 2 上的径向孔 a、轴向孔 b 从阀体右端的通口流出。但是压力油从阀体右端的通口 P_2流入时，它和弹簧力一起使阀芯锥面压紧在阀座上,使阀口关闭,油液无法通过。如图 2.49(b)所示的是单向阀的职能符号图。

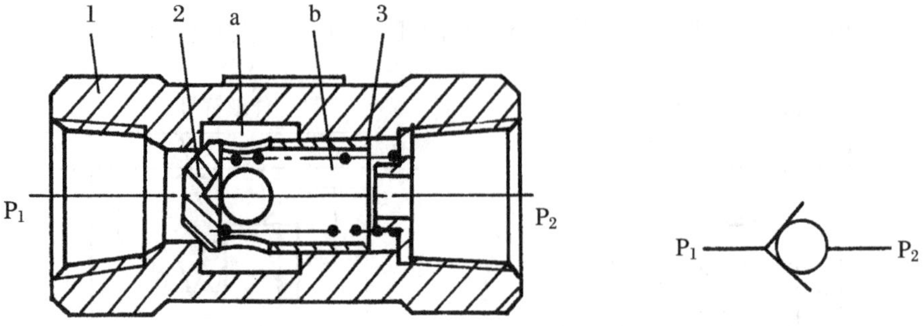

(a) 结构图 (b) 职能符号图

图 2.49 单向阀

1. 阀体;2. 阀芯;3. 弹簧

(2) *液控单向阀*

如图 2.50(a)所示是液控单向阀的结构。当控制口 K 处于无压力油通入时,它的工作机制和普通单向阀一样,压力油只能从通口 P_1 流向通口 P_2,不能反向倒流。当控制口 K 有控制压力油时,因控制活塞 1 右侧 a 腔通泄油口,活塞 1 右移,推动顶杆 2 顶开阀芯 3,使通口 P_1 和 P_2 接通,油液就可在两个方向自由通流。如图 2.50(b)所示的是液控单向阀的职能符号。

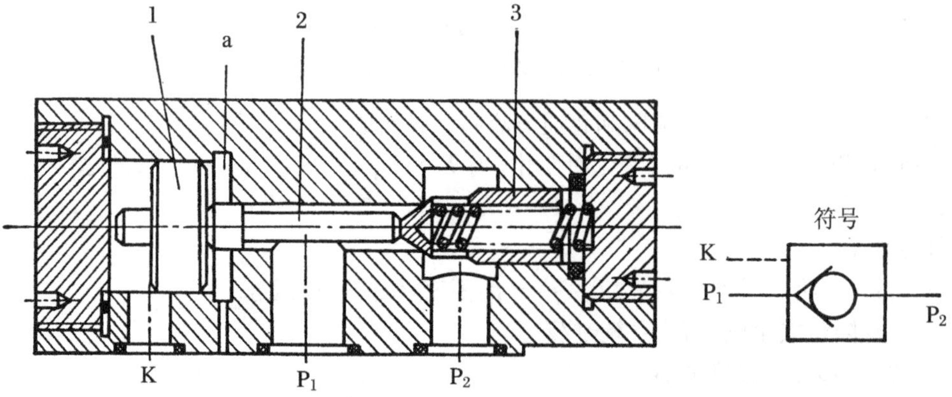

(a) 结构图 (b) 职能符号图

图 2.50 液控单向阀

1. 活塞;2. 顶杆;3. 阀芯

2. 换向阀

换向阀利用阀芯相对于阀体的相对运动,使油路接通、切断,或变换油流的方向,从而使液压执行元件启动、停止或变换运动方向。

对换向阀的主要要求如下:

① 油液流经换向阀时的压力损失要小。

② 互不相通的油口间的泄漏要小。

③ 换向要平稳、迅速且可靠。

换向阀在按阀芯形状分类时,有滑阀式和转阀式两种。滑阀式换向阀在液压系统中远比转阀式用得广泛。

(1) 转阀式换向阀

如图 2.51(a)所示的是转动式换向阀(简称转阀)的工作原理图。

该阀由阀体 1、阀芯 2 和使阀芯转动的操作手柄 3 组成,在图示位置,通口 P 和 A 相通、B 和 T 相通;当操作手柄转换到“止”位置时,通口 P、A、B 和 T 均不相通;当操作手柄转换到另一位置时,则通口 P 和 B 相通,A 和 T 相通。如 2.51(b)所示的是它的职能符号。

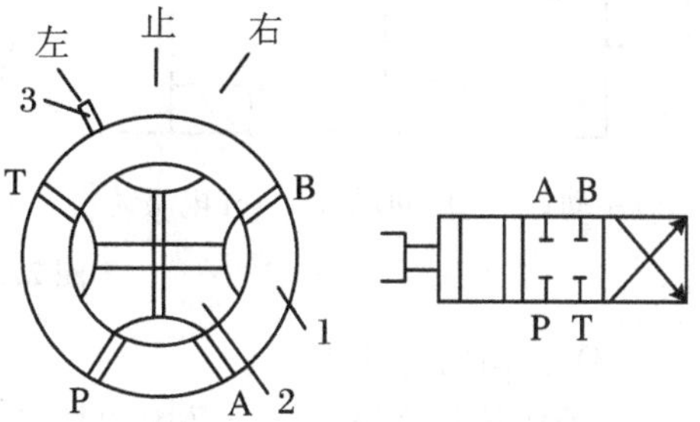

(a)　(b)

图 2.51　转阀

(2) 滑阀式换向阀

◎ 结构主体

阀体和滑动阀芯是滑阀式换向阀的结构主体。表 2.5 所示是其最常见的结构形式。其中“位”指的是阀芯的工作位置数,“通”是指阀连通的主油路数。由表 2.5 可见,阀体上开有多个通口,阀芯移动后可以停留在不同的工作位置上。

表 2.5　滑阀常见结构形式

名称	结构原理图	职能符号	使用场合		
二位二通阀	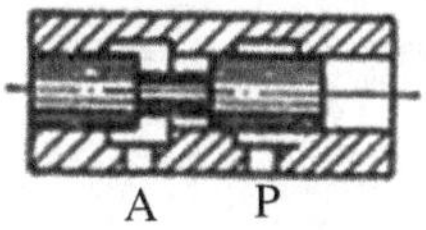 A　P	A 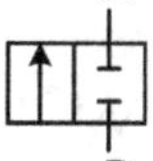 P	控制油路的接通与切断(相当于一个开关)		
二位三通阀	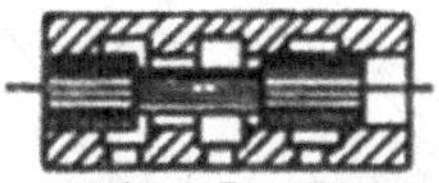 A　P　B	AB 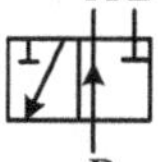 P	控制液流方向(从一个方向变换成另一个方向)		
二位四通阀	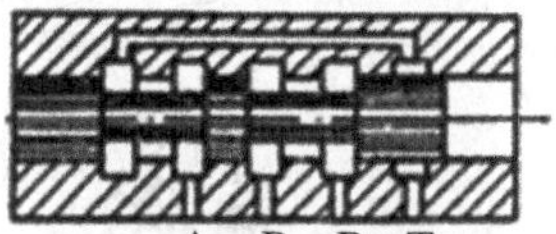 A　P　B　T	A B 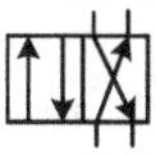 P T	控制执行元件换向	不能使执行元件在任一位置上停止运动	执行元件正反向运动时,回油方式相同
三位四通阀	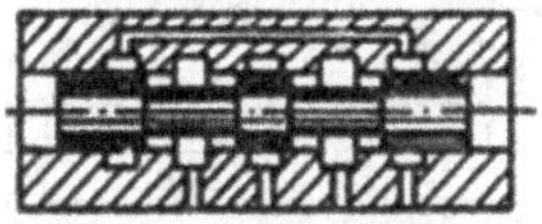 A　P　B　T	A B 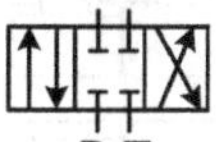 P T		能使执行元件在任一位置上停止运动	
二位五通阀	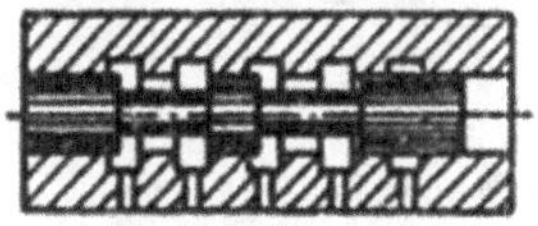 T_1 A　P　B　T_2	A B  T_1PT_2		不能使执行元件在任一位置上停止运动	执行元件正反向运动时,可以得到不同的回油方式
三位五通阀	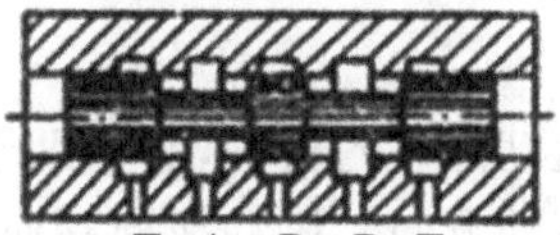 T_1 A　P　B　T_2	AB 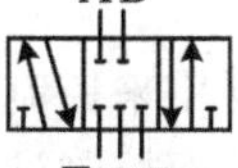 T_2PT_1		能使执行元件在任一位置上停止运动	

◎ 滑阀的操纵方式

常见的滑阀操纵方式示于图 2.52 中。

(a) 手动式 (b) 机动式 (c) 电磁动 (d) 弹簧控制 (e) 液动 (f) 液压先导控制 (g) 电液控制

图 2.52 滑阀操纵方式

(3) 换向阀的结构

在液压传动系统中广泛采用的是滑阀式换向阀，在这里主要介绍这种换向阀的几种典型结构。

◎ 手动换向阀

图 2.53(b)为自动复位式手动换向阀，放开手柄 1、阀芯 2 在弹簧 3 的作用下自动回复中位，该阀适用于动作频繁、工作持续时间短的场合，操作比较安全，常用于工程机械的液压传动系统中。

如果将该阀阀芯右端弹簧 3 的部位改为可自动定位的结构形式，即成为可在 3 个位置定位的手动换向阀。图 2.53(a)为职能符号图。

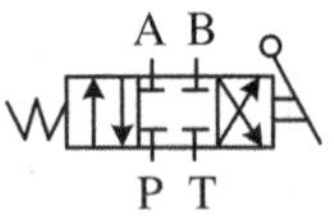

(a) 职能符号图

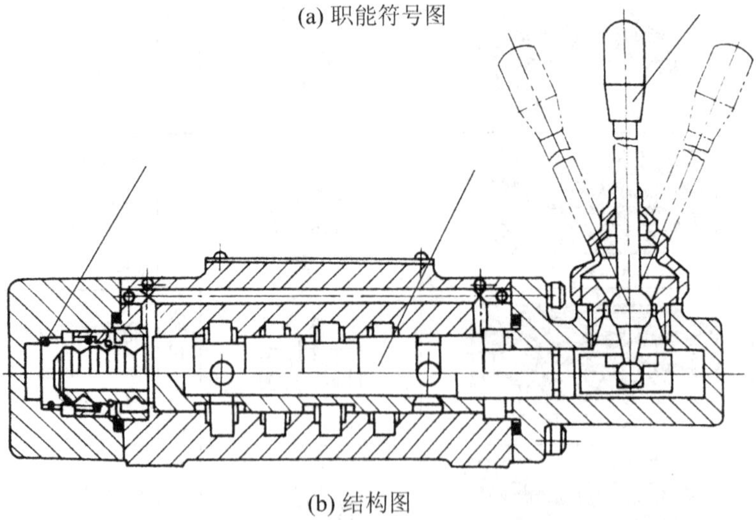

(b) 结构图

图 2.53 手动换向阀

1. 手柄；2. 阀芯；3. 弹簧

◎ 机动换向阀

机动换向阀又称行程阀，它主要用来控制机械运动部件的行程，它借助于安装在工作台上的挡铁或凸轮来迫使阀芯移动，从而控制油液的流动方向。机动换向阀通常是二位的，有二通、三通、四通和五通几种，其中二位二通机动阀又分常闭和常开两种。图 2.54(a)为滚轮式二位三通常闭式机动换向阀，在图示位置阀芯 2 被弹簧 1 压向上端，油腔 P 和油腔 A 通，油腔 B 口关闭。当挡铁或凸轮压住滚轮 4，使阀芯 2 移动到下端时，就使油腔 P 和油腔 A 断开，油腔 P 和油腔 B 接通，油腔 A 口关闭。如图 2.54(b)所示为其职能符号。

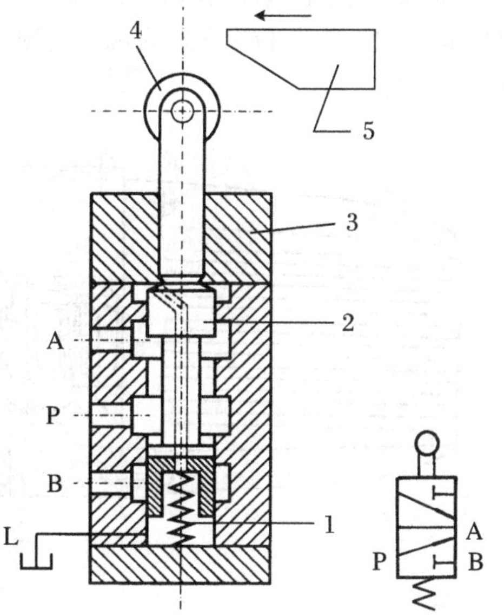

(a) 结构图　(b) 职能符号图

图 2.54　机动换向阀

1. 弹簧；2. 阀芯；3. 阀盖；4. 滚轮；5. 挡铁

◎ 电磁换向阀

电磁换向阀是利用电磁铁的通电吸合与断电释放而直接推动阀芯来控制液流方向的。

电磁铁按使用电源的不同，可分为交流和直流两种。按衔铁工作腔是否有油液又可分为干式和湿式两种。交流电磁铁起动力较大，不需要专门的电源，吸合、释放快，运作时间为 0.01～0.03 s，其缺点是若电源电压下降 15%以上，则电磁铁吸力明显减小，若衔铁不动作，干式电磁铁会在 10～15 min 后烧坏线圈(湿式电磁铁为 1～1.5 h)，且冲击及噪音较大，寿命短，因而在实际使用中交流电磁铁允许的切换频率一般为 10 次/min，不得超过 30 次/min。直流电磁铁工作较可靠，吸合、释放动作时间为 0.05～0.08 s，允许使用的切换频率较高，一般可达 120 次/min，最高可达 300 次/min，且冲击小、体积小、寿命长。但需有专门的直流电源，成本较高。此外，还有一种整体电磁铁，其电磁铁是直流的，但电磁铁本身带有整流器，通入的交流电经整流后再供给直流电磁铁。目前，国外新发展了一种油浸式电磁铁，不仅衔铁，而且激磁线圈也都浸在油液中工作，它具有寿命更长、工作更平稳可靠等特点，但由于造价较高，应用面不广。

如图 2.55(a)所示为二位三通交流电磁换向阀结构，在图示位置，油口 P 和油口 A 相通，油口 B 断开；当电磁铁通电吸合时，推杆 1 将阀芯 2 推向右端，这时油口 P 和油口 A 断开，而与油口 B 相通。而当磁铁断电释放时，弹簧 3 推动阀芯复位。图 2.55(b)为其职能符号图。

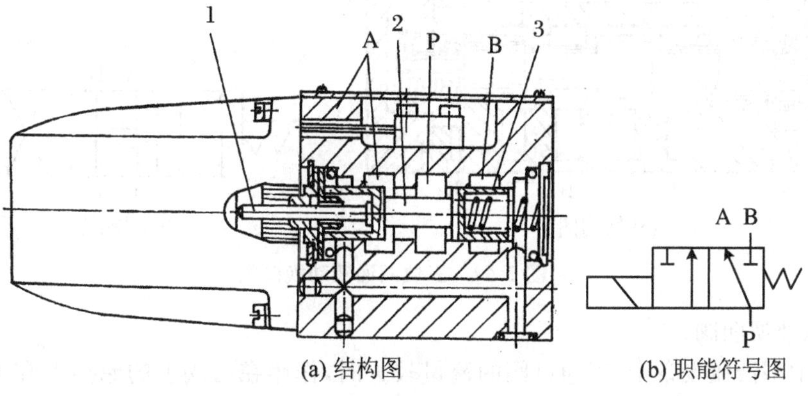

(a) 结构图　(b) 职能符号图

图 2.55　二位三通电磁换向阀

1. 推杆；2. 阀芯；3. 弹簧

如前所述，电磁换向阀就其工作位置来说，有二位和三位等。二位电磁阀有一个电磁铁，靠弹簧复位；三位电磁阀有两个电磁铁，如图 2.56 所示为一种三位五通电磁换向阀的结构和职能符号。

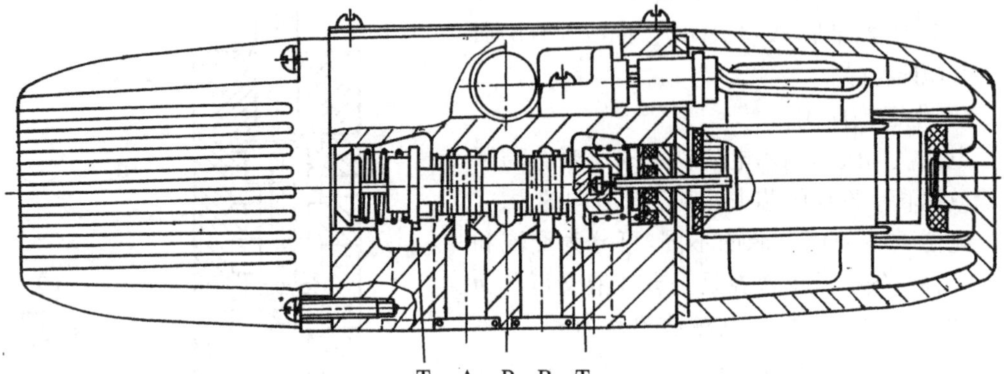

(a) 结构图

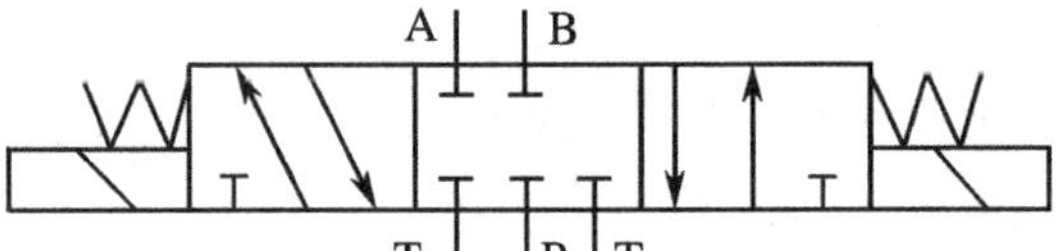

(b) 职能符号图

图 2.56　三位五通电磁换向阀

◎ 液动换向阀

液动换向阀是利用控制油路的压力油来改变阀芯位置的换向阀，图 2.57 为三位四通液动换向阀的结构和职能符号。阀芯是由其两端密封腔中油液的压差来移动的，当控制油路的压力油从阀右边的控制油口 K_2 进入滑阀右腔时，油口 K_1 接通回油，阀芯向左移动，使压力油口 P 与油口 B 相通，油口 A 与油口 T 相通；当油口 K_1 接通压力油，油口 K_2 接通回油时，阀芯向右移动，使得油口 P 与油口 A 相通，油口 B 与油口 T 相通；当油口 K_1 和油口 K_2 都通回油时，阀芯在两端弹簧和定位套作用下回到中间位置。

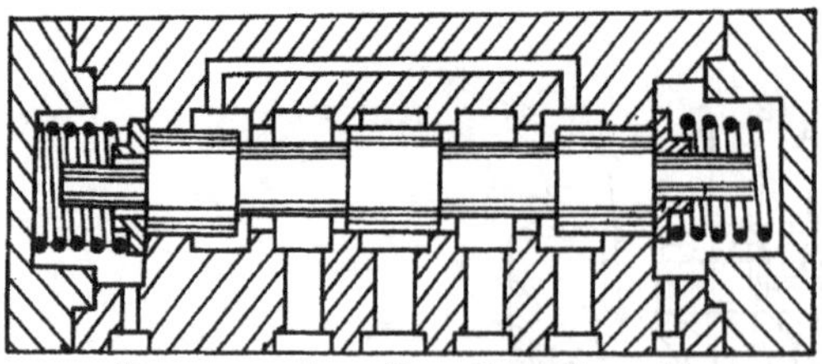

(a) 结构图

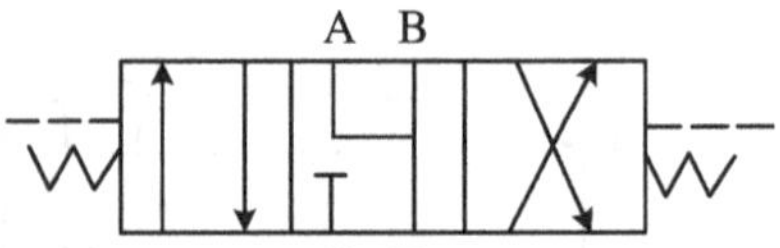

(b) 职能符号图

图 2.57　三位四通液动换向阀

◎ 电液换向阀

在大中型液压设备中，当通过阀的流量较大时，作用在滑阀上的摩擦力和液动力较大，此时电磁换向阀的电磁铁推力相对太小，需要用电液换向阀来代替电磁换向阀。电液换向阀是由电磁滑阀和液动滑阀组合而成的。电磁滑阀起先导作用，它可以改变控制液流的方向，从而改变液动滑阀阀芯的位置。由于操纵液动滑阀的液压推力可以很大，所以主阀芯的尺寸可以做得很大，允许有较大的油液流量通过。这样用较小的电磁铁就能控制较大的液流。

如图 2.58 所示的是弹簧对中型三位四通电液换向阀的结构和职能符号图，当先导电磁阀左边的电磁铁通电后使其阀芯向右边位置移动，来自主阀 P 口或外接油口的控制压力油可经先导电磁阀的 A′口和左单向阀进入主阀左端容腔，并推动主阀阀芯向右移动，这时主阀阀芯右端容腔中的控制油液可通过右边的节流阀经先导电磁阀的 B′口和 T′口，再从主阀的 T 口或外接油口流回油箱（主阀阀芯的移动速度可由右边的节流阀调节），使主阀 P 与 A、B 和 T 的油路相通；反之，由先导电磁阀右边的电磁铁通电，可使 P 与 B、A 与 T 的油路相通；当先导电磁阀的两个电磁铁均不带电时，先导电磁阀阀芯在其对中弹簧作用下回到中位，此时来自主阀 P 口或外接油口的控制压力油不再进入主阀芯的左、右两容腔，主阀芯左、右两容腔的油液通过先导电磁阀中间位置的 A′、B′两油口与先导电磁阀 T′口相通（图 2.58(b)），再从主阀的 T 口或外接油口流回油箱。主阀阀芯在两端对中弹簧的预压力的推动下，依靠阀体定位，准确地回到中位，此时主阀的油口 P、油口 A、油口 B 和油口 T 均不通。电液换向阀除了上述的弹簧对中以外还有液压对中的，在液压对中的电液换向阀中，先导式电磁阀在中位时，A′、B′两油口均与油口 P 连通，而 T′则封闭，其他方面与弹簧对中的电液换向阀基本相似。

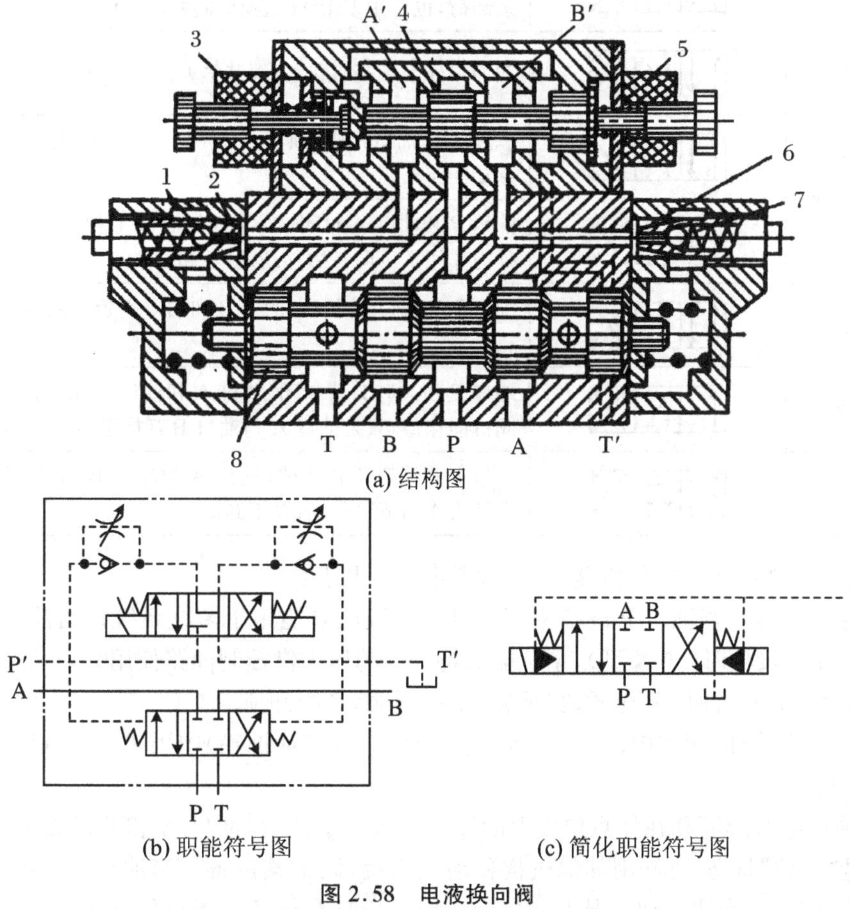

(a) 结构图

(b) 职能符号图

(c) 简化职能符号图

图 2.58　电液换向阀

1、6. 节流阀；2、7. 单向阀；3、5. 电磁铁；4. 电磁阀阀芯；8. 主阀阀芯

（4）换向阀的中位机能分析

三位换向阀的阀芯在中间位置时，各通口间有不同的连通方式，可满足不同的使用要求。这种连通方式称为换向阀的中位机能。三位四通换向阀常见的中位机能、型号、符号及其特点，示于表2.6中。三位五通换向阀的情况与此相仿。不同的中位机能是通过改变阀芯的形状和尺寸得到的。

表2.6　常见的滑阀中位机能

滑阀机能	符号	中位油口状况、特点及应用
O型	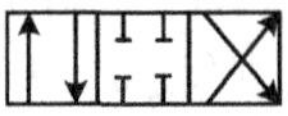	P、A、B、T四油口全封闭；液压泵不卸荷，液压缸闭锁；可用于多个换向阀的并联工作
H型		四油口全串通；活塞处于浮动状态，在外力作用下可移动；泵卸荷
Y型		油口P封闭，A、B、T三油口相通；活塞浮动，在外力作用下可移动；泵不卸荷
K型		P、A、T三油口相通，油口B封闭；活塞处于闭锁状态；泵卸荷
M型	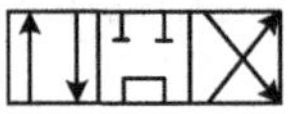	油口P和油口T相通，油口A与油口B均封闭；活塞不动；泵卸荷，也可用多个M型换向阀并联工作
X型		四油口处于半开启状态；泵基本上卸荷，但仍保持一定压力
P型		P、A、B三油口相通，油口T封闭；泵与缸两腔相通，可组成差动回路
J型	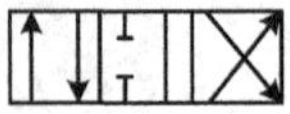	油口P和油口A封闭，油口B与油口T相通；活塞停止，在外力作用下可向一边移动；泵不卸荷
C型	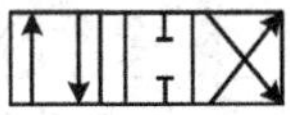	油口P和油口A相通，油口B和油口T皆封闭；活塞处于停止位置
N型		油口P和油口B皆封闭，油口A和油口T相通；与J型换向阀机能相似，只是油口A与油口B互换了，功能也类似
U型		油口P和油口T皆封闭，油口A和油口B相通；活塞浮动，在外力作用下可移动；泵不卸荷

在分析和选择阀的中位机能时，通常考虑以下几点：

① 系统保压　当油口P被堵塞，系统保压，液压泵能用于多缸系统。当油口P不太通畅地与油口T接通时（如X型），系统能保持一定的压力供控制油路使用。

② 系统卸荷　油口P通畅地与油口T接通时，系统卸荷。

③ 启动平稳性：阀在中位时，启动时液压缸某腔（如通油箱）内因无油液起缓冲作用，启动不太平稳。

④ 液压缸“浮动”和在任意位置上的停止　阀在中位，当油口A和油口B互通时，卧式液压缸呈“浮动”状态，可利用其他机构移动工作台，调整其位置。当油口A和油口B堵塞或与油口P连接（在非差动情况下）时，则可使液压缸在任意位置处停下来。三位五通换向阀的机能与上述相仿。

(5) 换向阀的主要性能

换向阀的主要性能,以电磁阀的项目为最多,它主要包括下面几项:

① 工作可靠性　工作可靠性是指电磁铁通电后能否可靠地换向,而断电后能否可靠地复位。工作可靠性主要取决于设计和制造,且和使用也有关系。液动力和液压卡紧力的大小对工作可靠性影响很大,而这两个力与通过阀的流量和压力有关。所以电磁阀也只有在一定的流量和压力范围内才能正常工作。这个工作范围的极限称为换向界限,如图 2.59 所示。

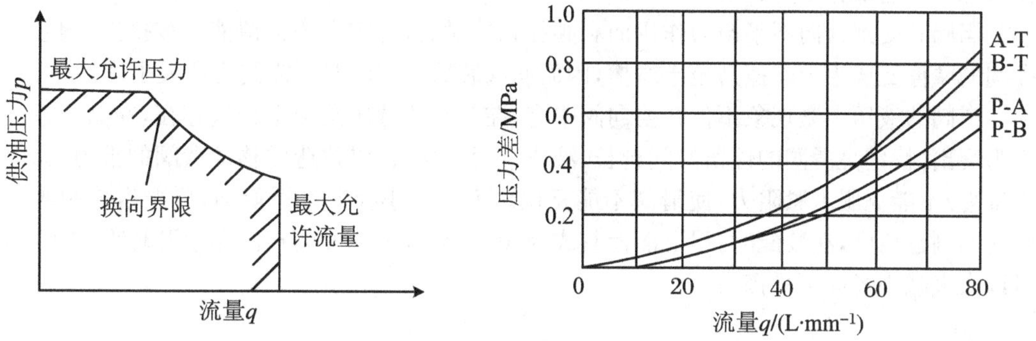

图 2.59　电磁阀的换向界限

② 压力损失　由于电磁阀的开口很小,故液流流过阀口时产生较大的压力损失。一般阀体铸造流道中的压力损失比机械加工流道中的损失小。

③ 内泄漏量　在各个不同的工作位置,在规定的工作压力下,从高压腔漏到低压腔的泄漏量为内泄漏量。过大的内泄漏量不仅会降低系统的效率,引起过热,而且还会影响执行机构的正常工作。

④ 换向和复位时间　换向时间指从电磁铁通电到阀芯换向终止的时间;复位时间指从电磁铁断电到阀芯回复到初始位置的时间。减小换向和复位时间可提高机构的工作效率,但会引起液压冲击。交流电磁阀的换向时间一般为 0.03~0.05 s,换向冲击较大;而直流电磁阀的换向时间为 0.1~0.3 s,换向冲击较小。通常复位时间比换向时间稍长。

⑤ 换向频率　换向频率是指在单位时间内阀所允许的换向次数。目前,单电磁铁的电磁阀的换向频率一般为 60 次/min。

⑥ 使用寿命　使用寿命是指使用到电磁阀某一零件损坏,不能进行正常的换向或复位动作,或使用到电磁阀的主要性能指标超过规定指标时所经历的换向次数。

电磁阀的使用寿命主要决定于电磁铁。湿式电磁铁的寿命比干式的长,直流电磁铁的寿命比交流的长。

⑦ 滑阀的液压卡紧现象　一般滑阀的阀孔和阀芯之间有很小的间隙,当缝隙均匀且缝隙中有油液时,移动阀芯所需的力只需克服黏性摩擦力,数值是相当小的。但在实际使用中,特别是在中、高压系统中,当阀芯停止运动一段时间后(一般约 5 min 以后),这个阻力可以大到几百牛顿,使阀芯很难重新移动。这就是所谓的液压卡紧现象。

引起液压卡紧的原因,有的是由于脏物进入缝隙而使阀芯移动困难,有的是由于缝隙过小在油温升高时阀芯膨胀而卡死,但主要原因是来自滑阀副几何形状误差和同心度变化所引起的径向不平衡液压力。如图 2.60(a)所示,当阀芯和阀体孔之间无几何形状误差,且轴心线平行但不重合时，阀芯周围间隙内的压力分布是线性的(图 2.60(a)中 A_1 和 A_2 线所示)，且各向相等，阀芯上不会出现不平衡的径向力；当阀芯因加工误差而带有倒锥(锥部大端朝向高压腔)且轴心线平行而不重合时，阀芯周围间隙内的压力分布如图 2.60(b)中曲线 A_1 和 A_2 所示，这时阀芯将受到径向不平衡力(图中阴影部分)的作用而使偏心距越来越大，直到两者表面接触为止，这时径向不平衡力达到最大值；但是，如阀芯带有顺锥(锥部大端朝向低压腔)时，产生的径向不平衡力将使阀芯和阀孔间的偏心距减小；图 2.60(c)为阀芯表面有局部凸起(相当于阀芯碰伤、残留毛刺或缝隙中楔入脏物)时，阀芯受到的径向不平衡力将使阀芯的凸起部分推向孔壁。

当阀芯受到径向不平衡力作用而和阀孔相接触后，缝隙中的存留液体被挤出，阀芯和阀孔间的摩擦变成半干摩擦乃至干摩擦，因而使阀芯重新移动时所需的力增大了许多。

滑阀的液压卡紧现象不仅在换向阀中有，在其他的液压阀中也普遍存在，在高压系统中更为突出，特别是滑阀的停留时间越长，液压卡紧力越大，以致造成移动滑阀的推力(如电磁铁推力)不能克服卡紧阻力，使滑阀不能复位。为了减小径向不平衡力，应严格控制阀芯和阀孔的制造精度，在装配时，尽可能使其成为顺锥形式，另一方面在阀芯上开环形均压槽，也可以大大减小径向不平衡力。

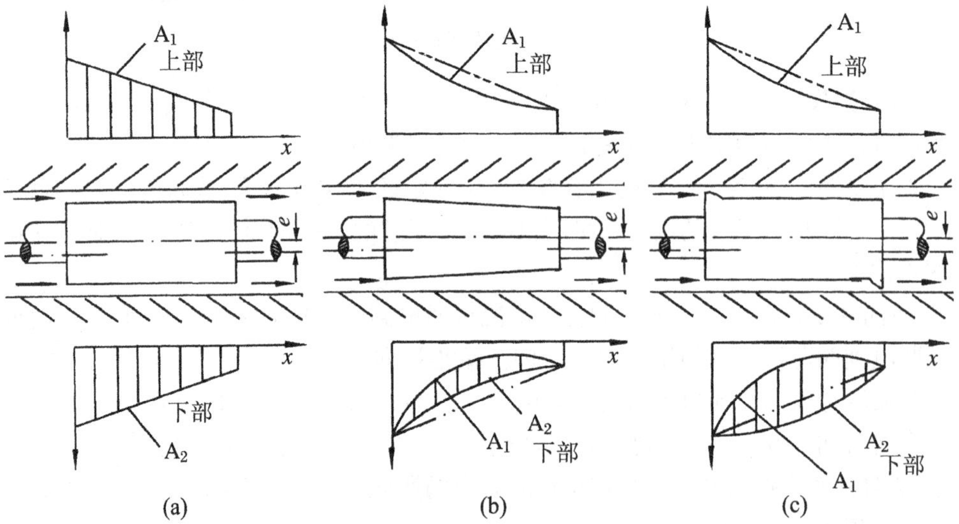

图 2.60 滑阀上的径向力

四、叠加式液压阀

叠加式液压阀简称叠加阀，其阀体本身是作为连接块直接叠加成所需的液压系统，需另外的连接块。如图 2.61 所示的叠加阀典型结构图。

(1) 叠加阀的特点

① 工作原理与一般液压阀基本相同。

② 集成块上的连接尺寸统一由标准规定。

③ 阀体就是集成块。

④ 各厂家的叠加阀自成体系。

⑤ 叠加阀系列中不含换向阀。

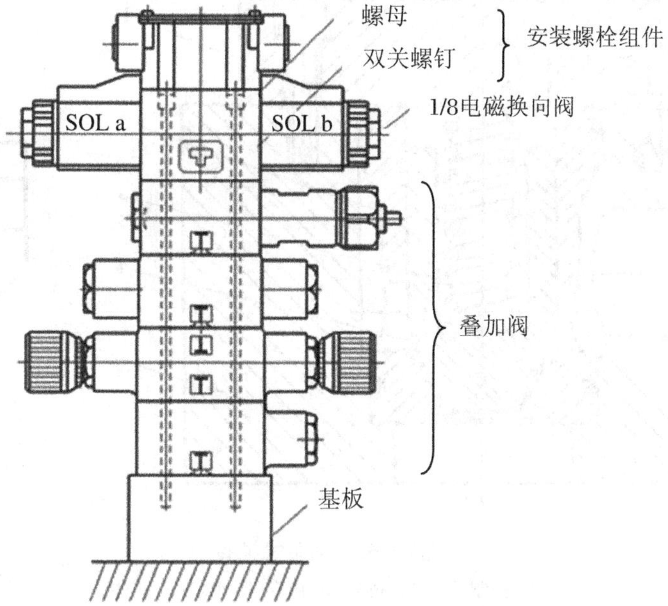

图 2.61　叠加阀典型结构图

(2) 叠加阀组成液压系统的特点

① 结构紧凑,尺寸小,重量轻。

② 系统结构简单,安装周期快。

③ 改变工况,增加元件时,组装方便快捷。

④ 原件之间无管连接,泄漏少、振动小、噪音小。

⑤ 系统配置灵活,外观整齐,维护保养容易。

⑥ 标准化,通用化和集成化程度较高。

(3) 叠加阀产品情况

① 通径系列:∅6 mm、∅10 mm、∅16 mm、∅20 mm 和∅32 mm。

② 工作压力:20 MPa。

③ 额定流量:10～200 L/min。

④ 分类:压力控制阀、流量控制阀、方向控制阀(仅有单向阀)。

⑤ 叠加阀系列中不含换向阀,其组成的液压系统中的主换向阀属于板式阀系列。

五、插装阀

二通插装阀简称为插装阀或插装式锥阀,在高压大流量液压系统中应用广泛。其优点如下:

① 通流能力大。

② 阀芯动作灵敏,通流能力强。

③ 密封好,泄漏少,压力损失小。

④ 结构简单,易于实现标准化。

1. 插装式锥阀的工作原理及基本组成

图 2.62 是插装式锥阀的基本单元和结构原理图。

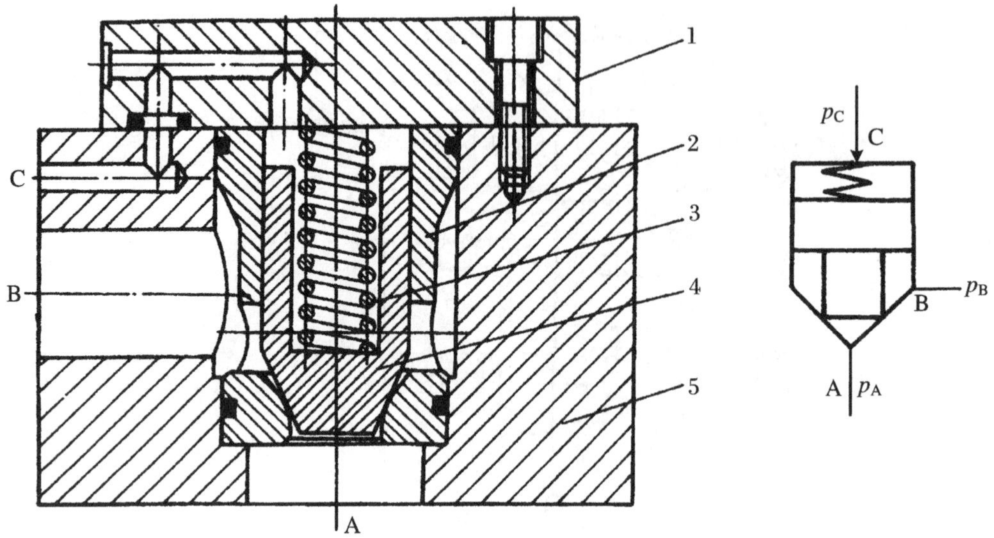

图 2.62　插装式锥阀

1. 控制盖板;2. 阀套;3. 弹簧;4. 阀芯;5. 阀体

基本单元原理分析如下：

① 当 $p_AA_A+p_BA_B<p_CA_C+F_S$,阀口关闭,A、B 不通。

② 当 $p_AA_A+p_BA_B>p_CA_C+F_S$,阀口开启,A、B 相通。

③ 改变控制口 C 的压力 p_C,可控制 A、B 口的通断。例如控制口 C 接油箱时,$p_C=0$ 时,阀口开启。控制口 C 接压力油时,$p_C>p_A$ 且 $p_C>p_B$,阀口关闭。

通过不同的盖板和各种先导阀的组合,可构成方向控制阀、压力控制阀和流量控制阀。

2. 插装式锥阀用作方向控制阀

(1) 作单向阀

如图 2.63 所示的示意图。

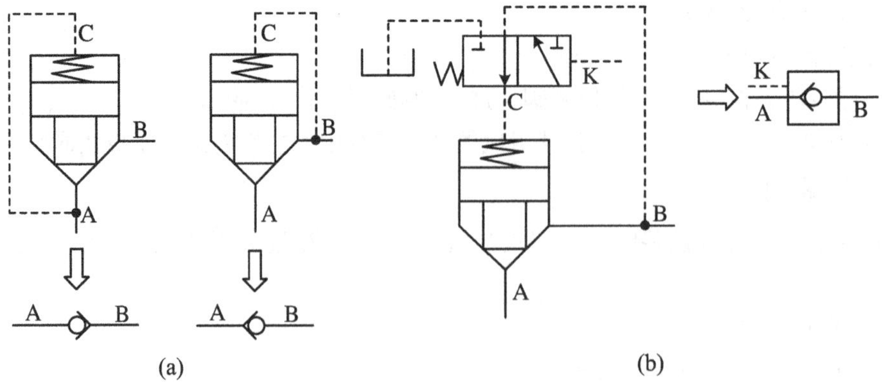

图 2.63　插装阀作单向阀

(2) 作二位二通阀

如图 2.64 所示的示意图。

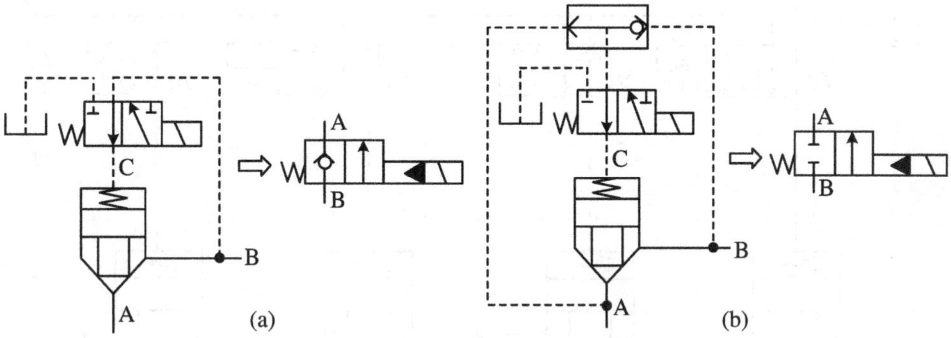

图 2.64　插装阀作二位二通阀

(3) 作三通阀

如图 2.65 所示的示意图。

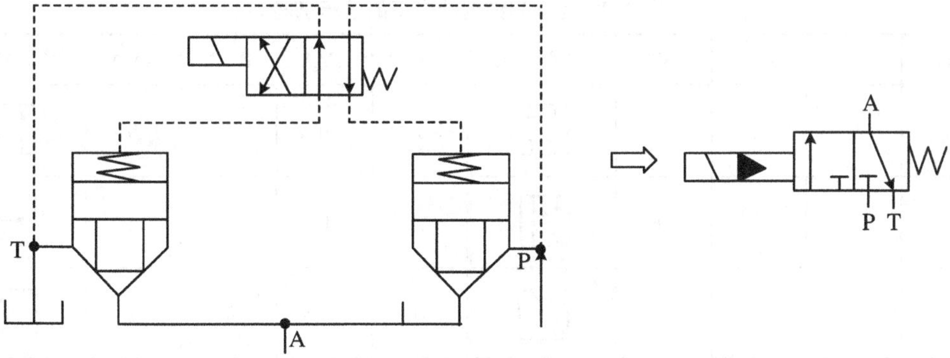

图 2.65　插装阀作二位三通阀

(4) 作四通阀

如图 2.66 所示的是用一个二位四通电磁先导阀构成的二位四通插装阀。

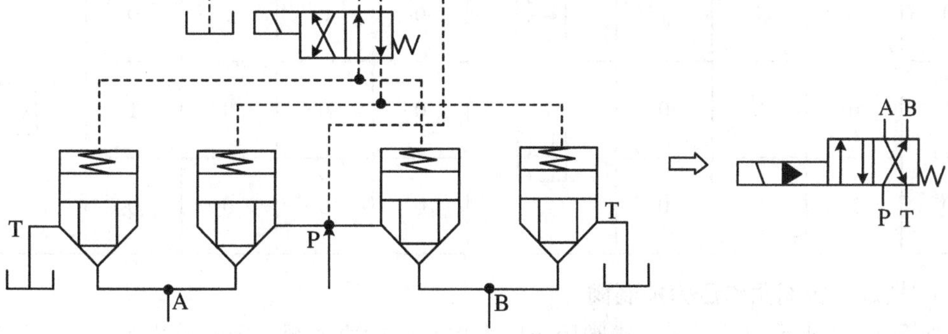

图 2.66　插装阀作二位四通阀

如图 2.67 所示，用 4 个先导阀分别对 4 个锥阀进行控制，理论上可得到 16 种通路状态，扣除重复状态，可得到 12 种通路状态，如表 2.7 所示。

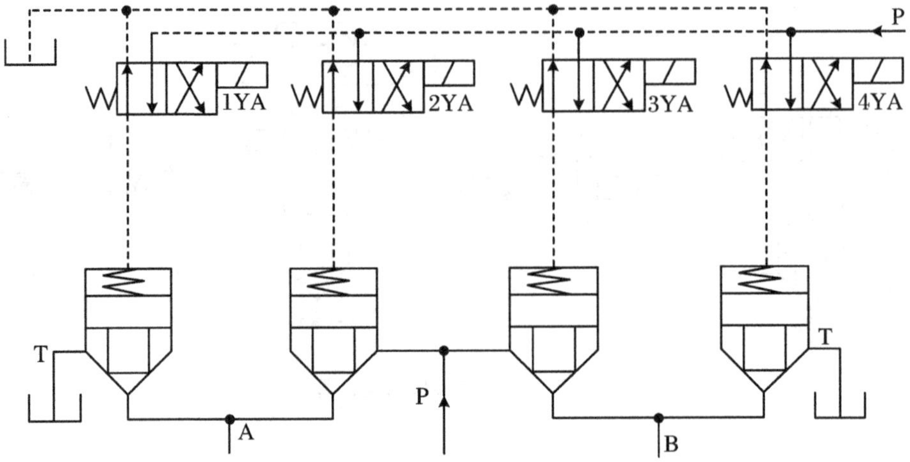

图 2.67　插装阀作多机能三位四通阀

表 2.7　先导阀控制状态下的滑阀机能

1YA	2YA	3YA	4YA	中位机能	1YA	2YA	3YA	4YA	中位机能
1	1	1	1	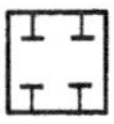	1	0	1	0	
1	1	1	0		1	0	0	1	
1	1	0	1		0	1	1	1	
1	1	0	0	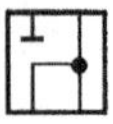	0	1	1	0	
1	0	1	1	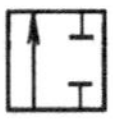	0	1	0	1	
0	0	1	1	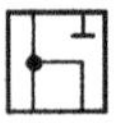	0	0	1	0	
1	0	0	0	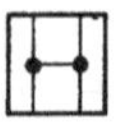	0	0	0	1	
0	1	0	0		0	0	0	0	

3. 插装式锥阀用作压力控制阀

如图 2.68 所示的是插装式锥阀用作压力控制阀的原理图。图示分别为普通溢流阀、电磁溢流阀和减压阀。

4. 插装式锥阀用作流量控制阀

如图 2.69 所示的是插装式锥阀用作流量控制阀的原理图。图示分别为普通节流阀和调速阀。

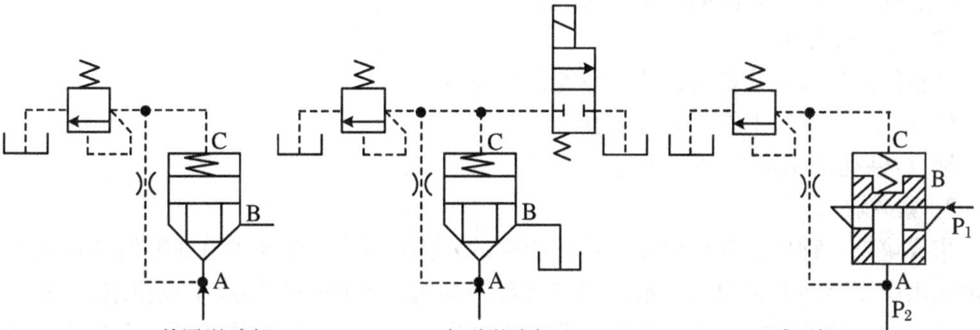

(a) 普通溢液阀　(b) 电磁溢流阀　(c) 减压阀

图 2.68　插装阀作压力控制阀的原理图

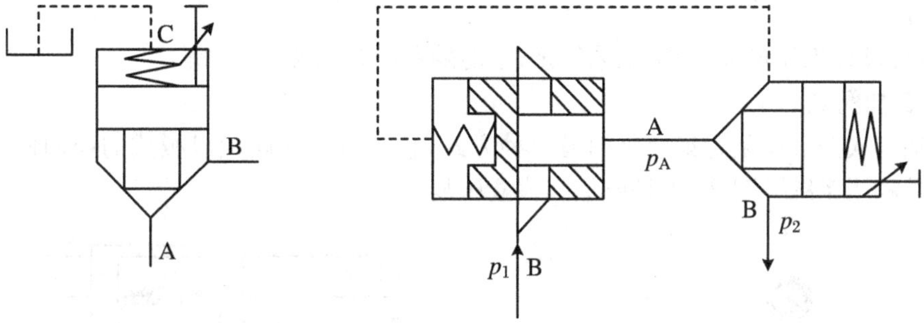

(a) 普通节流阀　(b) 调速阀

图 2.69　插装阀作流量控制阀的原理图

六、液压阀的连接

液压系统的连接形式：管式连接、板式连接、集成式等，其中，集成式又可分为集成块式、叠加阀式和插装阀式。

1. 管式连接

管式连接就是直接采用油管通过各种管接头等将各式管式液压阀连接成一个液压系统的一种连接形式。管式连接阀的接口一般为螺纹，大的液压阀也有采用法兰连接的。

优点：不需专门的连接元件，线路一目了然，适用于简单的液压系统。

缺点：结构分散，复杂系统显得较为凌乱，占用空间大，易泄漏，易产生振动和噪音。

2. 板式连接

板式连接就是采用专用的连接板代替传统意义上的管路将各式板式液压阀连接成一个液压系统的一种连接形式。板式连接液压阀的接口一般全部集中在液压阀的安装面上。板式连接的形式有单层连接板、双层连接板和整体连接板 3 种。

(1) 单层连接板

阀装在竖立的连接板的前面，阀间油路在板的后面用油管连接。

优点：连接简单，检查油路方便。

缺点：板上油管多，装配极为麻烦，占空间大。

(2) 双层连接板

在两块板间加工出油槽代替管路，两块板用黏结剂或螺钉固定在一起。

优点：工艺简单，结构紧凑。

缺点：容易泄漏，且泄漏部位不易检查。

(3) 整体连接板

在整体连接板上钻孔或铸孔代替管路构成系统。

优点：结构紧凑，工作可靠，应用广泛。

缺点：钻孔工作量大，工艺复杂。

3. 集成块式

集成块是一种代替管路把元件连接起来的六面连接体，连接体内部根据各控制油路设计加工出所需要的油路通道。集成块与其周围的阀类元件一起构成集成块组，一般可以完成一定典型回路的功能。将所需的几种集成块叠加组合在一起就构成了一个集成块式的液压系统。图 2.70 是集成块式液压装置示意图。

优点：结构紧凑，占地面积小，便于装卸和维修，且具有一定的标准化、系列化产品供选用，应用广泛。

缺点：设计工作量大，加工工艺复杂，不能随意修改系统。

4. 叠加阀式

叠加阀式是液压装置集成化的另一种方式，它是由叠加阀配以板式的换向阀和底座构成的一种液压系统。图 2.71 是叠加阀式液压装置示意图。

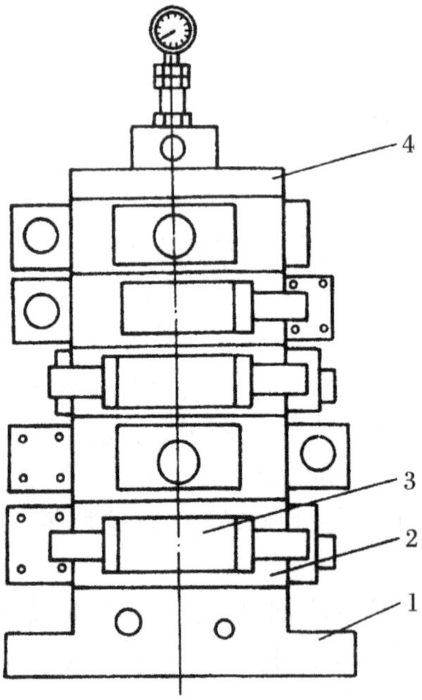

图 2.70 集成块式液压装置示意图

1. 底板；2. 集成块；3. 阀；4. 盖板

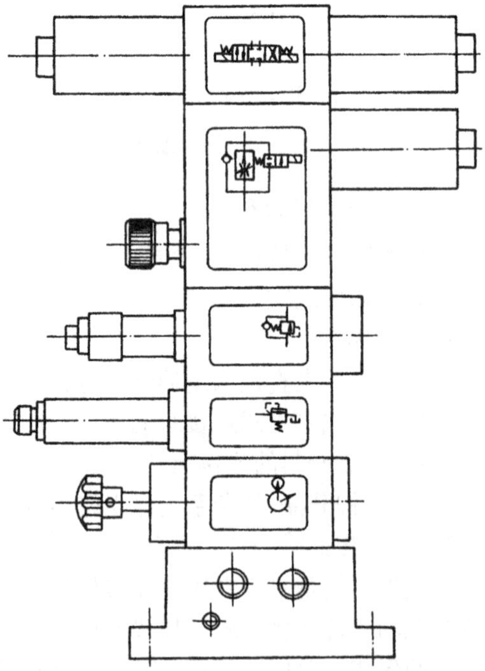

图 2.71 叠加阀式液压装置示意图

优点：结构紧凑，体积小，液压系统更改方便，叠加阀以标准化和专业化的组织生产，应用广泛。

缺点：成本较高。

任务实施

掌握各元件的结构特点、原理和图形符号。

任务四　液压辅助元件的认知

任务导入

① 了解辅助元件的功用、分类及特点。
② 掌握辅助元件的结构和图形符号。
③ 了解辅助元件的选用。

相关知识

液压辅助元件有蓄能器、滤油器、油箱、管通与管接头、密封装置和热交换器等，除油箱通常需要自行设计外，其余皆为标准件。液压辅助元件和液压元件一样，都是液压系统中不可缺少的组成部分。它们对系统的性能、效率、温升、噪音和寿命的影响不亚于液压元件本身，必须加以重视。

一、蓄能器

蓄能器是液压系统中的储能元件，它能储存多余的压力油液，并在系统需要时释放。

1. 蓄能器的原理和使用

(1) 蓄能器的工作原理和结构形式

目前常用的是利用气体(一般为氮气)压缩和膨胀来储存、释放液压能的充气式蓄能器，有活塞式和气囊式两种。

◎ 活塞式蓄能器

活塞式蓄能器中的气体和油液由活塞隔开，其结构如图 2.72 所示。活塞 2 的上部为压缩空气，气体由阀充入，其下部经油孔 a 通向液压系统，活塞 2 随下部压力油的储存和释放而在缸筒内来回滑动。这种蓄能器结构简单、寿命长，它主要用于大体积和大流量的油液。但因活塞有一定的惯性和 O 形密封圈存在较大的摩擦力，所以反应不够灵敏。

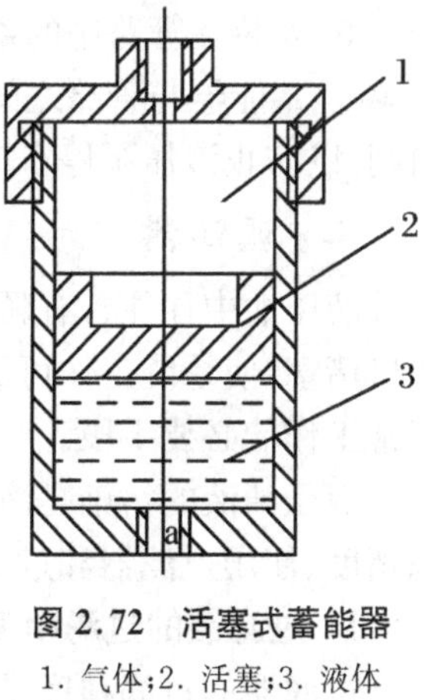

图 2.72　活塞式蓄能器
1. 气体；2. 活塞；3. 液体

◎ 皮囊式蓄能器

皮囊式蓄能器中气体和油液用皮囊隔开，其结构如图 2.73 所示。皮囊用耐油橡胶制成，固定在耐高压的壳体的上部，皮囊内充入惰性气体，壳体下端的提升阀 4 由弹簧加菌形阀构成，压力油由此通入，并能在油液全部排出时，防止皮囊膨胀挤出油口。这种结构使气、液密封可靠，并且因皮囊惯性小而克服了活塞式蓄能器响应慢的弱点，因此，它的应用范围非常广泛，其弱点是工艺性较差。

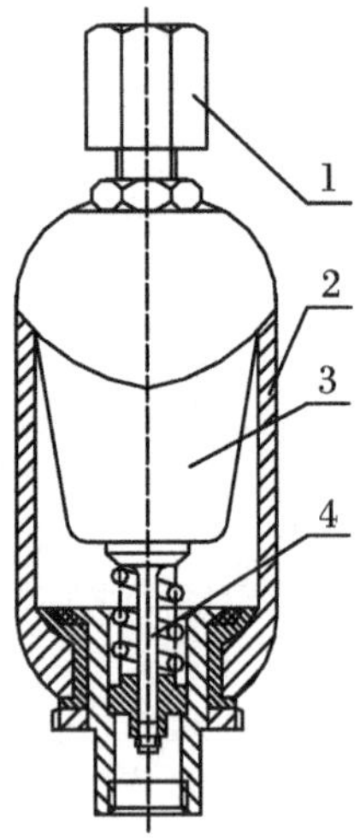

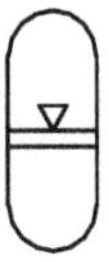

图 2.73　皮囊式蓄能器

1. 气门；2. 缸体；3. 气囊；4. 提升阀

(2) 蓄能器的作用

将液压系统中的压力油储存起来，在需要时又重新放出。其主要作用表现在以下几个方面：

① 作应急动力源　对某些系统要求当泵发生故障或停电时，执行元件应继续完成必要的动作，这时需要有适当容量的蓄能器作紧急动力源。

② 作辅助动力源　在间歇工作或实现周期性动作循环的液压系统中，蓄能器可以把液压泵输出的多余压力油储存起来。当系统需要时，由蓄能器释放出来。这样可以减少液压泵的额定流量，从而减小电机功率消耗，降低液压系统温升。

③ 补漏保压　对于执行元件长时间不动作，而要保持恒定压力的系统，可用蓄能器来补偿泄漏，从而使压力恒定。

④ 吸收脉动压力，缓和液压冲击　蓄能器能吸收系统压力突变时的冲击，如液压泵突然启动或停止，液压阀突然关闭或开启，液压缸突然运动或停止等。也能吸收液压泵工作时由流量脉动所引起的压力脉动，相当于油路中的平滑滤波，这时须在泵的出口处并联一个反应灵敏且惯性小的蓄能器。

2．蓄能器的安装、使用与维护

蓄能器的安装、使用与维护应注意的事项如下：

① 蓄能器作为一种压力容器，选用时必须采用有完善质量体系保证并取得有关部门认可的产品。

② 选择蓄能器时必须考虑与液压系统工作介质的相容性。

③ 气囊式蓄能器应垂直安装，油口向下，否则会影响气囊的正常收缩。

④ 蓄能器用于吸收液压冲击和压力脉动时，应尽可能安装在振动源附近；用于补充泄漏使执行元件保压时，应尽量靠近该执行元件。

⑤ 安装在管路中的蓄能器必须用支架或支承板加以固定。

⑥ 蓄能器与管路之间应安装截止阀，以便于充气检修；蓄能器与液压泵之间应安装单向阀，以防止液压泵停车或卸载时蓄能器内的液压油倒流回液压泵。

二、滤油器

液压油中往往含有颗粒状杂质，会造成液压元件相对运动表面的磨损、滑阀卡滞、节流孔口堵塞，使系统工作可靠性大为降低。在系统中安装一定精度的过滤器，是保证液压系统正常工作的必要手段。

液压油液的污染是液压系统发生故障的主要原因。控制污染的最主要的措施是控制过滤精度、使用过滤器和过滤装置。

1．过滤器的过滤精度

过滤器的过滤精度是指滤芯能够滤除的最小杂质颗粒的大小，以直径 d 作为公称尺寸表示，按精度可分为粗过滤器($d<100\ \mu m$)、普通过滤器($d<10\ \mu m$)、精过滤器($d<5\ \mu m$)、特精过滤器($d<1\ \mu m$)。

各种液压系统的过滤精度要求或见表 2.8。

表 2.8　各种液压系统的过滤精度要求

系统类别	润滑系统	传动系统			伺服系统
工作压力(MPa)	0～2.5	<14	14～32	>32	≤21
精度 d(μm)	≤100	25～50	≤25	≤10	≤5

一般对过滤器的基本要求如下：

① 能满足液压系统对过滤精度的要求，即能阻挡一定尺寸的杂质进入系统。

② 滤芯应有足够强度，不会因压力而损坏。

③ 通流能力大，压力损失小。

④ 易于清洗或更换滤芯。

2．过滤器的种类和典型结构

按滤芯的材料和结构形式，过滤器可分为：网式滤油器、线隙式滤油器、纸质滤芯式滤油器、烧结式滤油器及磁性过滤器等。按过滤器安放的位置不同，还可以分为吸滤器、压滤器和回油过滤器。考虑到泵的自吸性能，吸油过滤器多为粗滤器。

(1) 网式滤油器

网式过滤器如图 2.74 所示，其滤芯以铜网为过滤材料，在周围开有很多孔的塑料或金属筒形骨架上包着一层或两层铜丝网，其过滤精度取决于铜网层数和网孔的大小。这种过滤器结构简单，通流能力大，清洗方便，但过滤精度低，一般用于液压泵的吸油口。

(2) 线隙式滤油器

线隙式过滤器如图 2.75 所示，用钢线或铝线密绕在筒形骨架的外部来组成滤芯，依靠铜丝间的微小间隙滤除混入液体中的杂质。其结构简单，通流能力大，过滤精度比网式过滤器高，但不易清洗，多为回油过滤器。

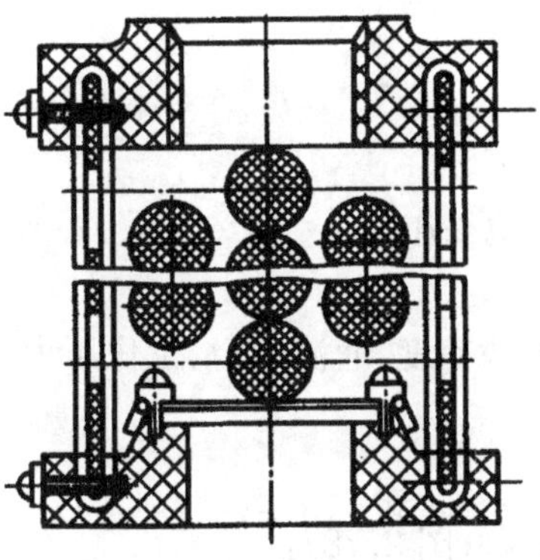

图 2.74　网式滤油器

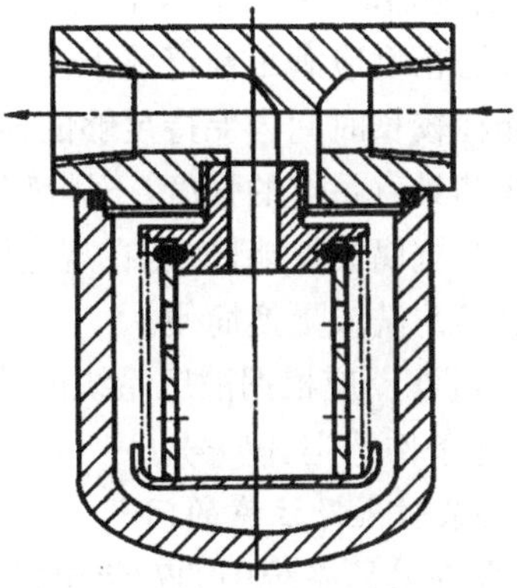

图 2.75　线隙式滤油器

(3) 纸质滤芯式过滤器

纸质滤芯式过滤器如图 2.76 所示，其滤芯为平纹或波纹的酚醛树脂或木浆微孔滤纸制成的纸芯，将纸芯围绕在带孔的镀锡铁做成的骨架上以增大强度。为增加过滤面积，纸芯一般做成折叠形。其过滤精度较高，一般用于油液的精过滤，但堵塞后无法清洗，须经常更换滤芯。

(4) 烧结式滤油器

烧结式过滤器如图 2.77 所示，其滤芯由金属粉末烧结而成，利用颗粒间的微孔来挡住油液中的杂质通过。其滤芯能承受高压，抗腐蚀性好，过滤精度高，适用于要求精滤的高压、高温液压系统。

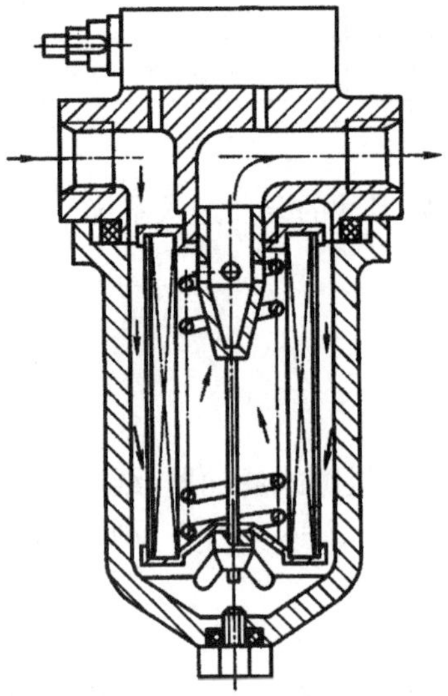

图 2.76 纸质滤芯式滤油器

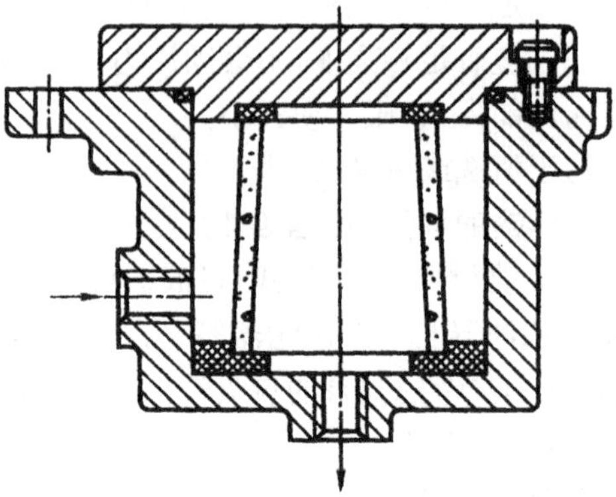

图 2.77 烧结式滤油器

3. 过滤器的选用原则、安装位置及注意的问题

(1) 过滤器的选用原则

滤油器按其过滤精度(滤去杂质的颗粒大小)的不同，有粗过滤器、普通过滤器、精密过滤器和特精过滤器4种，它们分别能滤去大于100 μm、10～100 μm、5～10 μm 和1～5 μm 大小的杂质。

选用过滤器时，要考虑以下几点：

① 过滤精度应满足预定要求。

② 能在较长时间内保持足够的通流能力。

③ 滤芯具有足够的强度，不因液压的作用而损坏。

④ 滤芯抗腐蚀性能好，能在规定的温度下持久地工作。

⑤ 滤芯清洗或更换简便。

因此，过滤器应根据液压系统的技术要求，按过滤精度、通流能力、工作压力、油液黏度、工作温度等条件选定其型号。

(2) 安装位置及注意的问题

过滤器在液压系统中的安装位置通常有以下几种(图 2.78)：

① 装在泵的吸油口处。泵的吸油路上一般都安装有表面型滤油器，目的是滤去较大的杂质微粒以保护液压泵，此外过滤器的过滤能力应为泵流量的两倍以上，压力损失小于0.02 MPa。

② 安装在系统分支油路上。

③ 安装在泵的出口油路上。此处安装过滤器的目的是用来滤除可能侵入阀类等元件的污染物。其过滤精度应为10～15 μm，且能承受油路上的工作压力和冲击压力，压力降应小于0.35 MPa。同时应安装安全阀以防过滤器堵塞。

④ 安装在系统的回油路上。这种安装起间接过滤作用，一般与过滤器并联安装一背压

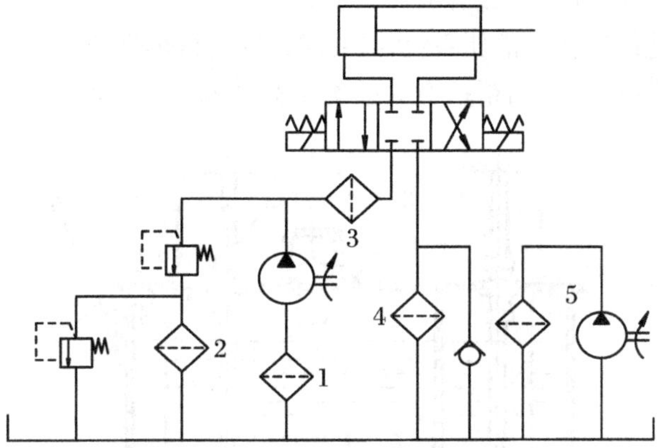

图 2.78　滤油器的安装位置

阀，当过滤器堵塞达到一定压力值时，背压阀打开。

⑤ 大型液压系统可专设一液压泵和过滤器组成单独过滤回路。液压系统中除了整个系统所需的过滤器外，还常常在一些重要元件(如伺服阀、精密节流阀等)的前面单独安装一个专用的精过滤器来确保它们的正常工作。

三、油箱

1. 油箱的作用和种类

油箱的基本功能是：储存工作介质，散发系统工作中产生的热量，分离油液中混入的空气，沉淀污染物及杂质。

按油面是否与大气相通，可分为：开式油箱与闭式油箱。开式油箱广泛用于一般的液压系统；闭式油箱则用于水下和高空无稳定气压的场合。

液压系统中的油箱有整体式和分离式两种。整体式油箱利用主机的内腔作为油箱，这种油箱结构紧凑，各处漏油易于回收，但增加了设计和制造的复杂性，维修不便，散热条件不好，且会使主机产生热变形。分离式油箱单独设置，与主机分开，减少了油箱发热和液压源振动对主机工作精度的影响，因此得到了普遍应用，特别是在精密机械上。

2. 油箱的基本结构、设计、使用和维护

(1) 油箱的基本结构

油箱的典型结构如图 2.79 所示。由图可见，油箱内部用隔板 7 和隔板 9 将吸油管 1 与回油管 4 隔开。顶部、侧部和底部分别装有过滤网 2、液位计 6 和排放污油的放油阀 8。安装液压泵及其驱动电机的安装板 5 则固定在油箱顶面上。

此外，近年来又出现了充气式的闭式油箱，它不同于开式油箱之处在于油箱是整个封闭的，顶部有一充气管，可送入 0.05～0.07 MPa 过滤纯净的压缩空气。空气或者直接与油液接触，或者被输入到蓄能器式的皮囊内不与油液接触。这种油箱的优点是改善了液压泵的吸油条件，但它要求系统中的回油管、泄油管承受背压。油箱本身还须配置安全阀、电接点压力表等元件以稳定充气压力，因此它只在特殊场合下使用。

(2) 油箱的设计

在初步设计时，油箱的有效容量可按下述经验公式确定

$$V = mq_p$$

式中，V 为油箱的有效容量；q_p 为液压泵的流量；m 为经验系数，低压系统：$m = 2\sim4$，中压

系统：$m=5\sim7$，中高压或高压系统：$m=6\sim12$。

对功率较大且连续工作的液压系统，必要时还要进行热平衡计算，以此确定油箱容量。

下面根据图 2.79 所示的油箱结构示意图分述设计要点如下：

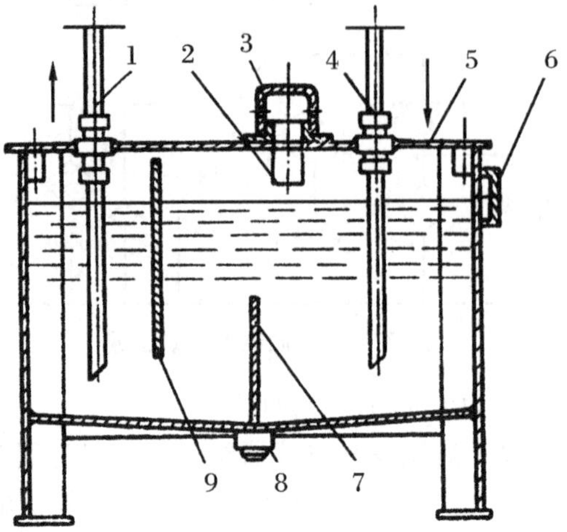

图 2.79 油箱结构示意图

1. 吸油管；2. 过滤网；3. 空气过滤器；4. 回油管；
5. 安装板；6. 液位计；7,9. 隔板；8. 放油阀

① 泵的吸油管与系统回油管之间的距离应尽可能远些，管口都应插于最低液面以下，但离油箱底要大于管径的 2～3 倍，以免吸空和飞溅起泡，吸油管端部所安装的滤油器离箱壁要有 3 倍管径的距离，以便可以从四面进油。回油管口应截成 45°斜角，以增大回流截面，并使斜面对着箱壁，以利于散热和沉淀杂质。

② 在油箱中设置隔板，以便将吸、回油隔开，迫使油液循环流动，利于散热和沉淀。

③ 设置空气滤清器与液位计。空气滤清器的作用是使油箱与大气相通，保证泵的自吸能力，滤除空气中的灰尘杂物，有时兼做加油口，它一般布置在顶盖上靠近油箱边缘处。

④ 设置放油口与清洗窗口。将油箱底面做成斜面，在最低处设放油口，平时用螺塞或放油阀堵住，换油时将其打开放走油污。为了便于换油时清洗油箱，大容量的油箱一般均在侧壁设清洗窗口。

⑤ 最高油面只允许达到油箱高度的 80%，油箱底脚高度应在 150 mm 以上，以便散热、搬移和放油，油箱四周要有吊耳，以便起吊装运。

⑥ 油箱正常工作温度应在 15～66 ℃之间，必要时应安装温度控制系统，或设置加热器和冷却器。

四、管道与管接头

液压系统中将管道、管接头和法兰等通称为管件，其作用如下：

① 保证油路的连通，并便于拆卸、安装。

② 根据工作压力、安装位置确定管件的连接结构。

③ 与泵、阀等连接的管件应由其接口尺寸决定管径。

1. 管道

(1) 管道的分类及应用

液压系统中管道的分类特点和应用场合见表 2.9。

表 2.9　管道的分类特点和应用场合

种类	特点和应用范围
钢管	价廉、耐油、抗腐、刚性好，但装配不易弯曲成形。常在拆装方便处用作压力管道，中压以上用无缝钢管，低压用焊接钢管
紫铜管	价格高，抗振能力差，易使油液氧化，但易弯曲成形，用于仪表和装配不便处
尼龙管	半透明材料，可观察流动情况，加热后可任意弯曲成形和扩口，冷却后即定形，承压能力较低，一般在 2.8～8 MPa 之间
塑料管	耐油、价廉、装配方便，长期使用会老化，只用于压力低于 0.5 MPa 的回油或泄油管路
橡胶管	用耐油橡胶和钢丝编织层制成，价格高，多用于高压管路；还有一种用耐油橡胶和帆布制成，用于回油管路

(2) 管道的尺寸计算

管道的内径 d 和壁厚 δ 可采用下列两式计算，并需圆整为标准数值，即

$$d = 2\sqrt{\frac{q}{\pi[v]}}$$

$$\delta = \frac{pdn}{2[\sigma_b]}$$

式中，$[v]$为允许流速，推荐值为：吸油管为 0.5～1.5 m/s；回油管为 1.5～2 m/s；压力油管为 2.5～5 m/s；控制油管为 2～3 m/s；橡胶软管应小于 4 m/s。n 为安全系数，对于钢管，$p \leqslant 7$ MPa 时，$n=8$。7 MPa$<p\leqslant 17.5$ MPa 时，$n=6$；$p>17.5$ MPa 时，$n=4$。$[\sigma_b]$为管道材料的抗拉强度(Pa)，可由《材料手册》查出。

(3) 管道的安装要求

① 管道应尽量短，最好横平竖直，拐弯少，为避免管道皱折，减少压力损失，管道装配的弯曲半径要足够大，管道悬伸较长时要适当设置管夹及支架。

② 管道尽量避免交叉，平行管距要大于 10 mm，以防止干扰和振动，并便于安装管接头。

③ 软管直线安装时要有一定余量，以适应油温变化、受拉和振动产生的 $-2\%\sim+4\%$ 的长度变化的需要。弯曲半径要大于 10 倍软管外径，弯曲处到管接头的距离至少等于 6 倍外径。

2. 管接头

管接头用于管道和管道、管道和其他液压元件之间的连接。对管接头的主要要求是安装、拆卸方便，抗振动、密封性能好。

目前用于硬管连接的管接头形式主要有：扩口式管接头、卡套式管接头和焊接式管接头 3 种。用于软管连接主要有扣压式。

(1) 硬管接头

硬管接头结构形式如图 2.80 所示，具体特点如下：

① 扩口式管接头　适用于紫铜管、薄钢管、尼龙管和塑料管等低压管道的连接，拧紧接头螺母，通过管套使管子压紧密封。

② 卡套式管接头　拧紧接头螺母后，卡套发生弹性变形便将管子夹紧，它对轴向尺寸要求不严，装拆方便，但对连接用管道的尺寸精度要求较高。

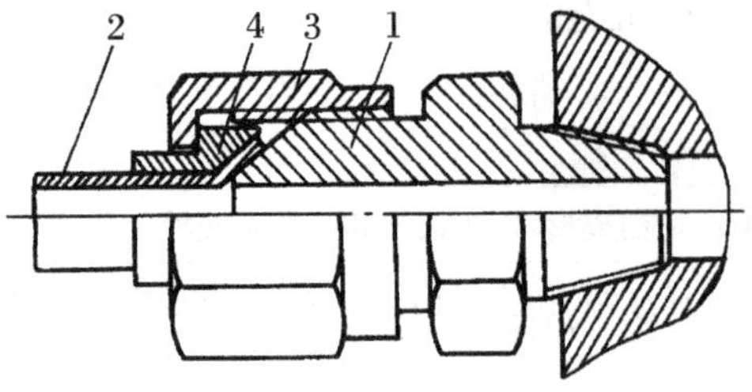

(a) 扩口式

1. 接头体;2. 接管;3. 螺母;4. 卡套

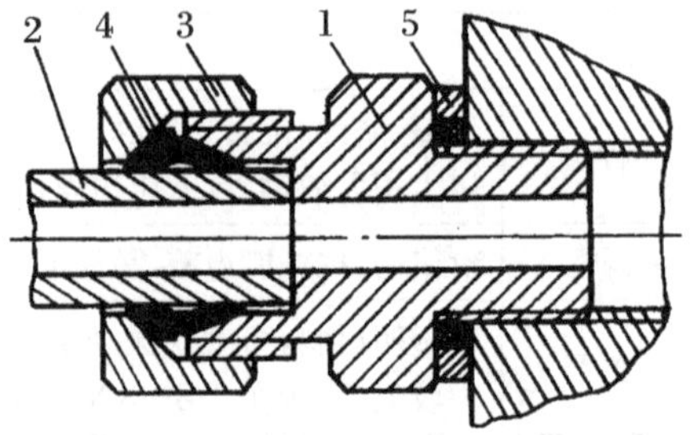

(b) 卡套式

1. 接头体;2. 接管;3. 螺母;4. 卡套;5. 组合密封圈

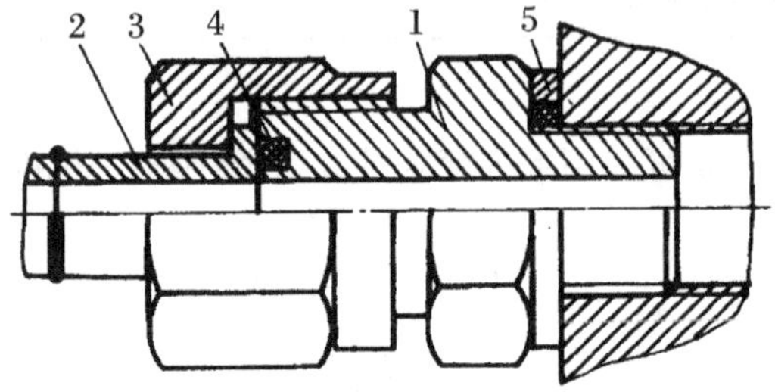

(c) 焊接式

1. 接头体;2. 接管;3. 螺母;4. O形密封圈;5. 组合密封圈

图 2.80　硬管接头的连接形式

③ 焊接式管接头　接管与接头体之间的密封方式有球面、锥面接触密封和平面加 O 形圈密封两种。前者有自位性,安装要求低,耐高温,但密封可靠性稍差,适用于工作压力不高的液压系统;后者密封性好,可用于高压系统。

此外,还有二通、三通、四通、铰接等数种形式的管接头,供不同情况下选用,具体可查阅有关手册。

(2) 软管接头

胶管接头随管径和所用胶管钢丝层数的不同,工作压力在 6~40 MPa 之间,图 2.81 为扣压式胶管接头的具体结构。

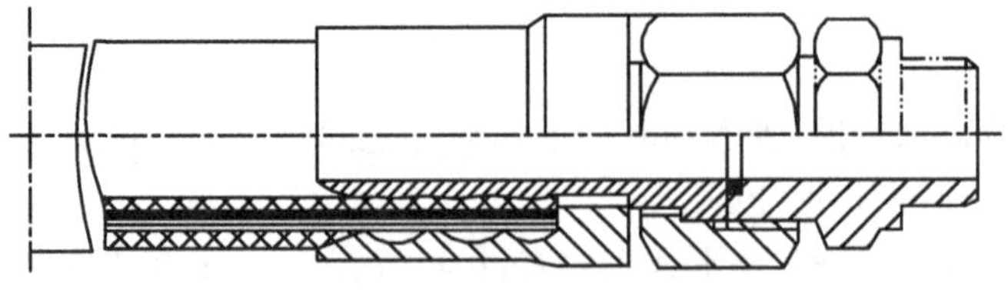

图 2.81　扣压式胶管接头

五、密封装置

密封是解决液压系统泄漏问题最重要、最有效的手段。液压系统如果密封不良,可能出现不允许的外泄漏,外漏的油液将会污染环境;还可能使空气进入吸油腔,影响液压泵的工作性能和液压执行元件运动的平稳性(爬行);泄漏严重时,系统容积效率过低,甚至工作压力达不到要求值。若密封过度,虽可防止泄漏,但会造成密封部分的剧烈磨损,缩短密封件的使用寿命，增大液压元件内的运动摩擦阻力，降低系统的机械效率。因此，合理地选用和设计密封装置在液压系统的设计中十分重要。

1. 系统对密封装置的要求

① 在工作压力和一定的温度范围内，应具有良好的密封性能，并随着压力的增加能自动提高密封性能。

② 密封装置和运动件之间的摩擦力要小，摩擦系数要稳定。

③ 抗腐蚀能力强，不易老化，工作寿命长，耐磨性好，磨损后在一定程度上能自动补偿。

④ 结构简单，使用、维护方便，价格低廉。

2. 常用密封装置结构特点

密封按其工作原理来分可分为非接触式密封和接触式密封。前者主要指间隙密封，后者指密封件密封。

(1) 间隙密封

间隙密封(图2.82)是靠相对运动件配合面之间的微小间隙来进行密封的，常用于柱塞、活塞或阀的圆柱配合副中，一般在阀芯的外表面开有几条等距离的均压槽，它的主要作用是使径向压力分布均匀，减少液压卡紧力，同时使阀芯在孔中对中性好，以减小间隙的方法来减少泄漏。同时槽所形成的阻力，对减少泄漏也有一定的作用。均压槽一般宽为0.3～0.5 mm，深为0.5～1.0 mm。圆柱面配合间隙与直径大小有关，对于阀芯与阀孔一般取0.005～0.017 mm。

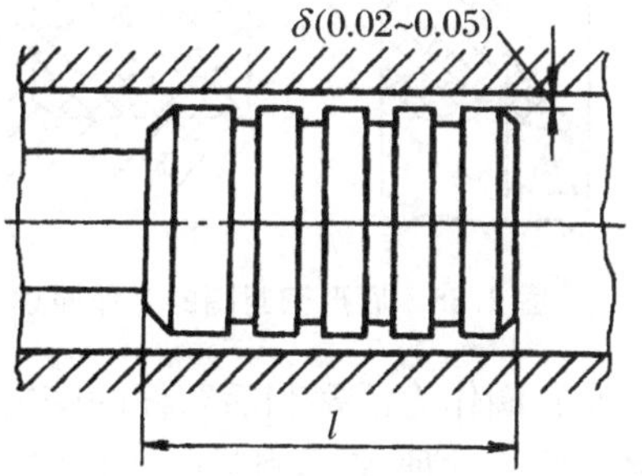

图2.82　间隙密封

这种密封的优点是摩擦力小，缺点是磨损后不能自动补偿，主要用于直径较小的圆柱面之间，如液压泵内的柱塞与缸体之间，滑阀的阀芯与阀孔之间的配合。

(2) O形密封圈

O形密封圈一般用耐油橡胶制成，其横截面呈圆形，它具有良好的密封性能，内外侧和端面都能起密封作用，结构紧凑，运动件的摩擦阻力小，制造容易，装拆方便，成本低，且高低压均可以用，所以在液压系统中得到广泛的应用。

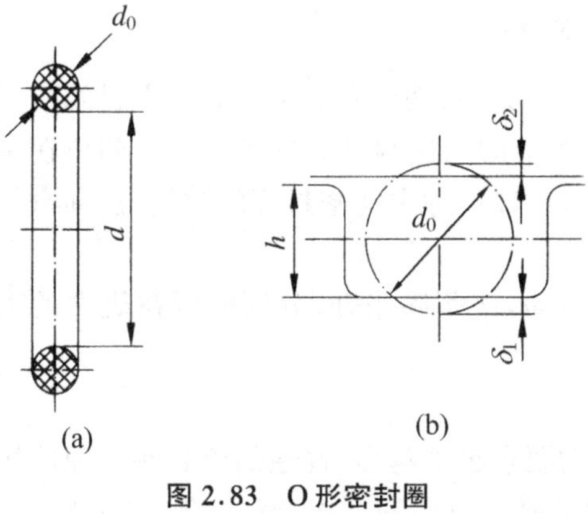

图2.83　O形密封圈

如图2.83所示为O形密封圈的结构。其中图2.83(a)为其外形圈；图2.83(b)为装入密封沟槽的情况，δ_1、δ_2为O形圈装配后的预压缩量，对于固定密封、往复运动密封和回转运动密封，应分别达到15%～20%、10%～20%和5%～10%，才能取得满意的密封效果。当油液工作压力超过10 MPa时，O形圈在往复运动中容易被油液压力挤入间隙而提早损坏，见图2.84(a)，为此要在它的侧面安放1.2～1.5 mm厚的聚四氟乙烯挡圈，单向受力时在受力侧的对面安放一个挡圈见图2.84(b)；双向受力时则在两侧各放一个见图2.84(c)。

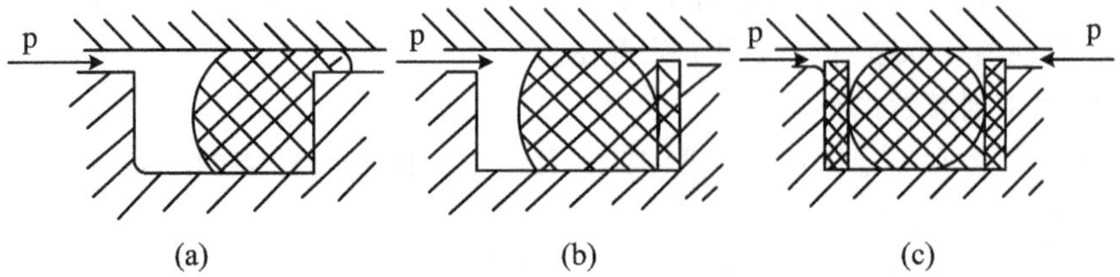

图 2.84 O 形密封圈的工作情况

O 形密封圈的安装沟槽，除矩形外，也有 V 形、燕尾形、半圆形、三角形等，实际应用中可查阅有关手册及国家标准。

(3) 唇形密封圈

唇形密封圈根据截面的形状可分为 Y 形、V 形、U 形、L 形等。其工作原理如图 2.85 所示。液压力将密封圈的两唇边 h 压向形成间隙的两个零件的表面。这种密封作用的特点是能随着工作压力的变化自动调整密封性能，压力越高则唇边被压得越紧，密封性越好；当压力降低时唇边压紧程度也随之降低，从而减少了摩擦阻力和功率消耗，除此之外，还能自动补偿唇边的磨损，保持密封性能不降低。

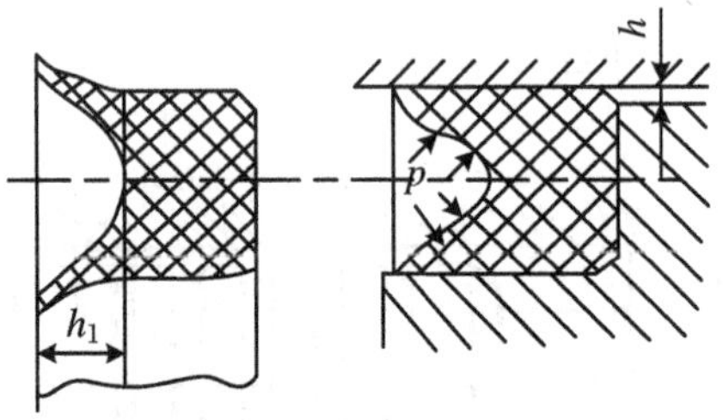

图 2.85 唇形密封圈的工作原理

目前，液压缸中普遍使用如图 2.86 所示的 Y 形密封圈作为活塞和活塞杆的密封。其中图 2.86(a)为轴用密封圈，图 2.86(b)所示为孔用密封圈。这种 Y 形密封圈的特点是断面宽度和高度的比值大，增加了底部支承宽度，可以避免摩擦力造成的密封圈的翻转和扭曲。

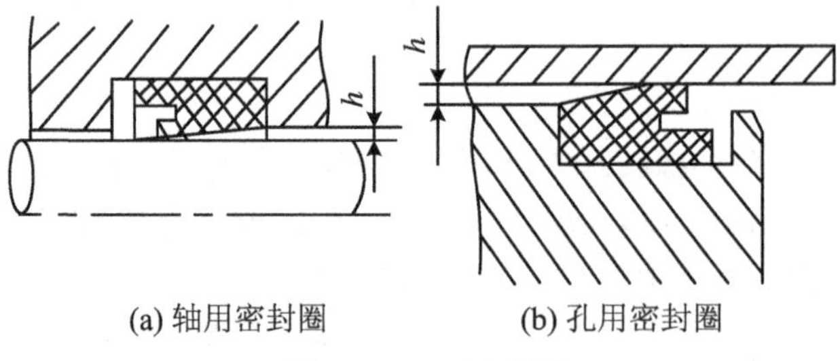

图 2.86 Y 形密封圈

在高压和超高压情况下(压力大于 25 MPa)，V 形密封圈也有应用。V 形密封圈的形状如图 2.87 所示，它由多层涂胶织物压制而成，通常由压环、密封环和支承环 3 个圈叠在一起使用，此时已能保证良好的密封性，当压力更高时，可以增加中间密封环的数量，这种密封圈在安装时要预压紧，所以摩擦阻力较大。

唇形密封圈安装时应使其唇边开口面对压力油，使两唇张开，分别贴紧在机件的表面上，压力越大，密封越好。

(4) 组合式密封装置

随着液压技术的应用日益广泛，系统对密封的要求越来越高，普通的密封圈单独使用已不能很好地满足密封性能，特别是对使用寿命和可靠性方面的要求，因此，研究和开发了由包括密封圈在内的两个以上元件组成的组合式密封装置。

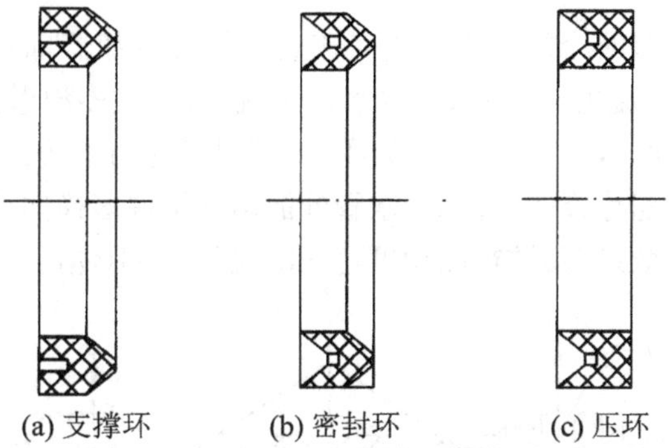

图 2.87 V 形密封圈

图 2.88(a)为 O 形密封圈与截面为矩形的聚四氟乙烯塑料滑环组成的组合密封装置。其中，滑环 2 紧贴密封面，O 形圈 1 为滑环提供弹性预压力，在介质压力等于零时构成密封。由于密封间隙靠的是滑环，而不是 O 形圈，因此摩擦阻力小而且稳定，可用于 40 MPa 的高压。往复运动密封时，速度可达 15 m/s；往复摆动与螺旋运动密封时，速度可达 5 m/s。

矩形滑环组合密封的缺点是抗侧倾能力稍差，在高低压交变的场合下工作容易漏油。图 2.88(b)为由支持环 2 和 O 形圈 1 组成的轴用组合密封，由于支持环与被密封件之间为线密封，其工作原理类似唇边密封。支持环采用一种经特别处理的化合物，具有极佳的耐磨性、低摩擦和保形性，不存在橡胶密封低速时易产生的“爬行”现象。工作压力可达 80 MPa。

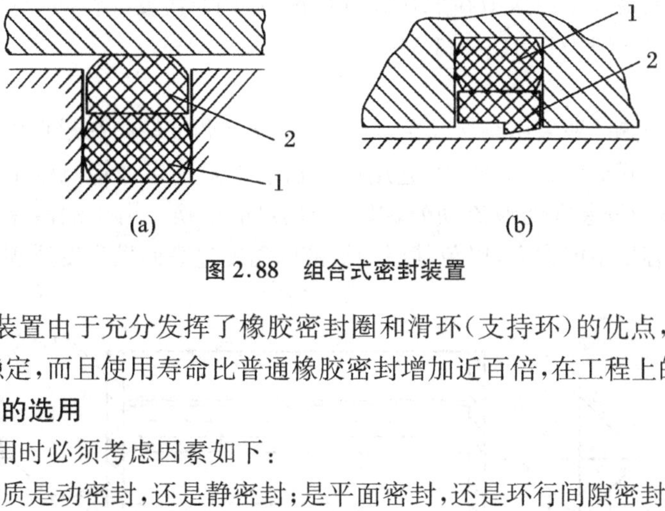

图 2.88 组合式密封装置

组合式密封装置由于充分发挥了橡胶密封圈和滑环(支持环)的优点，因此不仅工作可靠，摩擦力低而稳定，而且使用寿命比普通橡胶密封增加近百倍，在工程上的应用日益广泛。

3. 密封装置的选用

密封件在选用时必须考虑因素如下：

① 密封的性质是动密封，还是静密封；是平面密封，还是环行间隙密封。

② 动密封是否要求静、动摩擦系数要小，运动是否平稳，同时考虑相对运动耦合面之间的运动速度、介质工作压力等因素。

③ 工作介质的种类和温度对密封件材质的要求，同时考虑制造和拆装是否方便。

六、热交换器

液压系统的工作温度一般希望能保持在 30～50 ℃的范围之内，最高不超过 65 ℃，最低不低于 15 ℃。如果液压系统靠自然冷却仍不能使油温控制在上述范围内，就需要安装冷却器；反之，如环境温度太低，无法使液压泵启动或正常运转，就须安装加热器。

1. 冷却器

液压系统中用得较多的冷却器是强制对流式多管头冷却器,如图 2.89 所示,油液从进油口 5 流入,从出油口 3 流出,冷却水从进水口 7 流入,通过多根散热管 6 后由出水口 1 流出,油液在水管外部流动时,它的行进路线因冷却器内设置了隔板 4 而加长,因而增加了散热效果。近来出现一种翅片管式冷却器,水管外面增加了许多横向或纵向散热翅片,大大扩大了散热面积和热交换效果,其散热面积可达光滑管的 8~10 倍。

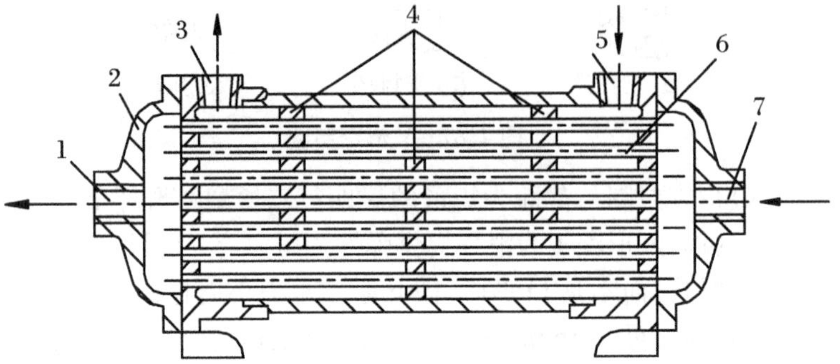

图 2.89 对流式多管头冷却器

1. 出水口;2. 壳体;3. 出油口;4. 隔板;5. 进油口;6. 散热管;7. 进水口

当液压系统散热量较大时,可使用化工行业中的水冷式板式换热器,它可及时地将油液中的热量散发出去,其参数及使用方法见相应的产品样本。

一般冷却器的最高工作压力在 1.6 MPa 以内,使用时应安装在回油管路或低压管路上,所造成的压力损失一般为 0.01~0.1 MPa。

2. 加热器

液压系统的加热一般采用结构简单,能按需要自动调节最高和最低温度的电加热器,这种加热器的安装方式如图 2.90 所示,它用法兰盘水平安装在油箱侧壁上,发热部分全部浸在油液内,加热器应安装在油液流动处,以利于热量的交换。由于油液是热的不良导体,单个加热器的功率容量不能太大,以免其周围油液的温度过高而发生变质现象。

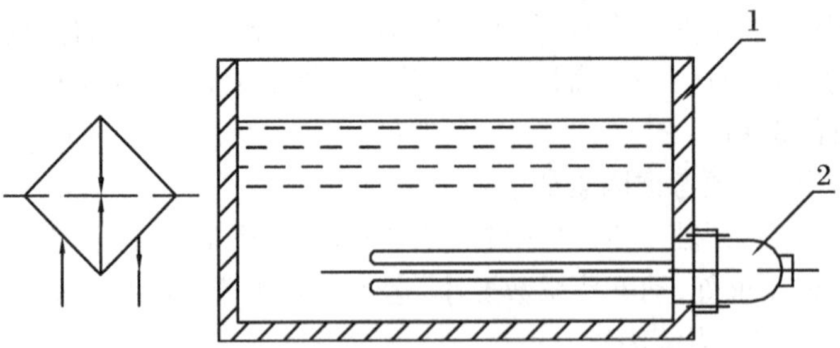

图 2.90 加热器的安装

1. 油箱;2. 电加热器

任务实施

① 熟悉和掌握各辅助元件的结构特点以及选用。

② 掌握辅助元件的图形符号。

思　考　题

1. 液压泵完成吸油和压油必须具备的条件是什么？

2. 试说明齿轮泵的困油现象及解决办法。

3. 齿轮泵的泄漏途径有哪些？主要解决方法是什么？

4. 试说明叶片泵的工作原理，并比较说明双作用叶片泵和单作用叶片泵各有什么优缺点。

5. 某液压泵的输出压力为 5 MPa，排量为 10 mL/r，机械效率为 0.95，容积效率为 0.9，当转速为 1 200 r/min 时，试求泵的输出功率和驱动泵的电动机功率。

6. 液压泵的额定压力为 2.5 MPa，当转速为 1 450 r/min 时，机械效率为 $\eta_m = 0.9$。由实验测得，当液压泵的出口压力为零时，流量为 106 L/min；压力为 2.5 MPa 时，流量为 100.7 L/min，试求：

(1) 液压泵的容积效率 η_{pv} 是多少？

(2) 如果液压泵的转速下降到 500 r/min，在额定压力下工作时，估算液压泵的流量是多少？

(3) 在上述两种转速下液压泵的驱动功率是多少？

7. 从能量的观点来看，液压泵和液压马达有什么区别和联系？从结构上来看，液压泵和液压马达又有什么区别和联系？

8. 在供油流量 q 不变的情况下，要使单杆活塞式液压缸的活塞杆伸出速度相等和回程速度相等，油路应该怎样连接？而且活塞杆的直径 d 与活塞直径 D 有什么关系？

9. 设计一单杆活塞液压缸，要求快进时为差动连接，快进和快退（有杆腔进油）时的速度均为 6 m/min。工进时（无杆腔进油，非差动连接）可驱动的负载 $F = 25\,000$ N，回油背压力为 0.25 MPa，采用额定压力为 6.3 MPa、额定流量为 25 L/min 的液压泵，试确定：

(1) 缸筒内径和活塞杆直径各是多少？

(2) 缸筒壁厚（缸筒材料选用无缝钢管）是多少？

10. 已知某液压马达的排量 $V = 250$ mL/r，液压马达入口压力 $p_1 = 10.5$ MPa，出口压力 $p_2 = 1.0$ MPa，其机械效率 $\eta_m = 0.9$，容积效率 $\eta_v = 0.92$，当输入流量 $q = 22$ L/min 时，试求液压马达的实际转速 n 和液压马达的输出转矩 T。

11. 如图 2.91 所示，两个结构相同的液压缸串联，无杆腔的面积 $A_1 = 100 \times 10^{-4}\,m^2$，有杆腔的面积 $A_2 = 80 \times 10^{-4}\,m^2$，缸 1 的输入压力 $p_1 = 0.9$ MPa，输入流量 $q_1 = 12$ L/min，不计泄漏和损失，求：

(1) 两缸承受相同负载时，该负载的数值及两缸的运动速度。

(2) 缸 2 的输入压力是缸 1 的一半时，两缸各能承受多少负载？

(3) 缸 1 不承受负载时，缸 2 能承受多少负载？

图 2.91　思考题 11 图

12. 什么是三位换向阀的“中位机能”？常用的中位机能有哪些？中位机能的作用有哪些？

13. 从结构原理和图形符号上说明溢流阀、减压阀和顺序阀的异同点及各自的特点。

14. 先导式溢流阀中的阻尼小孔起什么作用？是否可以将阻尼小孔加大或堵塞？

15. 为什么说调速阀比节流阀的调速性能好？两种阀各用在什么场合较为合理？

16. 如图 2.92 所示回路，已知溢流阀 1、2 的调定压力分别为 6.0 MPa、4.5 MPa，泵出口处的负载阻力为无限大，试问在不计管道损失和调压偏差时：

(1) 当 1YA 通电时，泵的工作压力为多少？B、C 两点的压力各为多少？

(2) 当 1YA 断电时，泵的工作压力为多少？B、C 两点的压力各为多少？

17. 如图 2.93 所示为一夹紧回路。若溢流阀的调定压力 $p_y = 5$ MPa，减压阀的调定压力为 $p_j = 2.5$ MPa。试分析在活塞空载运动时：

(1) A、B 两点的压力各为多少？

(2) 工件夹紧后活塞停止运动时，A、B 两点的压力各为多少？

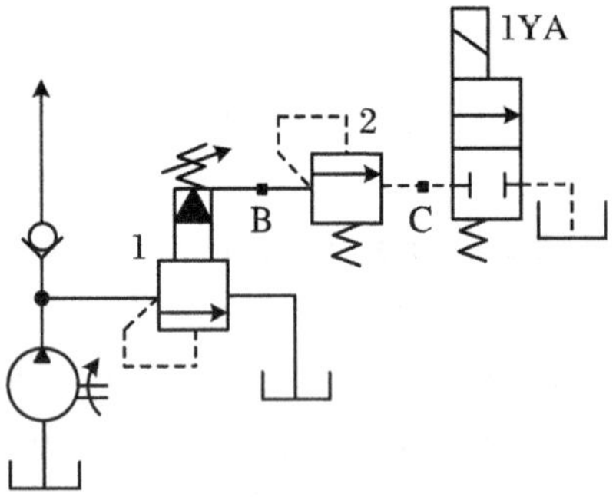

图 2.92　思考题 16 图

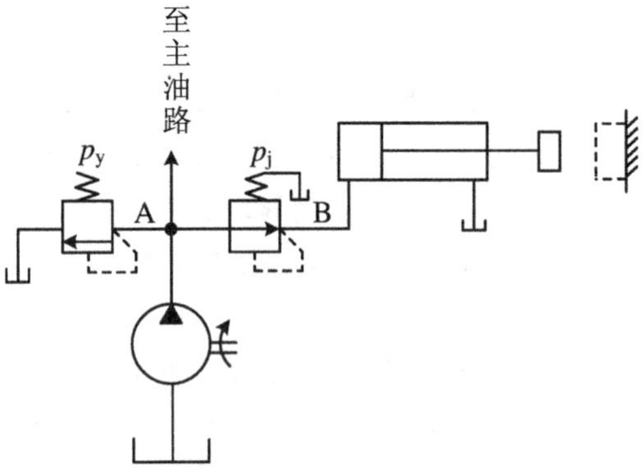

图 2.93　思考题 17 图

18. 液压系统中常见的辅助装置有哪些？各起什么作用？

19. 常用的油管有哪几种？各有何特点？它们的适用范围有何不同？

20. 常用的管接头有哪几种？它们各适用于哪些场合？

21. 安装 Y 形密封圈时应注意什么问题？

22. 安装 O 形密封圈时，为什么要在其侧面安放一个或两个挡圈？

23. 过滤器按精度分为哪些种类？绘图说明过滤器一般安装在液压系统中的什么位置。

项目三　液压基本回路分析

液压基本回路是指由一些液压元件与液压辅助元件按照一定关系组合，能够实现某种特定液压功能的油路结构。

液压基本回路根据在系统中所起的作用不同有许多种类型，其中最常用的基本回路有：压力控制回路、速度控制回路、方向控制回路、多执行元件控制回路。

任务一　压力控制基本回路的认知

任务导入

① 掌握液压压力控制工作原理及特点。

② 熟悉液压压力基本回路的应用。

③ 对于简单的液压系统能查出其压力控制部分进行分析。

相关知识

压力控制回路是利用压力控制阀来控制或调节整个液压系统或液压系统局部油路上的工作压力，以满足液压系统不同执行元件对工作压力的不同要求。压力控制回路主要有：调压回路、减压回路、增压回路、卸荷回路、平衡回路、保压回路等。

一、调压回路

调压回路用来调定或限制液压系统的最高工作压力，或者使执行元件在工作过程的不同阶段能够实现多种不同的压力变换。这一功能一般由溢流阀来实现。当液压系统工作时，如果溢流阀始终能够处于溢流状态，就能保持溢流阀进口的压力基本不变，如果将溢流阀并接在液压泵的出油口，就能达到调定液压泵出口压力基本保持不变的目的。

1. 单级调压回路

如图3.1(a)所示，通过液压泵1和溢流阀2的并接，即可组成单级调压回路。通过调节溢流阀的压力，可以改变泵的输出压力。当溢流阀的调定压力确定后，液压泵就在溢流阀的调定压力下工作，从而实现了对液压系统进行调压和稳压控制。如果将液压泵1改换为变量泵，这时溢流阀将作为安全阀来使用，液压泵的工作压力低于溢流阀的调定压力，这时溢流阀不工作，当系统出现故障，液压泵的工作压力上升时，一旦压力达到溢流阀的调定压力，溢流阀将开启，并将液压泵的工作压力限制在溢流阀的调定压力下，使液压系统不至因压力过载而受到破坏，从而保护了液压系统。

2. 二级调压回路

图3.1(b)为二级调压回路,该回路可实现两种不同的系统压力控制。由先导型溢流阀2和直动式溢流阀4各调一级,当二位二通电磁阀3处于图示位置时系统压力由阀2调定,当阀3得电后处于右位时,系统压力由阀4调定。但要注意:阀4的调定压力一定要小于阀2的调定压力,否则不能实现。当系统压力由阀4调定时,先导型溢流阀2的先导阀口关闭,但主阀开启,液压泵的溢流流量经主阀回油箱,这时阀4亦处于工作状态,并有油液通过。应当指出:若将阀3与阀4对换位置,则仍可进行二级调压,并且在二级压力转换点上获得比图3.1(b)所示回路更为稳定的压力转换。

3. 多级调压回路

图3.1(c)为三级调压回路,三级压力分别由溢流阀1、2、3调定,当电磁铁1YA、2YA失电时,系统压力由主溢流阀调定。当1YA得电时,系统压力由阀2调定。当2YA得电时,系统压力由阀3调定。在这种调压回路中,阀2和阀3的调定压力要低于主溢流阀的调定压力,而阀2和阀3的调定压力之间没有什么一定的关系。当阀2或阀3工作时,阀2或阀3相当于阀1上的另一个先导阀。

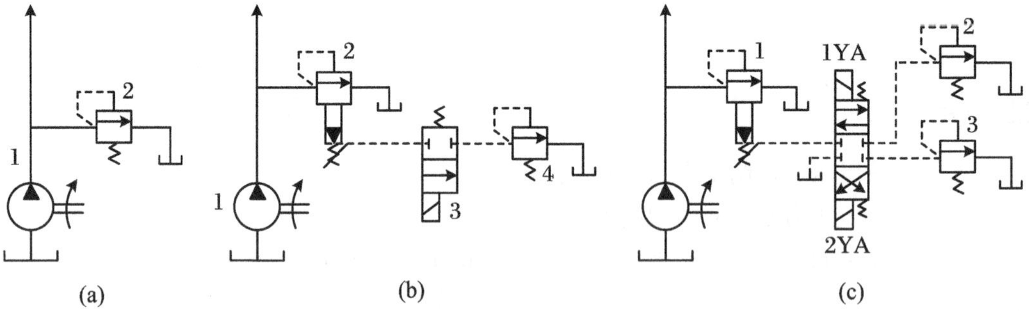

图3.1 调压回路

4. 采用电液比例溢流阀的无级调压回路

当需要对一个动作复杂的液压系统进行更多级压力控制时,采用上述多级调压回路能够实现这一功能要求,但回路的组成元件多,油路结构复杂,而且系统的压力变化级数有限。

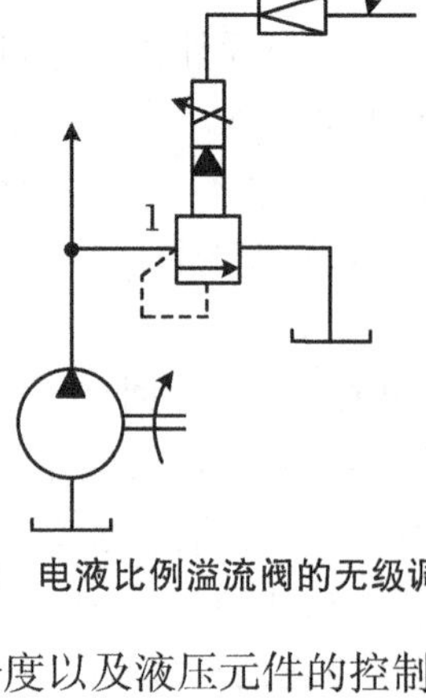

图3.2 电液比例溢流阀的无级调压

采用电液比例溢流阀同样可以实现多级调压的要求,实现一定范围内连续无级的调压,且回路的结构简单得多。图3.2为通过电液比例溢流阀进行无级调压的比例调压回路,系统根据执行液压元件工作过程各个阶段的不同压力要求,通过输入装置将所需要的多级压力所对应的电流信号输入到比例溢流阀1的控制器中,即可达到调节系统工作压力的目的。

二、减压回路

当泵的输出压力是高压而局部回路或支路要求低压时,可以采用减压回路,如机床液压系统中的定位、夹紧、回路分度以及液压元件的控制油路等,它们往往要求比主油路压力较低的压力。减压回路较为简单,一般是在所需低压的支路上串接减压阀。采用减压回路虽能方便地获得某支路稳定的低压,但压力油经减压阀口时要产生压力损失,这是它的缺点。

最常见的减压回路为通过定值减压阀与主油路相连，如图 3.3 所示。回路中的单向阀为主油路压力降低（低于减压阀调整压力）时防止油液倒流，起短时保压作用，减压回路中也可以采用类似两级或多级调压的方法获得两级或多级减压。

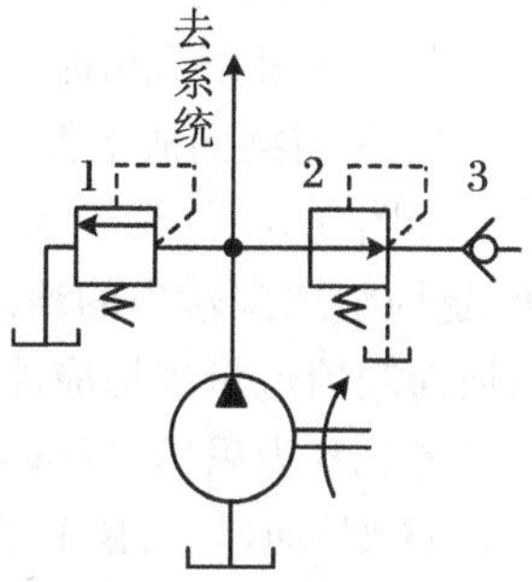

图 3.3　减压回路

三、增压回路

如果系统或系统的某一支油路需要压力较高但流量又不大的压力油，而采用高压泵又不经济，或者根本就没有必要增设高压力的液压泵时，就常采用增压回路，这样不仅易于选择液压泵，而且系统工作较可靠，噪音小。增压回路中提高压力的主要元件是增压缸或增压器。

1．单作用增压缸的增压回路

如图 3.4(a)所示为利用增压缸的单作用增压回路。当系统在图示位置工作时，系统的供油压力 p_1 进入增压缸的大活塞腔，此时在小活塞腔即可得到所需的较高压力 p_2；当二位四通电磁换向阀右位接入系统时，增压缸返回，辅助油箱中的油液经单向阀补入小活塞。因而该回路只能间歇增压，所以称为单作用增压回路。

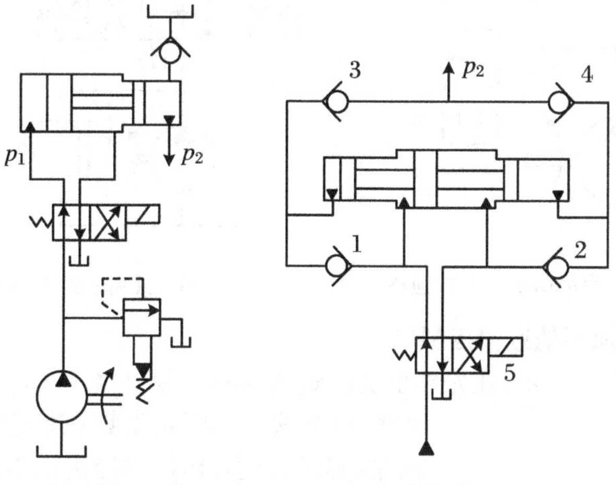

(a) 单作用增压回路　(b) 双作用增压回路

图 3.4　增压回路

2．双作用增压缸的增压回路

如图 3.4(b)所示的采用双作用增压缸的增压回路，能连续输出高压油。当系统在图示位置时，液压泵输出的压力油经换向阀 5 和单向阀 1 进入增压缸左端大、小活塞腔，右端大活塞腔的回油通油箱，右端小活塞腔增压后的高压油经单向阀 4 输出，此时单向阀 2、3 被关闭。当增压缸活塞移到右端时，换向阀得电换向，增压缸活塞向左移动。同理，左端小活塞腔输出的高压油经单向阀 3 输出，这样，增压缸的活塞不断往复运动，两端便交替输出高压油，从而实现了连续增压。

四、卸荷回路

当液压系统中的执行元件停止运动或需要长时间保持压力时，卸荷回路的功用是在液压泵驱动电机不频繁启闭的情况下，使液压泵在功率损耗接近于零的情况下运转，即输出的油液以最小的压力直接流回油箱，以减小功率损耗，降低系统发热，延长液压泵和电机的使用寿命。下面介绍几种常用的卸荷回路。

1. 采用换向阀的卸荷回路

如图 3.5 所示，当执行元件停止运动时，使二位二通换向阀电磁铁通电，其右位接入系统，这时液压泵输出的油液通过该阀流回油箱，使液压泵卸荷。应用这种卸荷回路，二位二通换向阀的流量规格应能流过液压泵的最大流量。

图 3.6 为采用三位四通换向阀的中位滑阀机能实现卸荷的回路。图示换向阀的滑阀机能为 H 型，油口 A、B、P、O 全部连通。液压泵输出的油液经换向阀中间通道直接流回油箱，实现液压泵卸荷。此外中位滑阀机能为 M 型或 K 型时也可实现液压泵卸荷。

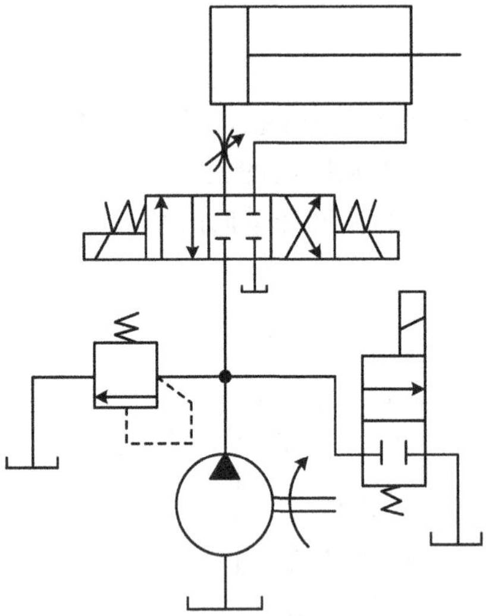

图 3.5　采用二位二通换向阀的卸荷回路

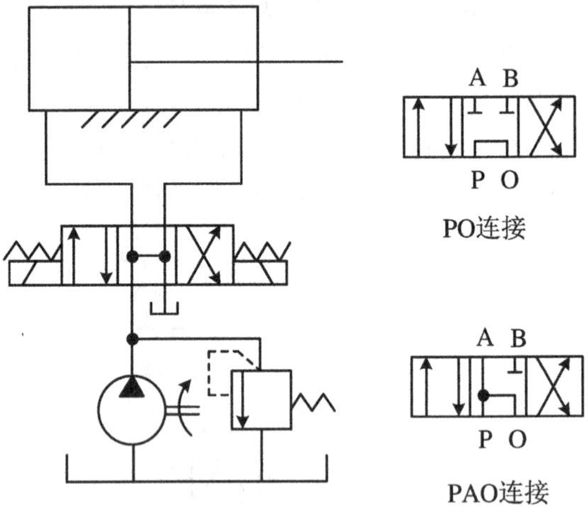

图 3.6　采用三位四通换向阀的卸荷回路

2. 用先导型溢流阀的远程控制口

卸荷回路如图 3.7 所示，在先导型溢流阀的远程控制口接一小规格的二位二通电磁阀相连，便构成一种用先导型溢流阀的卸荷回路，这种卸荷回路卸荷压力小，切换时冲击也小。在结构上常将二位二通电磁阀和先导式溢流阀组合使用，称为电磁溢流阀。

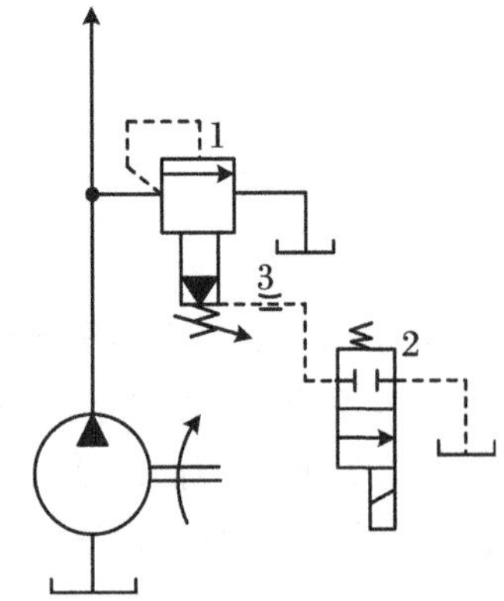

图 3.7　先导型溢流阀的卸荷回路

3. 采用限压式变量泵的流量卸荷

利用限压式变量泵压力反馈来控制流量变化的特性，可以实现流量卸荷。如图 3.8 所示，系统中的溢流阀 4 作安全阀用，以防止泵的压力补偿装置的零漂和动作滞缓导致系统压力异常。这种回路在卸荷状态下具有很高的控制压力，特别适合各类成型加工机床模具的合模保压控制，使机床的液压系统在卸荷状态下实现保压，有效减少了系统的功率匹配，极大地降低了系统的功率损失和发热。

4. 保压卸荷回路

如图 3.9 所示的是系统利用蓄能器在使液压缸保持工作压力的同时实现系统卸荷的回路。当回路压力上升到压力继电器的调定值时，二位二通电磁换向阀得电，先导式溢流阀卸荷，由充满压力油的蓄能器向液压缸供油补充系统泄漏，以保持系统压力；当泄漏引起的回路压力下降到低于压力继电器压力的调定值时，二位二通电磁换向阀自动关闭，液压泵恢复向系统供油。

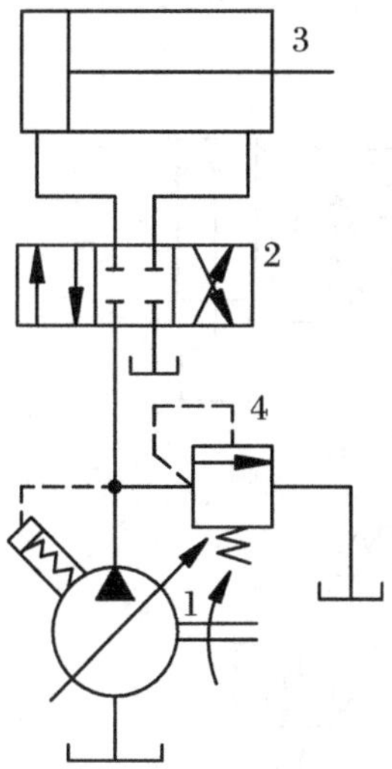

图 3.8　限压式变量泵的卸荷

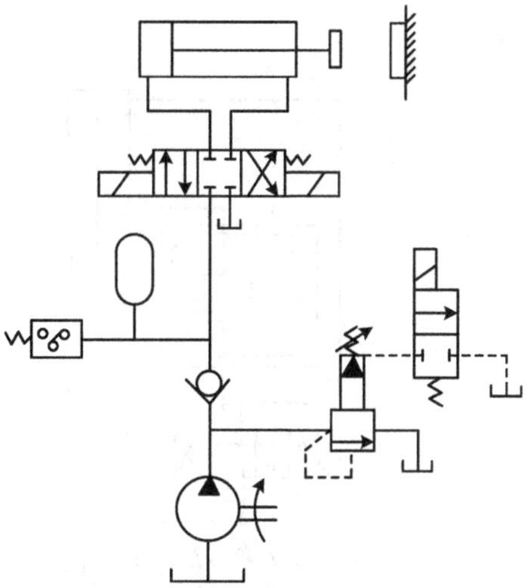

图 3.9　保压卸荷回路

5. 外控顺序阀卸荷回路

如图 3.10 所示的是用蓄能器保持系统压力而用外控顺序阀使泵卸荷的回路。当电磁铁 1YA 得电时，泵和蓄能器同时向液压缸左腔供油，推动活塞右移，接触工件后，系统压力升高。当系统压力升高到外控顺序阀的调定值时，阀打开，液压泵通过外控顺序阀卸荷，而系统压力用蓄能器保持。当蓄能器压力降低到允许的最小值时，外控顺序阀关闭，液压泵重新向蓄能器和液压缸供油，以保证液压缸左腔的压力是在允许的范围内。图中的溢流阀 2 是当安全阀用的。

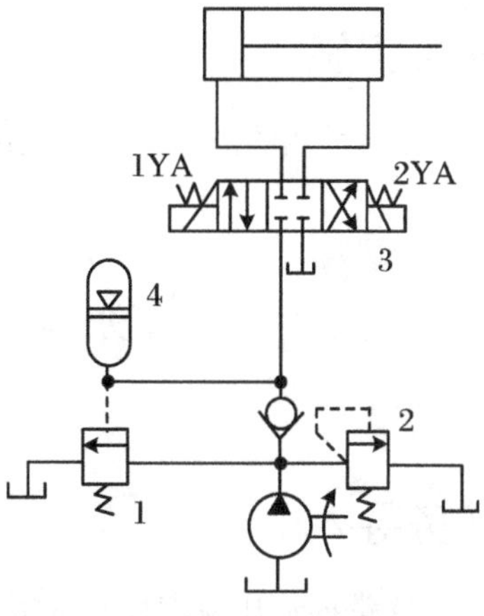

图 3.10　外控顺序阀卸荷回路

五、平衡回路

为了防止立式液压缸与垂直运动的工作部件由于自重而自行下落造成事故或冲击，可以在立式液压缸下行时的回路上设置适当的阻力，产生一定的背压，以阻止其下降或使其平稳地下降，这种回路即为平衡回路。

1. 用单向顺序阀的平衡回路

如图 3.11(a)所示的是用单向顺序阀组成的平衡回路。调节单向顺序阀 1 的开启压力，使其稍大于立式液压缸下腔的背压。活塞下行时，由于回路上存在一定背压支承重力负载，活塞将平稳下落；换向阀处于中位时，活塞停止运动。此处的单向顺序阀又称为平衡阀。这种平衡回路由于回路上有背压，功率损失较大。另外，由于顺序阀和滑阀存在内泄，活塞不可能长时间停在任意位置，故这种回路适用于工作负载固定且活塞闭锁要求不高的场合。

2. 采用液控单向阀的平衡回路

如图 3.11(b)所示的是用液控单向阀的平衡回路。由于液控单向阀是锥面密封，泄漏小，故其闭锁性能好。回油路上的单向节流阀 2 用于保证活塞向下运动的平稳性。假如回油路上没有节流阀，活塞下行时，液控单向阀 1 将被控制油路打开，回油腔无背压，活塞会加速下降，使液压缸上腔供油不足，液控单向阀会因控制油路失压而关闭。但关闭后控制油路又建立起压力，又将阀 2 打开，致使液控单向阀时开时闭，活塞下行时很不平稳，产生振动或冲击。

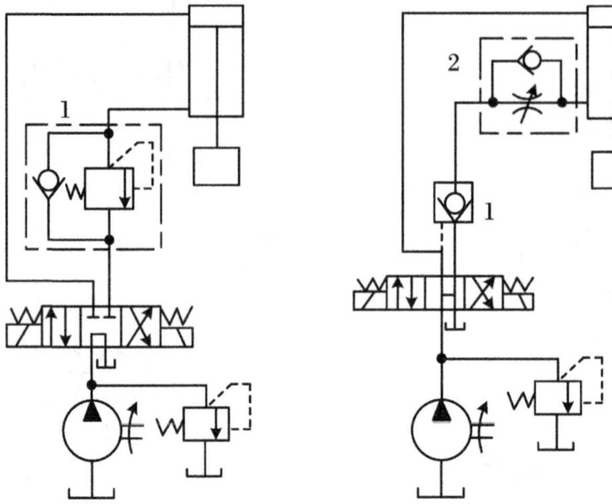

图 3.11 平衡回路

任务实施

在项目四的液压系统中找出其压力控制回路，并分析其作用。

任务二 速度控制基本回路的认知

任务导入

① 掌握液压速度控制基本回路的工作原理及特点。
② 熟悉液压速度基本回路的类型和应用。
③ 能对简单的液压系统的速度控制方式进行分析。

相关知识

速度控制回路包括调速回路和速度变换回路。

一、调速回路

1. 调速回路的基本原理

从液压马达的工作原理可知，液压马达的转速 n_m 由输入流量和液压马达的排量 V_m 决定，即 $n_m = q/V_m$，液压缸的运动速度 v 由输入流量和液压缸的有效作用面积 A 决定，即

$v = q/A$。

通过上面的关系可以知道，要想调节液压马达的转速 n_m 或液压缸的运动速度 v，可通过改变输入流量 q、液压马达的排量 V_m 和缸的有效作用面积 A 等方法来实现。由于液压缸的有效面积 A 是定值，只有改变流量 q 的大小来调速，而改变输入流量 q，可以通过采用流量阀或变量泵来实现，改变液压马达的排量 V_m，可通过采用变量液压马达来实现，因此，调速回路主要有以下 3 种方式：

① 节流调速回路　由定量泵供油，用流量阀调节进入或流出执行机构的流量实现调速。

② 容积调速回路　用调节变量泵或变量马达的排量来调速。

③ 容积节流调速回路　用变量泵供油，由流量阀调节进入执行机构的流量。

2. 节流调速回路

定量泵节流调速是在定量液压泵供油的液压系统中安装节流阀来调节进入液压缸的油液流量，从而调节执行元件工作行程速度。根据节流阀在油路中安装位置的不同，可分为进油节流调速、回油节流调速、旁路节流调速等多种形式。常用的是进油节流调速与回油节流调速两种回路。

(1) 进油节流调速回路

我们把流量控制阀装在执行元件的进油路上的调速回路称为进油节流调速回路，如图 3.12(a)所示。

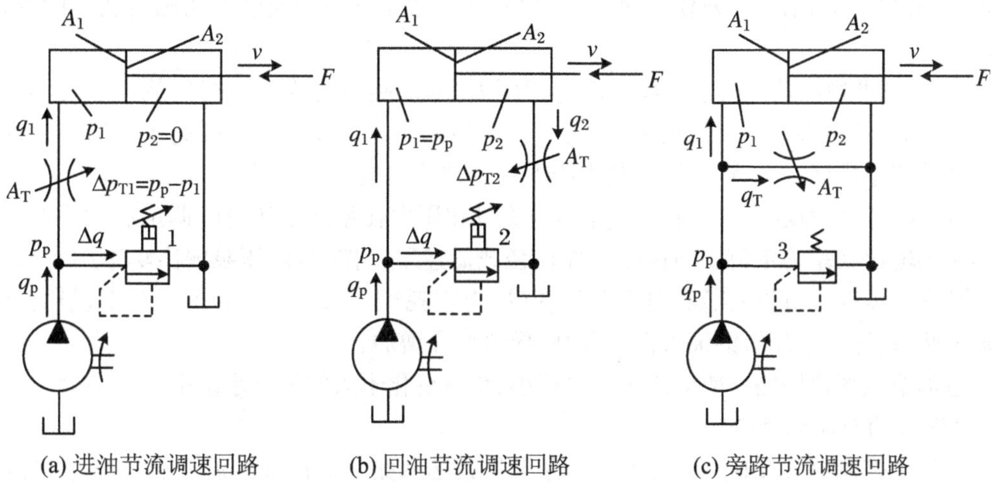

(a) 进油节流调速回路　(b) 回油节流调速回路　(c) 旁路节流调速回路

图 3.12　节流调速回路

回路工作时，液压泵输出的油液(压力 p_p 由溢流阀调定)，经可调节流阀进入液压缸右腔，推动活塞向左运动，左腔的油液则流回油箱。液压缸右腔的油液压力 p_1 由作用在活塞上的负载阻力 F 的大小决定。液压缸左腔的油液压力 $p_2 \approx 0$。进入液压缸油液的流量 q_1 由可调节流阀调节，多余的油液经溢流阀流回油箱。

当活塞带动执行元件机构以速度 v 向左作匀速运动时，作用在活塞两个方向上的力互相平衡，即

$$p_1 A_1 = F + p_2 A_2$$

式中，p_1 为液压缸右腔油液压力；p_2 为液压缸左腔油液压力(俗称背压力)，本例中可视 $p_2 =$

0；F 为作用在活塞上的负载阻力（如切削力、摩擦力等）；A 为活塞的有效作用面积。

整理得

$$p_1 = \frac{F}{A_1}$$

设可调节流阀前后的压力差为 Δp，则

$$\Delta p = p_p - p_1 = p_p - \frac{F}{A_1}$$

由流量公式可得经可调节流阀流入液压缸右腔的流量

$$q_1 = KA\,(\Delta p)^m$$

所以活塞的运动速度

$$v = \frac{q_1}{A_1} = \frac{KA}{A_1}\Delta p^m = \frac{KA}{A_1}\left(p_p - \frac{F}{A_1}\right)^m$$

综上所述，进油节流调速回路的特点如下：

① 结构简单，使用方便。由于活塞运动速度 v 与可调节流口通流截面积 A_0 成正比，调节 A_0 即可方便地调节活塞运动的速度。

② 可获得较大的推力和较低的速度。液压缸回油腔和回油管路中油液压力很小（接近于零），当采用单活塞杆液压缸在工作进给时无活塞杆腔进油，因活塞有效作用面积较大可以获得较大的推力和较低的速度。

③ 速度稳定性差。由上式可知液压泵工作压力经溢流阀调定后近于恒定，可调节流阀调定后 A_0 也不变，活塞有效作用面积 A 为常量，所以活塞运动速度 v 将随负载 F 的变化而波动。

④ 运动平稳性差。由于回油腔没有背压力（回油路压力为零），当负载突然变小、为零或为负值时，活塞会产生突然前冲（快进），因此运动平稳性差。为了提高运动的平稳性，通常在回油路中串联一个背压阀（换装大刚度弹簧的单向阀）或溢流阀。

⑤ 输出功率为定值。因液压泵输出的流量和压力在系统工作时经调定后均不变，所以液压泵的输出功率为定值。当执行元件在轻载低速下工作时，液压泵输出功率中有很大部分消耗在溢流阀（流量损耗）和可调节流阀（压力损耗）上，系统效率很低。功率损耗会引起油液发热，使进入液压缸的油液温度升高，导致泄漏增加。

进油节流调速回路一般应用于功率较小、负载变化不大的液压系统中。

(2) 回油节流调速回路

把流量控制阀装在执行元件的回油路上的调速回路称为回油节流调速回路，如图 3.12(b)所示。和前面分析相同，当活塞匀速运动时，活塞上的作用力平衡方程式为

$$p_1 A_1 = F + p_2 A_2$$

上式中，p_2 即为由溢流阀调定的液压泵出口压力，即 $p_1 = p_p$，所以有

$$\Delta p = p_2 = \frac{A_1}{A_2}\left(p_p - \frac{F}{A_1}\right)$$

活塞运动速度为

$$v = \frac{q_1}{A_1} = \frac{KA_T}{A_1}\Delta p^m = \frac{KA_T}{A_1}\left[\left(\frac{A_1}{A_2}\right)\left(p_p - \frac{F}{A_1}\right)\right]^m$$

此式与进油节流调速回路所得的公式相比只多了一个常系数 $\left(\frac{A_1}{A_2}\right)^m$，因此两种回路具有相

似的调速特点，但回油节流调速回路有两个明显的优点：一是可调节流阀装在回油路上，回油路上有较大的背压，因此在外界负载变化时可起缓冲作用，运动的平稳性比进油节流调速回路要好。二是回油节流调速回路中，经可调节流阀后压力损耗而发热，导致温度升高的油液直接流回油箱，容易散热。

回油节流调速回路广泛应用于功率不大、负载变化较大或运动平稳性要求较高的液压系统中。

进油节流调速回路和回油节流调速回路的速度稳定性都较差，为了减小和避免运动速度随负载变化而波动，在回路中可用调速阀代替可调节流阀。

(3) *旁路节流调速回路*

旁路节流调速回路由定量泵、安全阀、液压缸和节流阀组成，节流阀安装在与液压缸并联的旁油路上，其调速原理如图 3.12(c)所示。

定油泵输出的流量，一部分进入液压缸，一部分通过节流阀流回油箱。溢流阀在这里起安全作用，回路正常工作时，溢流阀不打开，当供油压力超过正常工作压力时，溢流阀才打开，以防过载。主要在较小功率的液压系统中应用。

(4) *采用调速阀的节流调速回路*

前面介绍的 3 种基本回路其速度的稳定性均随负载的变化而变化，对于一些负载变化较大，对速度稳定性要求较高的液压系统，可采用调速阀来改善，其速度-负载特性如图 3.13 所示。

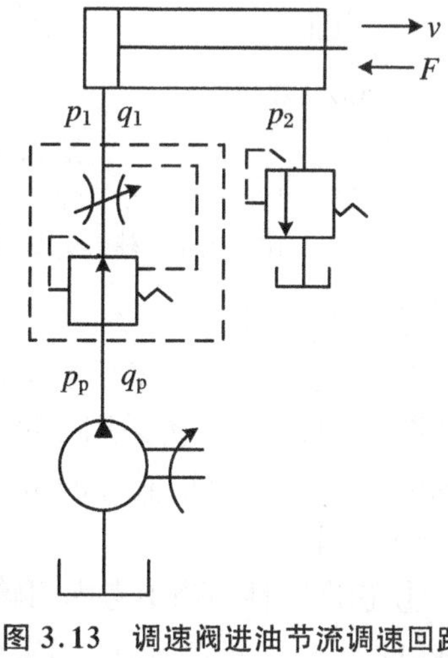

图 3.13　调速阀进油节流调速回路

采用调速阀也可按其安装位置不同，分为进油节流、回油节流、旁路节流 3 种基本调速回路。其工作原理与采用节流的进油节流阀调速回路相似。在这里当负载 F 变化而使 p_1 变化时，由于调速阀中的定差输出减压阀的调节作用，使调速阀中的节流阀的前后压差 Δp 保持不变，从而使流经调速阀的流量 q_1 不变，所以活塞的运动速度 v 也不变。

调速阀的调节压差，一般 $\Delta p \geqslant 0.5$ MPa，这样调速阀才能起作用。

综上所述，采用调速阀的节流调速回路的低速稳定性、回路刚度、调速范围等，要比采用节流阀的节流调速回路都好，所以它在机床液压系统中获得广泛的应用。

3. 容积调速回路

容积调速回路是通过改变回路中液压泵或液压马达的排量来实现调速的。其主要优点是功率损失小(没有溢流损失和节流损失)且其工作压力随负载变化，所以效率高、油的温度低，适用于高速、大功率系统。

按油路循环方式不同，容积调速回路有开式回路和闭式回路两种。开式回路中泵从油箱吸油，执行机构的回油直接回到油箱，油箱容积大，油液能得到较充分冷却，但空气和脏物易进入回路。闭式回路中，液压泵将油输出进入执行机构的进油腔，又从执行机构的回油腔吸油。闭式回路结构紧凑，只需很小的补油箱，但冷却条件差。为了补偿工作中油液的泄漏，一般设补油泵，补油泵的流量为主泵流量的 10%～15%，压力调节为 $3\times10^5\sim10\times10^5$ Pa。容积调速回路通常有 3 种基本形式：变量泵和定量液动机的容积调速回路、定量泵和变量马达的容积调速回路、变量泵和变量马达的容积调速回路。

(1) 变量泵和定量液动机的容积调速回路

这种调速回路可由变量泵与液压缸或变量泵与定量液压马达组成，其回路原理图如图3.14所示。图3.14(a)为变量泵与液压缸所组成的开式容积调速回路；图3.14(b)为变量泵与定量液压马达组成的闭式容积调速回路。

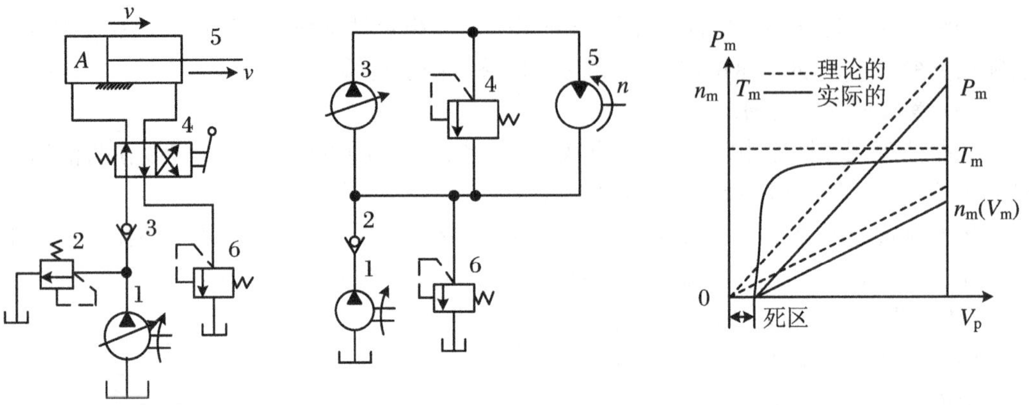

(a) 开式回路　　(b) 闭式回路　　(c) 闭式回路的特性曲线

图3.14　变量泵定量液动机容积调速回路

图(a)中：1. 变量泵；2. 安全阀；3. 单向阀；4. 换向阀；5. 活塞；6. 背压阀

图(b)中：1. 辅助泵；2. 单向阀；3. 变量阀；4. 安全阀；5. 液压马达；6. 低压溢流阀

◎ 工作原理

图3.14(a)中活塞5的运动速度 v 由变量泵1调节，2为安全阀，4为换向阀，6为背压阀。图3.14(b)所示为采用变量泵3来调节液压马达5的转速，安全阀4用以防止过载，低压辅助泵1用以补油，其补油压力由低压溢流阀6来调节。

◎ 工作特性

① 速度特性　当不考虑回路的容积效率时，执行机构的速度 n_m(或 V_m)与变量泵的排量 V_p的关系为：$n_m = n_p V_p / V_m$或 $V_m = n_p V_p / A$。

上式表明：因马达的排量 V_m和缸的有效工作面积 A 是不变的，当变量泵的转速 n_p 不变，则马达的转速 n_m(或活塞的运动速度)与变量泵的排量成正比，是一条通过坐标原点的直线，如图3.14(c)中虚线所示。实际上回路的泄漏是不可避免的，在一定负载下，需要一定流量才能启动和带动负载。所以其实际的 n_m(或 V_m)与 V_p的关系如实线所示。这种回路在低速下承载能力差，速度不稳定。

② 转矩特性、功率特性　当不考虑回路的损失时，液压马达的输出转矩 T_m(或缸的输出推力 F)为 $T_m = V_m \Delta p / 2\pi$ 或 $F = A(p_p - p_0)$。它表明当泵的输出压力 p_p和吸油路(也即马达或缸的排油)压力 p_0不变，马达的输出转矩 T_m或缸的输出推力 F 理论上是恒定的，与变量泵的 V_p无关。但实际上由于泄漏和机械摩擦等的影响，也存在一个“死区”，如图3.14(c)所示。

这表明：马达或缸的输出功率 P_m随变量泵的排量 V_p的增减而线性地增减。其理论与实际的功率特性见图3.14(c)。

③ 调速范围　这种回路的调速范围，主要决定于变量泵的变量范围，其次是受回路的

泄漏和负载的影响。采用变量叶片泵可达10,变量柱塞泵可达20。

综上所述,变量泵和定量液动机所组成的容积调速回路为恒转矩输出,可正反向实现无级调速,调速范围较大。适用于要求调速范围较大、恒扭矩输出的场合,如大型机床的主运动或进给系统。

(2) 定量泵和变量马达容积调速回路

定量泵与变量马达容积调速回路如图3.15所示。图3.15(a)为开式回路;图3.15(b)为闭式回路。

此回路是由调节变量马达的排量 V_m 来实现调速。

◎ 速度特性

在不考虑回路泄漏时,液压马达的转速 n_m 为

$$n_m = \frac{q_p}{V_m}$$

式中,q_p 为定量泵的输出流量。可见变量马达的转速 n_m 与其排量 V_m 成反比,当排量 V_m 最小时,马达的转速 n_m 最高。其理论与实际的特性曲线如图3.15(c)中虚线和实线所示。

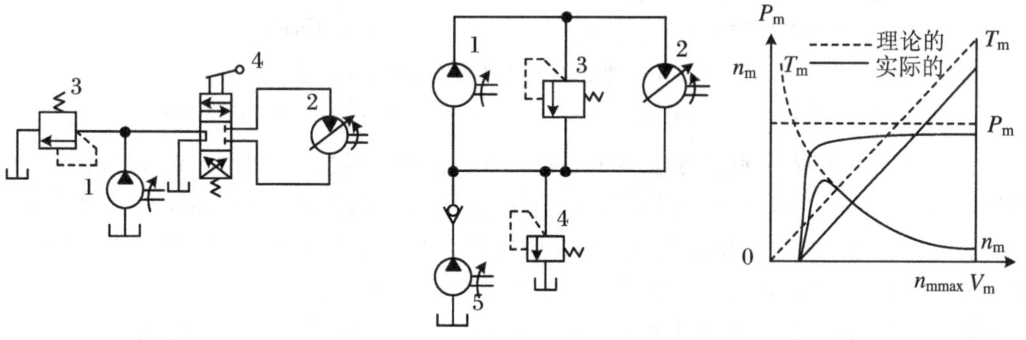

(a) 开式回路　　(b) 闭式回路　　(c) 工作特性曲线

图3.15　定量泵变量马达容积调速回路

图(a)中:1. 定量泵;2. 变量马达;3. 安全阀;4. 换向阀

图(b)中:1. 定量泵;2. 变量马达;3. 安全阀;4. 低压溢流阀;5. 补油泵

由上述分析和调速特性可知:此种用调节变量马达的排量的调速回路,如果用变量马达来换向,在换向的瞬间要经过"高转速—零转速—反向高转速"的突变过程,所以不宜用变量马达来实现平稳换向。

◎ 转矩与功率特性

液压马达的输出转矩为

$$T_m = \frac{V_m(p_p - p_0)}{2\pi}$$

液压马达的输出功率为

$$P_m = n_m T_m = q_p(p_p - p_0)$$

上式表明:马达的输出转矩 T_m 与其排量 V_m 成正比;而马达的输出功率 P_m 与其排量 V_m 无关,若进油压力 p_p 与回油压力 p_0 不变,$P_m = C$,故此种回路属恒功率调速。其转矩特性和功率特性如图3.15(c)所示。

综上所述,定量泵变量马达容积调速回路,由于不能用改变马达的排量来实现平稳换

向，调速范围比较小(一般为 3～4)，因而较少单独应用。

(3) 变量泵和变量马达的容积调速回路

这种调速回路是上述两种调速回路的组合，其调速特性也具有两者之特点。如图 3.16 所示为其工作原理与调速特性，由双向变量泵 1 和双向变量马达 2 等组成闭式容积调速回路。

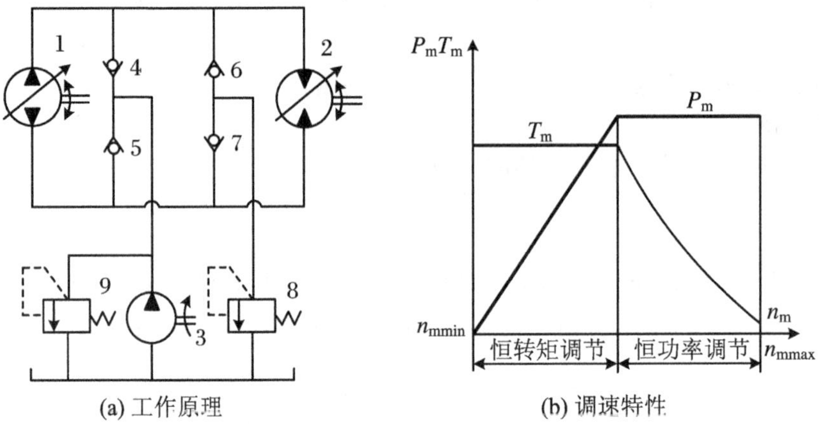

图 3.16　变量泵变量马达的容积调速回路

1. 双向变量泵；2. 双向变量马达；3. 补油泵；4、5. 单向阀；6、7. 安全阀；8、9. 溢流阀

该回路的工作原理：调节变量泵 1 的排量 V_p 和变量马达 2 的排量 V_m，都可调节马达的转速 n_m；补油泵 3 通过单向阀 4 和 5 向低压腔补油，其补油压力由溢流阀 9 来调节；安全阀 6 和 7 分别用以防止正反两个方向的高压过载。为合理地利用变量泵和变量马达调速中各自的优点，克服其缺点，在实际应用时，一般采用分段调速的方法。

第一阶段：将变量马达的排量 V_m 调到最大值并使之恒定，然后调节变量泵的排量 V_p 从最小逐渐加大到最大值，则马达的转速 n_m 便从最小逐渐升高到相应的最大值(变量马达的输出转矩 T_m 不变，输出功率 P_m 逐渐加大。这一阶段相当于变量泵定量马达的容积调速回路。

第二阶段：将已调到最大值的变量泵的排量 V_p 固定不变，然后调节变量马达的排量 V_m，从最大逐渐调到最小，此时马达的转速 n_m 便进一步逐渐升高到最高值(在此阶段中，马达的输出转矩 T_m 逐渐减小，而输出功率 P_m 不变)。这一阶段相当于定量泵变量马达的容积调速回路。

上述分段调速的特性曲线如图 3.16(b)所示。

这样就可使马达换向平稳，且第一阶段为恒转矩调速，第二阶段为恒功率调速。这种容积调速回路的调速范围是变量泵调节范围和变量马达调节范围的乘积。所以其调速范围大(可达 100)，并且有较高的效率，它适用于大功率的场合，如矿山机械、起重机械以及大型机床的主运动液压系统。

4. 容积节流调速回路

容积节流调速回路的基本工作原理是采用压力补偿式变量泵供油、调速阀(或节流阀)调节进入液压缸的流量并使泵的输出流量自动地与液压缸所需流量相适应。

常用的容积节流调速回路有：限压式变量泵与调速阀等组成的容积节流调速回路；变压式变量泵与节流阀等组成的容积调速回路。

如图 3.17 所示为限压式变量泵与调速阀组成的调速回路工作原理和工作特性图。在图 3.17(c)所示位置，活塞 4 快速向右运动，泵 1 按快速运动要求调节其输出流量 q_{max}，同时调节限压式变量泵的压力调节螺钉，使泵的限定压力 p_C大于快速运动所需压力(图 3.17(b)中 AB 段)。当换向阀 3 通电时，泵输出的压力油经调速阀 2 进入缸 4，其回油经背压阀 5 回油箱。调节调速阀 2 的流量 q_1就可调节活塞的运动速度 v，由于 $q_1<q_p$，压力油迫使泵的出口与调速阀进口之间的油压憋高，即泵的供油压力升高，泵的流量便自动减小到 $q_p \approx q_1$为止。

这种调速回路的运动稳定性、速度负载特性、承载能力和调速范围均与采用调速阀的节流调速回路相同。如图 3.17(b)所示为其调速特性，由图可知，此回路只有节流损失而无溢流损失。

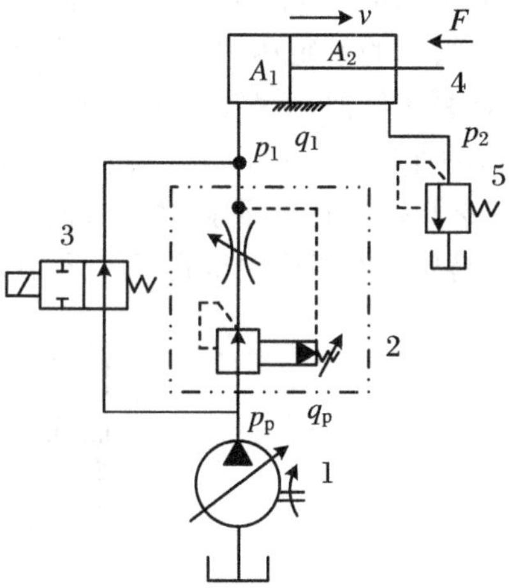

(a) 调速原理图

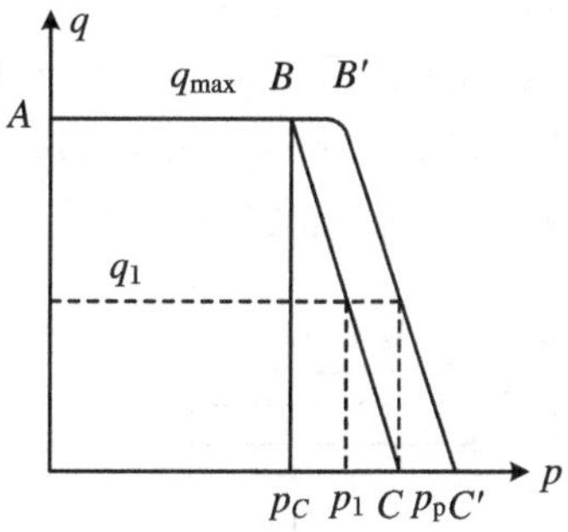

(b) 调速特性图

图 3.17　限压式变量泵调速阀容积节流调速回路

1. 泵；2. 调速阀；3. 换向阀；4. 缸；5. 背压阀

泵的输油压力调得低一些，回路效率就可高一些，但为了保证调速阀的正常工作压差，泵的压力应比负载压力至少大 0.5 MPa。当此回路用于“死挡铁停留”、压力继电器发讯实现快退时，泵的压力还应调高些，以保证压力继电器可靠发讯，故此时的实际工作特性曲线如图 3.17(b)中 $AB'C'$所示。此外，当 p_C不变时，负载越小，p_1便越小，回路效率越低。

综上所述，限压式变量泵与调速阀等组成的容积节流调速回路，具有效率较高、调速较稳定、结构较简单等优点。目前已广泛应用于负载变化不大的中、小功率组合机床的液压系统中。

二、速度变换回路

1. 快速运动回路

为了提高生产效率，工作部件常常要求实现空行程(或空载)的快速运动。这时要求液压系统流量大且压力低。这和工作运动时一般需要的流量较小和压力较高的情况正好相反。对快速运动回路的要求主要是在快速运动时，尽量减小需要液压泵输出的流量，或者在加大液压泵的输出流量后，在工作运动时又不至于引起过多的能量消耗。以下介绍几种常用的快速运动回路。

(1) 液压缸差动连接的快速运动回路

如图3.18所示,换向阀2处于原位时,液压泵1输出的液压油同时与液压缸3的左右两腔相通,两腔压力相等。由于液压缸无杆腔的有效面积A_1大于有杆腔的有效面积A_2,使活塞受到的向右作用力大于向左的作用力,导致活塞向右运动。于是无杆腔排出的油液与泵1输出的油液合流进入无杆腔,亦即相当于在不增加泵的流量的前提下增加了供给无杆腔的油液量,使活塞快速向右运动。

(2) 双泵供油的快速运动回路

如图3.19所示,由低压大流量泵1和高压小流量泵2组成的双联泵作为动力源。外控顺序阀3和溢流阀5分别设定双泵供油和小泵2单独供油时系统的最高工作压力。当换向阀6处于图示位置,并且由于外负载很小,使系统压力低于顺序阀3的调定压力时,两个泵同时向系统供油,活塞快速向右运动;当换向阀6的电磁铁通电,右位工作,液压缸由杆腔经节流阀7回油箱,当系统压力达到或超过顺序阀3的调定压力时,大流量泵1通过阀3卸荷,单向阀4自动关闭,只有小流量泵2单独向系统供油,活塞慢速向右运动,小流量泵2的最高工作压力由溢流阀5调定。这里应注意,顺序阀3的调定压力至少应比溢流阀5的调定压力低10%～20%。大流量泵1的卸荷减少了动力消耗,回路效率较高。这种回路常用在执行元件快进和工进速度相差较大的场合,特别是在机床中得到了广泛的应用。

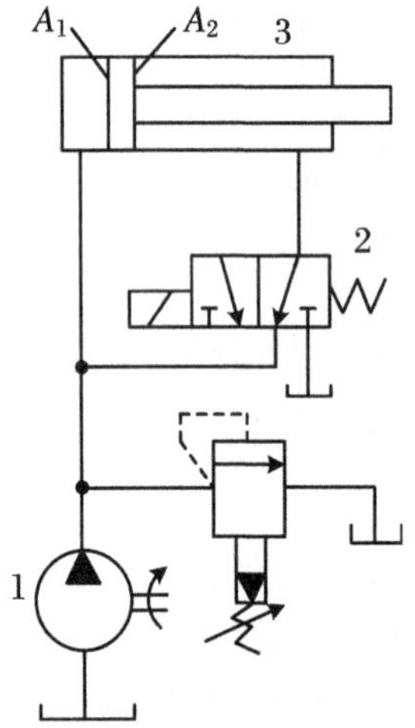

图3.18 液压缸差动连接的快速运动回路

1. 液压泵;2. 换向阀;3. 液压缸

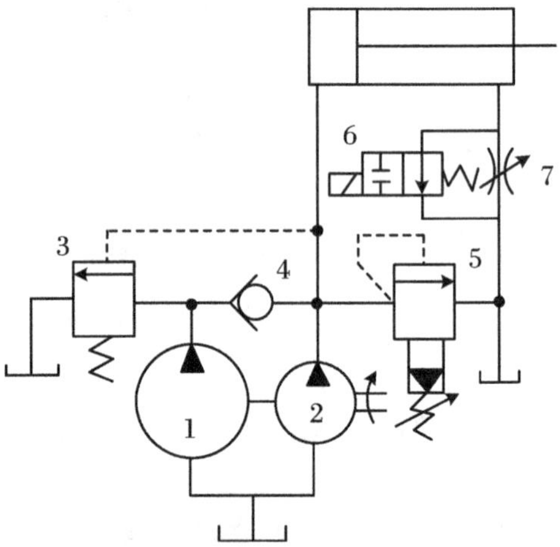

图3.19 双泵供油的快速运动回路

1. 低压大流量泵;2. 高压小流量泵;3. 顺序阀;4. 单向阀;5. 溢流阀;6. 换向阀;7. 节流阀

(3) 自重充液快速运动回路

如图3.20所示的自重充液快速运动回路,主要用于垂直运动部件且质量较大的液压机系统。手动换向阀1右位接入回路,由于运动部件的自重,活塞快速下降,由单向节流阀2控制下降速度。此时因液压泵供油不足,液压缸上腔出现负压,充液油箱4通过液控单向阀3(充液阀)向液压缸上腔补油;当运动部件接触工件负载增加,液压缸上腔压力升高,充液阀3关闭,此时只靠液压泵供油,活塞运动速度降低。回程时,换向阀左位接入回路,压力油进入液压缸下腔,同时打开充液阀,液压缸上腔一部分回油进入充液油箱4。为防止活塞快速下降时液压缸上腔吸油不充分,充液油箱常被充压油箱代替,实现强制充液。

（4）蓄能器快速运动回路

蓄能器快速运动回路是通过增加输入到执行元件流量的方法来实现快速运动的。当液压缸停止工作时，液压泵向蓄能器充液，储存能量，当蓄能器的压力升高到外控顺序阀的调定压力时，阀打开，液压泵卸荷。在液压缸要求快速运动时，由泵和蓄能器同时向液压缸供油，使活塞获得较高的运动速度。这种回路应用于短时间内需要大流量的场合。

2．减速回路

图 3.21 是用单向行程节流阀换接快速运动（简称快进）和工作进给运动（简称工进）的速度换接回路。在图示位置液压缸 2 右腔的回油可经行程阀 3 和换向阀 1 流回油箱，使活塞快速向右运动。当快速运动到达所需位置时，活塞上挡块压下行程阀 3，将其通路关闭，这时液压缸 2 右腔的回油就必须经过节流阀 5 流回油箱，活塞的运动转换为工作进给运动（简称工进）。当操纵换向阀 1 使活塞换向后，压力油可经换向阀 1 和单向阀 4 进入液压缸 2 右腔，使活塞快速向左退回。

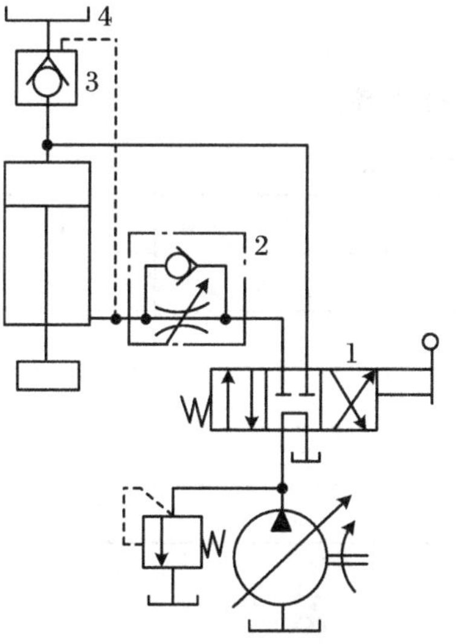

图 3.20　自重充液快速回路

1. 手动换向阀；2. 单向节流阀；3. 充液阀；4. 充液油箱

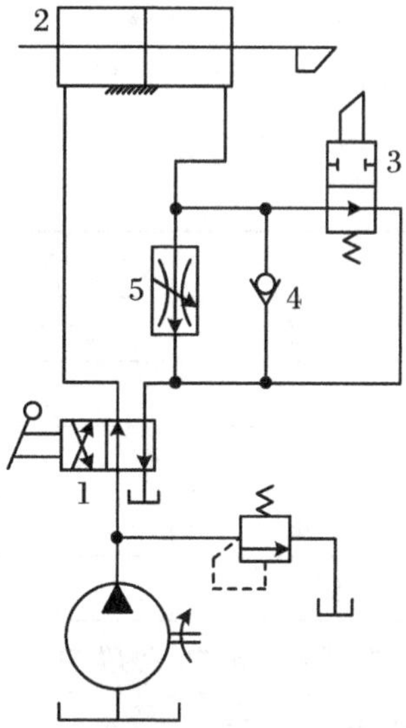

图 3.21　用行程节流阀的速度换接回路

1. 换向阀；2. 液压缸；3. 行程阀；4. 单向阀；5. 节流阀

在这种速度换接回路中，因为行程阀的通油路是由液压缸活塞的行程控制阀芯移动而逐渐关闭的，所以换接时的位置精度高，冲出量小，运动速度的变换也比较平稳。这种回路在机床液压系统中应用较多，它的缺点是行程阀的安装位置受一定限制（要由挡铁压下），所以有时管路连接稍复杂。行程阀也可以用电磁换向阀来代替，这时电磁阀的安装位置不受限制（挡铁只需要压下行程开关），但其换接精度及速度变换的平稳性较差。

3．两种速度转换回路

两种速度之间的换接在某些机床液压传动中，要求工作行程有两种工进速度，一般第一进给速度大于第二进给速度。两种工进速度的换接，一般可以用两个调速阀串联或并联并通过换向阀进行切换。图 3.22 为两调速阀并联和串联时的两种速度转换回路，表 3.1 为电磁铁动作顺序表。

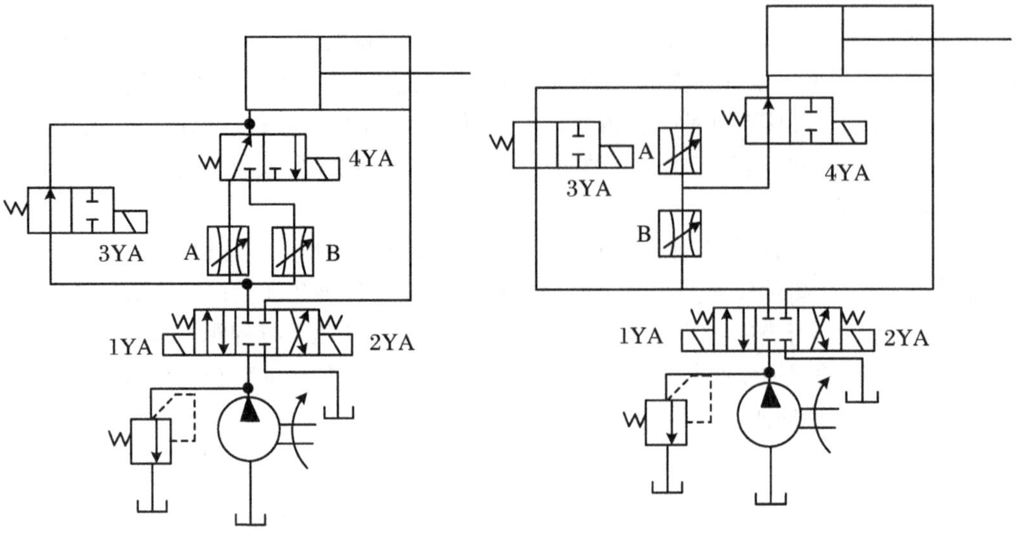

图 3.22　两种速度转换回路

表 3.1　电磁铁动作顺序表

	1YA	2YA	3YA	4YA
快进	+	−	−	−
一工进	+	−	+	−
二工进	+	−	+	+
快退	−	+	−	−
停止	−	−	−	−

注:"+"为得电,"−"为失电

任务实施

一、调速回路的比较和选用

1. 调速回路的选用

调速回路的选用主要考虑以下问题:

① 执行机构的负载性质、运动速度、速度稳定性等要求。负载小,且工作中负载变化也小的系统可采用节流阀节流调速;在工作中负载变化较大且要求低速稳定性好的系统,宜采用调速阀的节流调速或容积节流调速;负载大、运动速度高、油的温升要求小的系统,宜采用容积调速回路。

一般来说,功率在 3 kW 以下的液压系统宜采用节流调速;3~5 kW 范围宜采用容积节流调速;功率在 5 kW 以上的宜采用容积调速回路。

② 工作环境要求。处于温度较高的环境下工作,且要求整个液压装置体积小、重量轻的情况,宜采用闭式回路的容积调速。

③ 经济性要求。节流调速回路的成本低,功率损失大,效率也低;容积调速回路因变量泵、变量马达的结构较复杂,所以价钱高,但其效率高、功率损失小;而容积节流调速则介于

两者之间。所以需综合分析选用哪种回路。

2. 调速回路的比较

调速回路的比较见表 3.2。

表 3.2　调速回路的比较

<table>
<tr><td colspan="2" rowspan="3">回路类型
主要性能</td><td colspan="4">节流调速回路</td><td rowspan="3">容积调速回路</td><td colspan="2" rowspan="3">容积节流调速回路</td></tr>
<tr><td colspan="2">用节流阀</td><td colspan="2">用调速阀</td></tr>
<tr><td>进回油</td><td>旁路</td><td>进回油</td><td>旁路</td></tr>
<tr><td rowspan="2">机械特性</td><td>速度稳定性</td><td>较差</td><td>差</td><td colspan="2">好</td><td>较好</td><td colspan="2">好</td></tr>
<tr><td>承载能力</td><td>较好</td><td>较差</td><td colspan="2">好</td><td>较好</td><td colspan="2">好</td></tr>
<tr><td colspan="2">调速范围</td><td>较大</td><td>小</td><td colspan="2">较大</td><td>大</td><td colspan="2">较大</td></tr>
<tr><td rowspan="2">功率特性</td><td>效率</td><td>低</td><td>较高</td><td>低</td><td>较高</td><td>最高</td><td>较高</td><td>高</td></tr>
<tr><td>发热</td><td>大</td><td>较小</td><td>大</td><td>较小</td><td>最小</td><td>较小</td><td>小</td></tr>
<tr><td colspan="2">适用范围</td><td colspan="4">小功率，轻载的中、低压系统</td><td>大功率，重载高速的中、高压系统</td><td colspan="2">中、小功率的中压系统</td></tr>
</table>

二、工作循环和油路的分析

能够根据回路分析其工作循环和油路。

任务三　方向控制基本回路的认知

任务导入

① 掌握液压方向回路工作原理及特点。

② 熟悉方向基本回路的类型和应用。

③ 能对简单的液压系统进行分析。

相关知识

在液压系统中，起控制执行元件的起动、停止及换向作用的回路，称为方向控制回路。方向控制回路有换向回路、锁紧回路和浮动回路。

一、换向回路

运动部件的换向，一般可采用各种换向阀来实现。在容积调速的闭式回路中，也可以利用双向变量泵控制油流的方向来实现液压缸（或液压马达）的换向。

依靠重力或弹簧返回的单作用液压缸，可以采用二位三通换向阀进行换向，如图 3.23 所示。双作用液压缸的换向，一般都可采用二位四通（或五通）及三位四通（或五通）换向阀来进行换向，按不同用途还可选用各种不同的控制方式的换向回路。

电磁换向阀的换向回路应用最为广泛，尤其在自动化程度要求较高的组合机床液压系统中被普遍采用,这种换向回路曾多次出现于上面许多回路中,这里不再赘述。对于流量较大和换向平稳性要求较高的场合,电磁换向阀的换向回路已不能适应上述要求,往往采用手动换向阀或机动换向阀作先导阀,而以液动换向阀为主阀的换向回路,或者采用电液动换向阀的换向回路。

如图 3.24 所示为手动转阀(先导阀)控制液动换向阀的换向回路图。回路中用辅助泵 2 提供低压控制油,通过手动先导阀 3(三位四通转阀)来控制液动换向阀 4 的阀芯移动,实现主油路的换向,当转阀 3 在右位时,控制油进入液动换向阀 4 的左端,右端的油液经转阀回油箱,使液动换向阀 4 左位接入工件,活塞下移。当转阀 3 切换至左位时,即控制油使液动换向阀 4 换向,活塞向上退回。当转阀 3 中位时,液动换向阀 4 两端的控制油通油箱,在弹簧力的作用下,其阀芯回复到中位,主泵 1 卸荷。这种换向回路,常用于大型压机上。

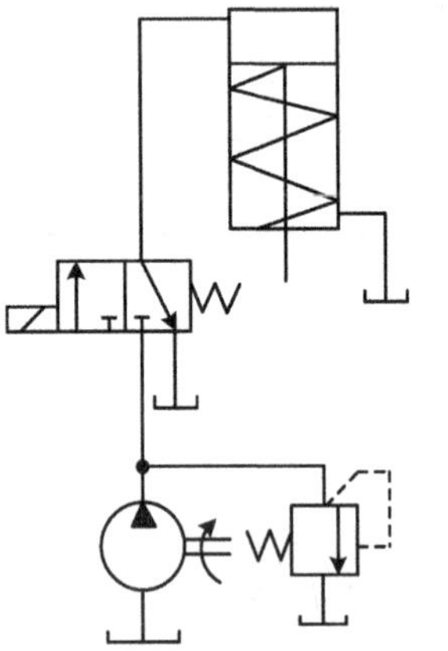

图 3.23　二位三通换向阀换向回路

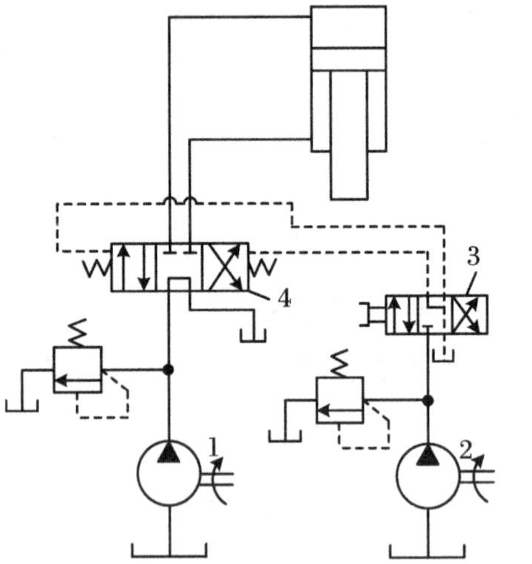

图 3.24　先导阀控制液动换向阀的换向回路

1. 主泵;2. 辅助泵;3. 转阀;3. 液动换向阀

在液动换向阀的换向回路或电液动换向阀的换向回路中,控制油液除了用辅助泵供给外,在一般的系统中也可以把控制油路直接接入主油路。但是,当主阀采用 M 型或 H 型中位机能时,必须在回路中设置背压阀,保证控制油液有一定的压力,以控制换向阀阀芯的移动。

在机床夹具、油压机和起重机等不需要自动换向的场合,常常采用手动换向阀来进行换向。

二、锁紧回路

为了使工作部件能在任意位置上停留,以及在停止工作时,防止在受力的情况下发生移动,可以采用锁紧回路。

采用 O 型或 M 型机能的三位换向阀,当阀芯处于中位时,液压缸的进、出口都被封闭,可以将活塞锁紧,这种锁紧回路由于受到滑阀泄漏的影响,锁紧效果较差。

如图 3.25 所示的是采用液控单向阀的锁紧回路。在液压缸的进、回油路中都串接液控单向阀(又称液压锁),活塞可以在行程的任何位置锁紧。其锁紧精度只受液压缸内少量的内泄漏影响,因此锁紧精度较高。采用液控单向阀的锁紧回路,换向阀的中位机能应使液控单向阀的控制油液卸压(换向阀采用 H 型或 Y 型),此时,液控单向阀便立即关闭,活塞停止运动。假如采用O型机能，在换向阀中位时，由于液控单向阀的控制腔压力油被闭死而不能使其立即关闭，直至由换向阀的内泄漏使控制腔泄压后，液控单向阀才能关闭，影响其锁紧精度。

三、浮动回路

将执行元件的进、出油路连通或同时接回油箱，使之处于无约束的浮动状态，这样在外力作用下执行元件仍可运动。利用三位四通换向阀的中位机能（Y型或H型）就可实现执行元件的浮动，如图3.26所示。

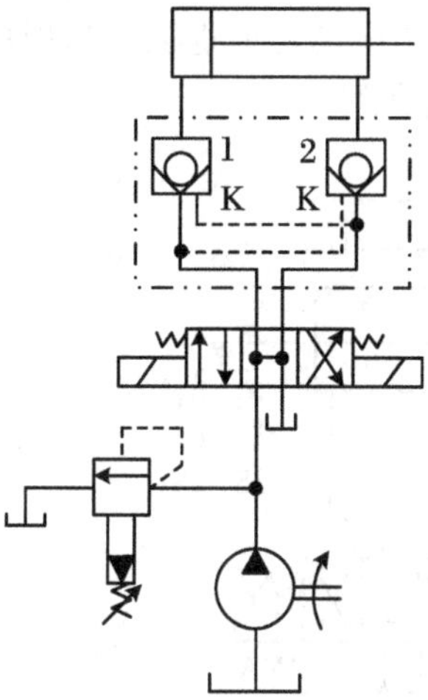

图3.25　采用液控单向阀的锁紧回路

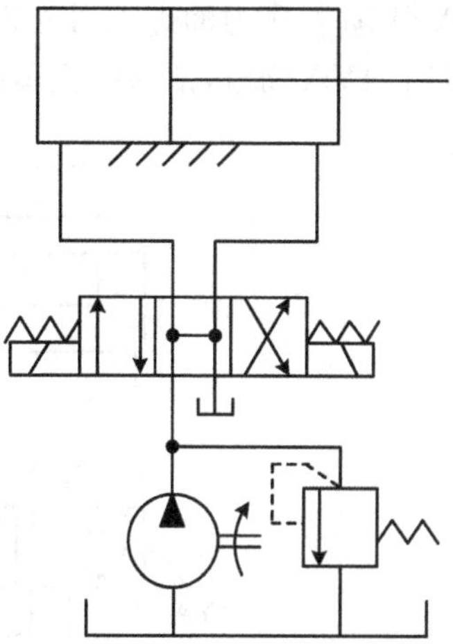

图3.26　利用换向阀中位机能的浮动回路

任务实施

找出典型液压系统中的方向控制回路并分析。

任务四　多执行元件控制基本回路的认知

任务导入

① 掌握液压顺序、同步控制基本回路的工作原理及特点。
② 熟悉各基本回路的类型和应用。
③ 能对简单的液压系统进行分析。

相关知识

一、顺序动作回路

当用一个液压泵向几个执行元件供油时，如果这些元件需要按一定顺序依次动作，就应该采用顺序回路。如转位机构的转位和定位，夹紧机构的定位和夹紧等。

顺序动作回路，根据其控制方式的不同，分为行程控制、压力控制和时间控制3类。其中以前两种用得最多，这里只对前两种进行介绍。

1. 行程控制顺序动作回路

如图 3.27 所示的是一种采用行程开关和电磁换向阀配合的顺序动作回路图。操作时首先按动启动按钮，使电磁铁 1YA 得电，压力油进入油缸 1 的左腔，使活塞按箭头①所示方向向右运动。当活塞杆上的挡块压下行程开关 2S 后，通过电气上的连锁使 1YA 断电，3YA 得电。油缸 1 的活塞停止运动，压力油进入油缸 2 的左腔，使其按箭头②所示的方向向右运动。当活塞杆上的挡块压下行程开关 4S，使 3YA 断电，2YA 得电，压力油进入油缸 1 的右腔，使其活塞按箭头③所示的方向向左运动；当活塞杆上的挡块压下行程开关 1S，使 2YA 断电，4YA 得电时，压力油进入油缸 2 右腔，使其活塞按箭头④的方向返回。当挡块压下行程开关 3S 时，4YA 断电，活塞停止运动，至此完成一个工作循环。

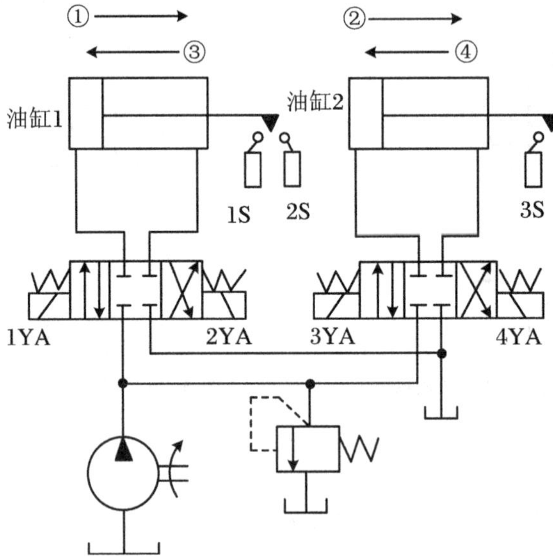

图 3.27 用行程开关和电磁阀配合的顺序回路

这种顺序动作回路的优点是：调整行程比较方便，改变电气控制线路就可以改变油缸的动作顺序，利用电气互锁，可以保证顺序动作的可靠性。

2. 压力控制顺序动作回路

(1) 用顺序阀控制的顺序动作回路

如图 3.28 所示的是采用顺序阀控制的顺序动作回路图。阀 A 和阀 B 是由顺序阀与单向阀构成的组合阀-单向顺序阀。系统中有两个执行元件：夹紧液压缸和加工液压缸。两液压缸按夹紧→工作进给→快退→松开的顺序动作。系统工作过程如下：二位四通电磁阀通电，左位接入系统，压力油液进入夹紧液压缸左腔（由于系统压力低于单向顺序阀 A 的调定压力，顺序阀 A 未开启），活塞向右运动进行夹紧，回油经阀 B 的单向阀流回油箱。当活塞右移到达终点，工件被夹紧，系统压力升高，超过阀 A 中顺序阀调定值时，顺序阀开启，压力油进入加工液压缸左腔，活塞向右运动进行加工，回油经换向阀回油箱。加工完毕后，二位四通电磁阀断电，右位接入系统（如图示位置），压力油液进入加工液压缸右腔（阀 B 的顺序阀未开启），回油经阀 A 的单向阀流回油箱，活塞向左快速运动实现快退，到达终点后，油压升高，使阀 B 的顺序阀开启，压力油液进入夹紧液压缸右腔，回油经换向阀回油箱，活塞向左运动松开工件，完成工作循环。

用顺序阀控制的顺序动作回路，其顺序动作的可靠程度主要取决于顺序阀的质量和压力调定值。为了保证顺序动作的可靠准确，应使顺序阀的调定压力大于先动作的液压缸的最高工作压力，以避免因压力波动使顺序阀先行开启。

这种顺序动作回路适用于液压缸数量不多、负载阻力变化不大的液压系统。

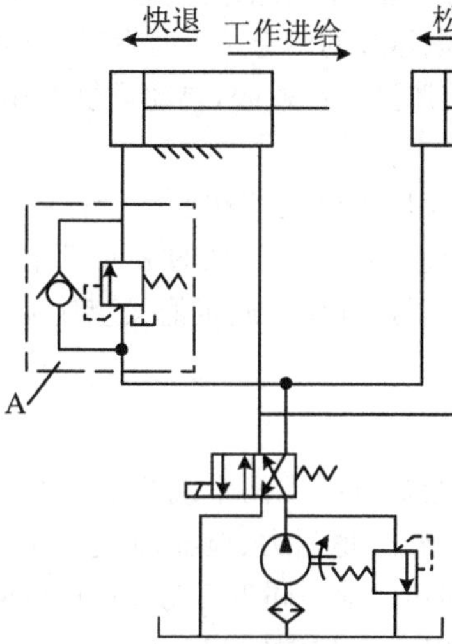

图 3.28　采用顺序阀控制的顺序动作回路

(2) 用压力继电器控制的顺序回路

如图 3.29 所示的是利用压力继电器实现顺序动作的顺序回路图。按启动按钮，使 1YA 得电，换向阀 1 左位工作，液压缸 1 的活塞向右移动，实现动作顺序①；到右端后，液压缸 1 左腔压力上升，达到压力继电器 1 的调定压力时发讯，使电磁铁 1YA 断电，3YA 得电，换向

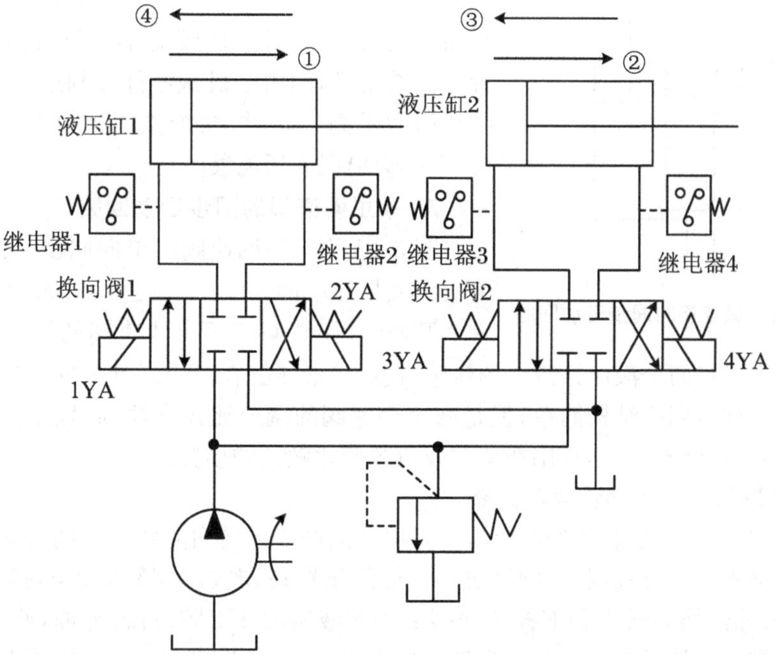

图 3.29　用压力继电器实现顺序动作的顺序回路

阀 2 左位工作，压力油进入液压缸 2 的左腔，其活塞右移，实现动作顺序②；到行程端点后，液压缸 2 左腔压力上升，达到压力继电器 3 的调定压力时发讯，使电磁铁 3YA 断电，4YA 得电，换向阀 2 右位工作，压力油进入液压缸 2 的右腔，其活塞左移，实现动作顺序③；到行程端点后，液压缸 2 右腔压力上升，达到压力继电器 4 的调定压力时发讯，使电磁铁 4YA 断电，2YA 得电，换向阀 1 右位工作，液压缸 1 的活塞向左退回，实现动作顺序④。到左端后，液压缸 1 右端压力上升，达到压力继电器 2 的调定压力时发讯，使电磁铁 2YA 断电，1YA 得电，换向阀 1 左位工作，压力油进入液压缸 1 的左腔，自动重复上述动作循环，直到按下停止按钮为止。

在这种顺序动作回路中，为了防止压力继电器在前一行程液压缸到达行程端点以前发生误动作，压力继电器的调定值应比前一行程液压缸的最大工作压力高 0.3～0.5 MPa，同时，为了能使压力继电器可靠地发出信号，其压力调定值又应比溢流阀的调定压力低 0.3～0.5 MPa。

二、同步运动回路

在多缸工作的液压系统中，常常会遇到要求两个或两个以上的执行元件同时动作的情况，并要求它们在运动过程中克服负载、摩擦阻力、泄漏、制造精度和结构变形上的差异，维持相同的速度或相同的位移——作同步运动。同步运动包括速度同步和位置同步两类。速度同步是指各执行元件的运动速度相同；而位置同步是指各执行元件在运动中或停止时都保持相同的位移量。同步运动回路就是用来实现同步运动的回路。由于负载、摩擦、泄漏等因素的影响，很难做到精确同步。下面介绍的几种同步回路，只能做到基本上同步。

1. 液压缸机械联结的同步回路

这种同步运动回路是用刚性梁、齿轮、齿条等机械零件在两个液压缸的活塞杆间实现刚性连接以便来实现位移同步的。图 3.30 为液压缸机械联结的同步回运动路图，这种同步方法比较简单经济，能基本上保证位置同步的要求，但由于机械零件在制造，安装上的误差，同步精度不高。同时，两个液压缸的负载差异不宜过大，否则会出现卡死现象。

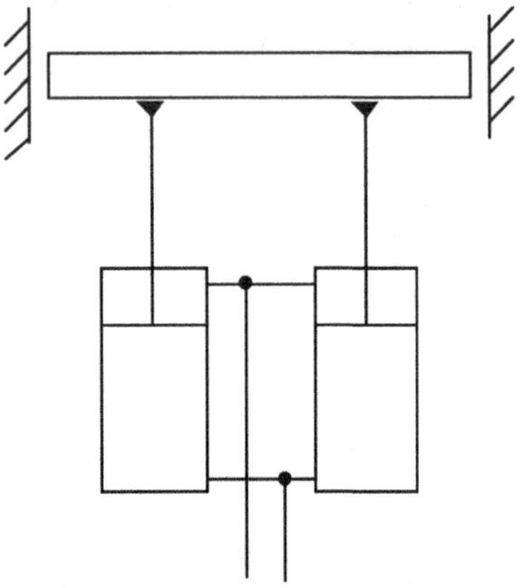

图 3.30　用机械连接的同步运动回路

2. 采用调速阀的同步运动回路

图 3.31 为采用调速阀的单向同步运动回路图。两个液压缸是并联的，在它们的进(回)油路上，分别串接一个调速阀，仔细调节两个调速阀的开口大小，便可控制或调节进入或自两个液压缸流出的流量，使两个液压缸在一个运动方向上实现同步，即单向同步。这种同步回路结构简单，但是两个调速阀的调节比较麻烦，而且还受油温、泄漏等的影响，故同步精度不高，不宜用在偏载或负载变化频繁的场合。

3. 用串联液压缸的同步运动回路

图 3.32 为带有补偿装置的两个液压缸串联的同步运动回路图。当两缸同时下行时，若液压缸 1 活塞先到达行程端点，则挡块压下行程开关 1S，电磁铁 3YA 得电，换向阀 1 左位投入工作，压力油经换向阀 1 和液控单向阀 2 进入液压缸 2 上腔，进行补油，使其活塞继续下行到达行程端点。如果液压缸 2 活塞先到达端点，行程开关 2S 使电磁铁 4YA 得电，换向阀 1 右位投入工作，压力油进入液控单向阀控制腔，打开阀 2，液压缸 1 下腔与油箱接通，使其

活塞继续下行达到行程端点,从而消除累积误差。这种回路允许较大偏载,偏载所造成的压差不影响流量的改变,只会导致微小的压缩和泄漏,因此同步精度较高,回路效率也较高。应注意的是这种回路中泵的供油压力至少是两个液压缸工作压力之和。

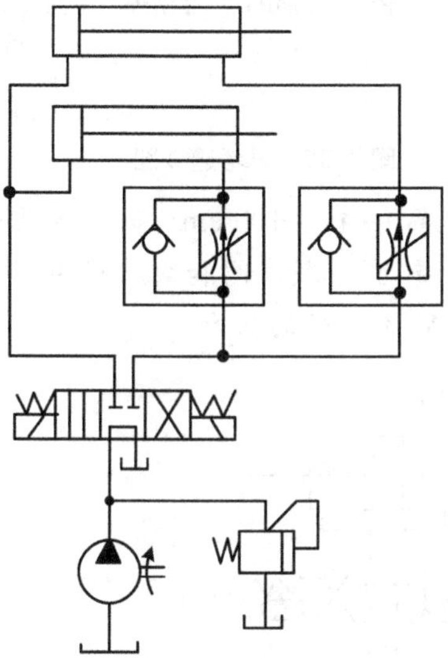

图 3.31　用调速阀的同步运动回路

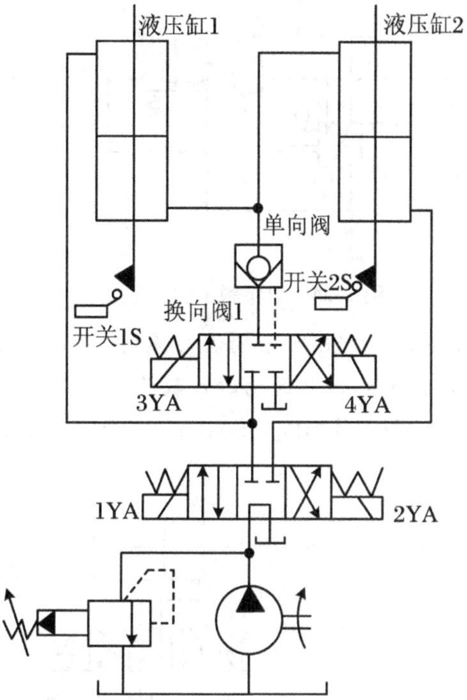

图 3.32　用串联液压缸的同步运动回路

4. 分流马达同步运动回路

如图 3.33 所示的是采用相同结构、相同排量的液压马达作为等流量分流装置的同步运动回路图。这种同步回路的同步精度比节流控制的要高,由于所用同步马达一般为容积效率较高的柱塞式马达,所以费用较高。这种回路的效率较高,因而适用于较大功率的液压系统。

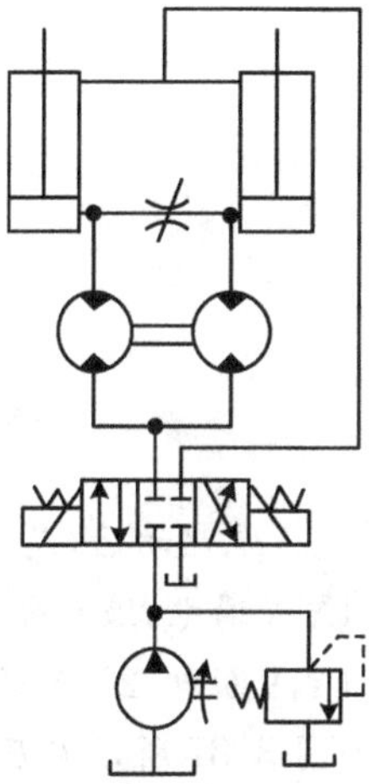

图 3.33　用同步马达的同步运动回路

任务实施

了解常用的多执行元件控制回路,以及在系统中能够分析其控制原理。

思　考　题

1. 试说明图 3.34 所示由行程阀与液动阀组成的自动换向回路的工作原理。

2. 如图 3.35 所示的回路中,3 个溢流阀的调定压力如图所示,泵的供油压力有几级?数值各为多少?

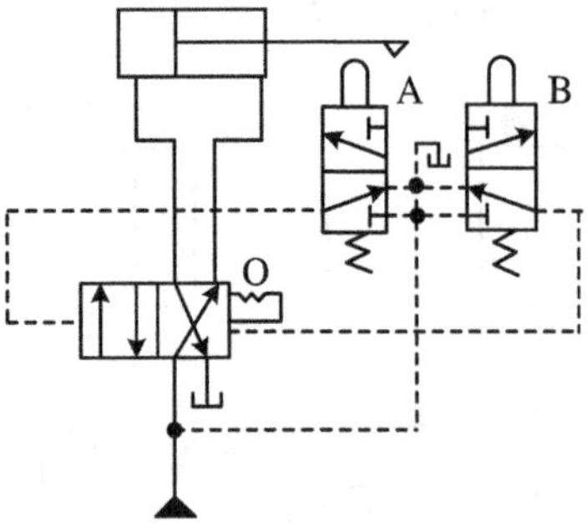

图 3.34 思考题 1 图

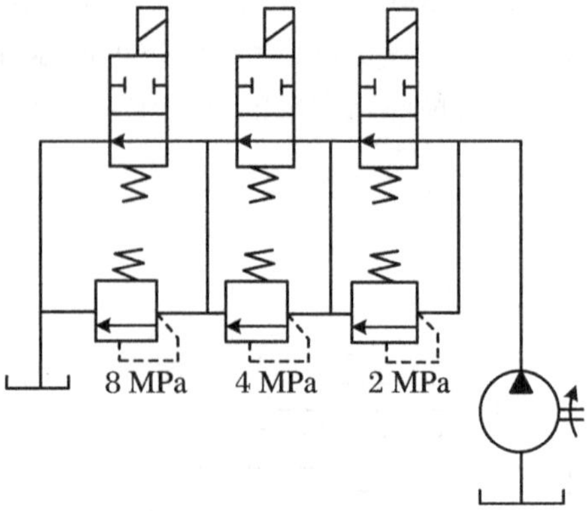

图 3.35 思考题 2 图

3. 如图 3.36 所示的液压系统，液压缸活塞面积 $A_1 = A_2 = 100\ cm^2$，缸Ⅰ运动时负载 $F_L = 35\,000\ N$，缸Ⅱ运动时负载为零。不计压力损失，溢流阀、顺序阀和减压阀的调定压力分别为 4 MPa、3 MPa 、2 MPa。求出下列 3 种工况下 A、B、C 处的压力：

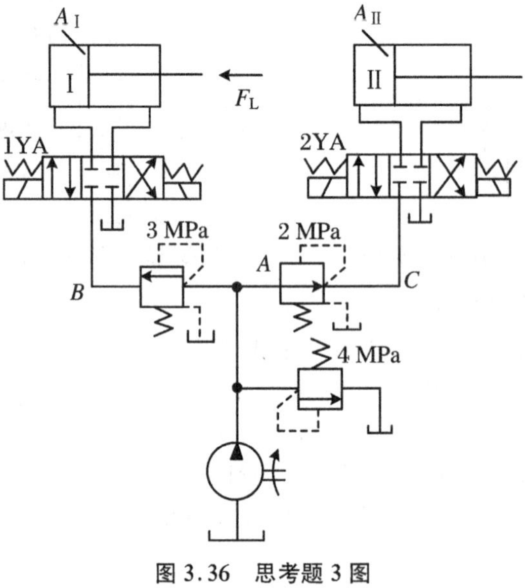

图 3.36 思考题 3 图

(1) 液压泵启动后，两换向阀处于中位时；

(2) 1YA 通电，液压缸Ⅰ活塞运动时及运动到终点时；

(3) 1YA 断电，2YA 通电，液压缸Ⅱ活塞运动时及活塞杆碰到挡块时。

4. 如图 3.37 所示液压的系统，能实现“快进—工作—快退—原位停止及液压泵卸荷”的工作循环。试完成：

(1) 在表 3.3 中填写电磁铁的动作顺序(电磁铁通电为“+ ”，断电为“-”)。

(2) 分析本系统有哪些基本回路组成。

(3) 说明图中注有序号的液压元件的作用。

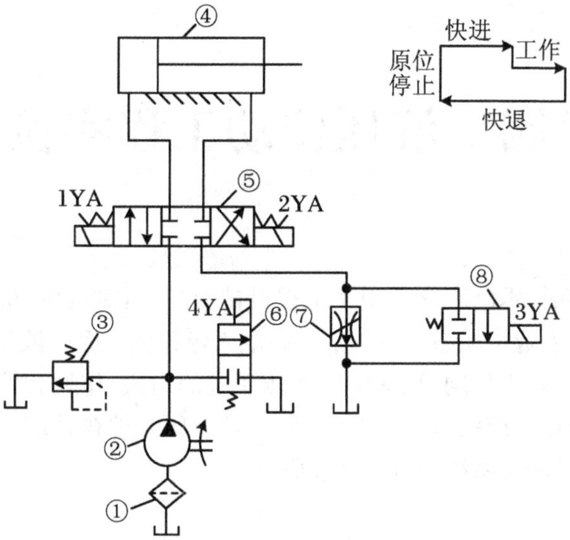

图 3.37　思考题 4 图

表 3.3　思考题 4 表

动作＼电磁铁	1YA	2YA	3YA	4YA
快进				
工作				
快退				
原位停止及泵卸荷				

5. 试列出如图 3.38 所示的液压系统实现“快进—工作—快退—停止”的电磁铁动作顺序表(表格形式同表 3.3),并说明各个动作循环的进油路和回油路。

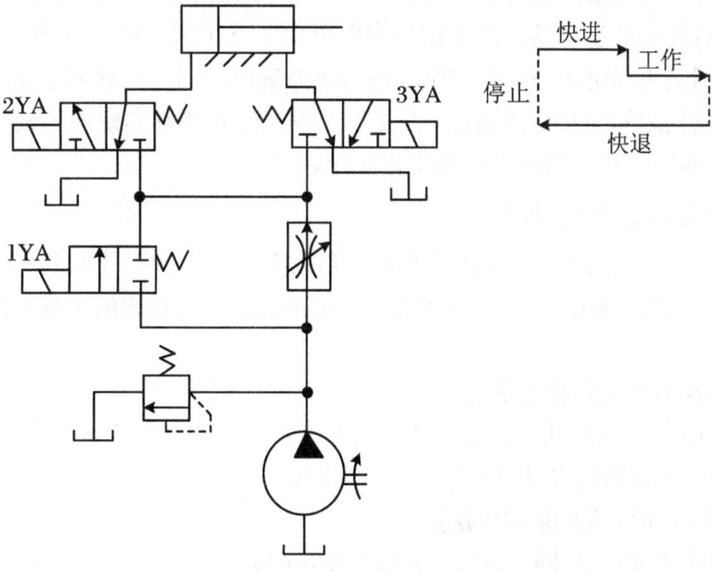

图 3.38　思考题 5 图

项目四 液压传动工程实例分析

近年来，液压传动技术已广泛应用于工程机械、起重运输机械、机械制造业、冶金机械、矿山机械、建筑机械、农业机械、轻工机械、航空航天等领域。由于液压系统所服务的主机的工作循环、动作特点等各不相同，相应的各液压系统的组成、作用和特点也不尽相同。本项目通过对几个典型液压系统的分析，进一步熟悉各液压元件在系统中的作用和各种基本回路的组成，并掌握分析液压系统的方法和步骤。

任务 液压传动系统分析

任务导入

① 学会读懂液压系统原理图。

② 能够分析液压系统组成及各元件在系统中的作用。

③ 初步学会分析液压系统的特点。

相关知识

将实现各种不同运动的执行元件及其液压回路拼集、汇合起来，用液压泵组集中供油，使液压设备实现特定的运动循环或工作的液压传动系统，简称为液压系统。

液压系统图是用规定的图形符号画出的液压系统原理图。它表明了组成液压系统的所有液压元件及它们之间相互连接情况，还表明了各执行元件所实现的运动循环及循环的控制方式等，从而表明了整个液压系统的工作原理。

一、典型液压系统的类型

液压传动系统种类繁多，它的应用涉及机械制造、轻工、纺织、工程机械、船舶、航空和航天等各个领域，但根据其工作情况，典型液压系统视液压传动系统的工况要求和特点可分为如下几种。

1. 以速度变换为主的液压系统

以组合机床系统为例，其工况要求和特点如下：

① 能实现工作部件的自动工作循环，生产率较高。

② 快进与工进时，其速度与负载相差较大。

③ 要求进给速度平稳、刚性好，有较大的调速范围。

④ 进给行程终点的重复位置精度高，有严格的顺序动作。

2. 以换向精度为主的液压系统

以磨床系统为例，其工况要求和特点如下：

① 要求运动平稳性高，有较低的稳定速度。

② 起动与制动迅速、平稳、无冲击，有较高的换向频率(最高可达 150 次/min)。

③ 换向精度高，换向前停留时间可调。

3. 以压力变换为主的液压系统

以液压机系统为例，其工况要求和特点如下：

① 系统压力要能经常变换调节，且能产生很大的推力。

② 空程时速度大，加压时推力大，功率利用合理。

③ 系统多采用高低压泵组合或恒功率变量泵供油，以满足空程与压制时，其速度与压力的变化。

4. 多个执行元件配合工作的液压系统

以机械手液压系统为例，其工况要求和特点如下：

① 在各执行元件动作频繁换接，压力急剧变化下，系统足够可靠，避免误动作。

② 能实现严格的顺序动作，完成工作部件规定的工作循环。

③ 满足各执行元件对速度、压力及换向精度的要求。

二、液压系统分析步骤

分析和阅读较复杂的液压系统图的步骤如下：

① 了解设备的功用及对液压系统动作和性能的要求。

② 初步分析液压系统图，并按执行元件数将其分解为若干个子系统。

③ 对每个子系统进行分析，分析组成子系统的基本回路及各液压元件的作用，按执行元件的工作循环分析实现每步动作的进油和回油路线。

④ 根据设备对液压系统中各子系统之间的顺序、同步、互锁、防干扰或联动等要求，分析它们之间的联系，弄懂整个液压系统的工作原理。

⑤ 归纳出设备液压系统的特点和使设备正常工作的要领，加深对整个液压系统的理解。

任务实施

一、液压机液压系统分析

液压压力机(简称液压机)是锻压、冲压、冷挤、翻边、拉深、校直、弯曲、粉末冶金、成型等压力加工工艺中广泛应用的机械设备。液压机的类型很多，其中四柱式液压机最为典型，应用也最广泛。这里简略介绍 YB32-200 型液压机液压系统的工作原理。该液压机主液压缸最大压制力为 2000 kN。该液压机在它的 4 个导柱之间安置上、下两个液压缸，上液压缸(主缸)驱动上滑块，可以实现“快速下行→慢速加压→保压延时→快速返回→原位停止”的典型动作循环；下液压缸(顶出缸)驱动下滑块，实现“向上顶出→向下退回→原位停止”的动作循环。图 4.1 为该液压机的动作循环图，图 4.2 为该液压机的液压系统图。表 4.1 为 YB32-200 型液压机液压系统的动作循环表。

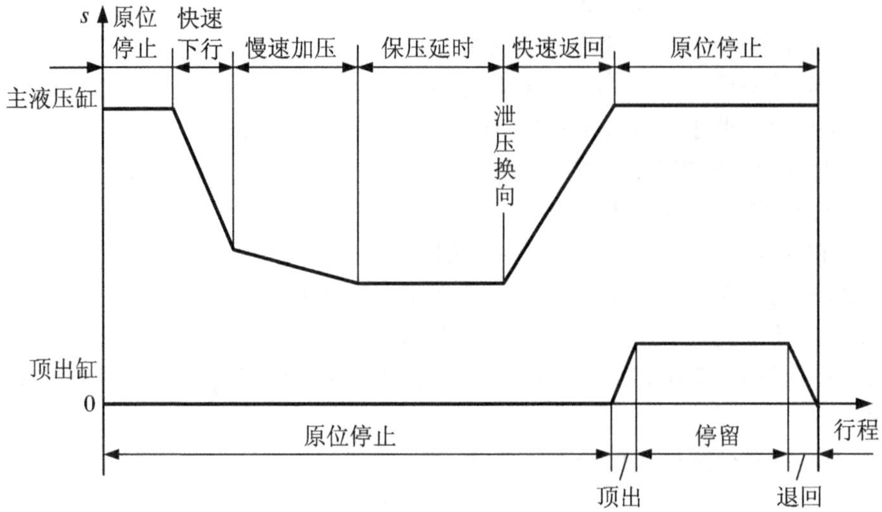

图 4.1　YB32-200 型液压机动作循环图

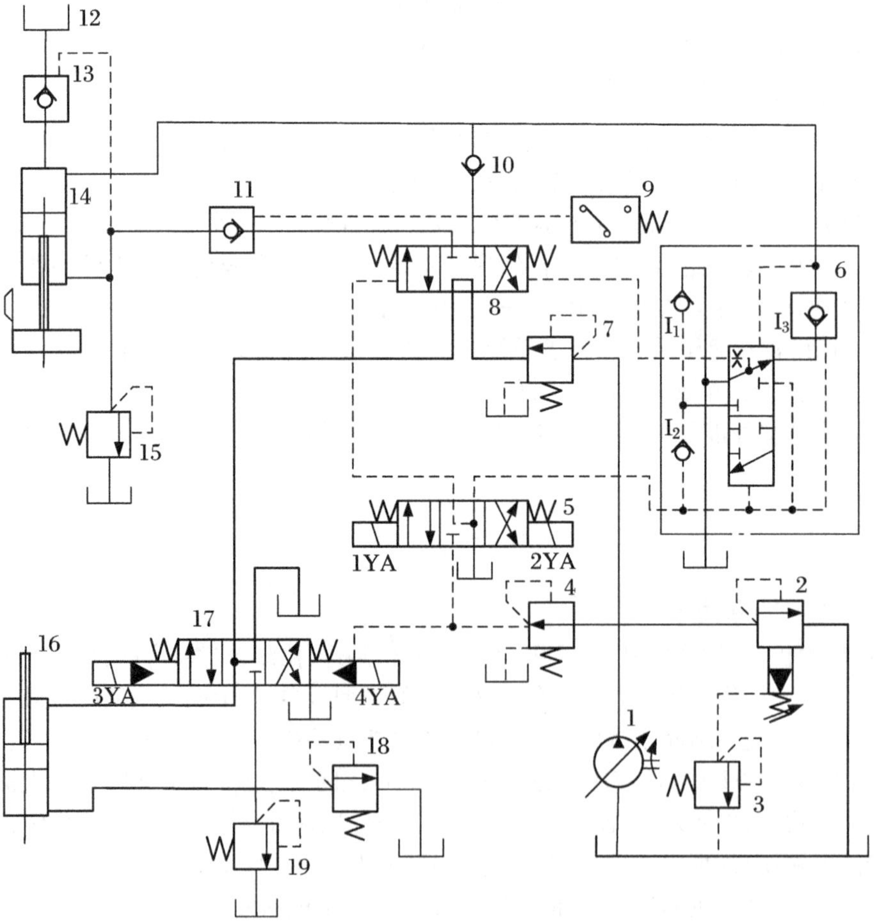

图 4.2　YB32-200 型液压机液压系统图

1. 变量泵；2. 泵站溢流阀；3. 远程调压阀；4. 减压阀；5. 先导换向阀；6. 释压阀；7. 顺序阀；8. 主缸换向阀；9. 压力继电器；10. 单向阀；11、13. 液控单向阀；12. 副油箱；14. 主液压缸；15. 主缸安全阀；16. 顶出缸；17. 顶出缸换向阀；18. 顶出缸背压阀；19. 安全阀

表 4.1　YB32-200 型液压机液压系统的动作循环表

动作名称		信号来源	液压元件工作状态			
			先导阀 5	主缸换向阀 8	顶出缸换向阀 17	释压阀 6
上滑块	快速下行	1YA 通电	左位	左位	中位	上位
	慢速加压	上滑块接触工件				
	保压延时	压力继电器使 1YA 断电	中位	中位		
	释压换向	时间继电器使 2YA 通电	右位			
	快速返回			右位		下位
	原位停止	行程开关使 2YA 断电	中位	中位		上位
下滑快	向上顶出	4YA 通电			右位	
	停留	下活塞触及缸盖				
	向下返回	4YA 断电、3YA 通电			左位	
	原位停止	3YA 断电			中位	

1. 液压机液压系统的工作原理

(1) 上滑块

① 快速下行　电磁铁 1YA 通电，先导阀 5 和主缸换向阀 8 左位接入系统，液控单向阀 11 被打开，主液压缸 14 快速下行。这时，系统中油液流动的情况为

进油路：液压泵 1→顺序阀 7→主缸换向阀 8 左位→单向阀 10→主液压缸 14 上腔

回油路：主液压缸 14 下腔→液控单向阀 11→主缸换向阀 8 左位→顶出缸换向阀 17 中位→油箱

上滑块在自重作用下迅速下降。由于液压泵的流量较小，这时液压机顶部副油箱 12 中的油经液控单向阀 13(也称补油阀)流入主液压缸 14 上腔。

② 慢速加压　从上滑块接触工件时开始，主液压缸 14 上腔压力升高，液控单向阀 13 关闭，加压速度便由变量泵流量来决定，油液流动情况与快速下行时相同。

③ 保压延时　当系统中压力升高达到压力继电器 9 的调定压力，发出电信号，控制电磁铁 1YA 断电，先导阀 5 和主缸换向阀 8 都处于中位，主液压缸 14 上、下油腔封闭，系统进入保压工况。保压时间由电气控制系统中的时间继电器(图中未画出)控制。保压时除了液压泵在较低压力下卸荷外，系统并没有油液流动。液压泵卸荷的油路为

液压泵 1→顺序阀 7→主缸换向阀 8(中位) →顶出缸换向阀 17(中位) →油箱

④ 快速返回　时间继电器延时到时后，控制电磁铁 2YA 通电，先导阀 5 右位接入系统，释压阀 6 使主缸换向阀 8 也以右位接入系统(下面说明)。这时，液控单向阀 13 被打开，主缸 14 快速返回。油液流动情况为

进油路：液压泵 1→顺序阀 7→主缸换向阀 8 右位→液控单向阀 11→主缸 14 下腔

回油路：主液压缸 14 上腔→液控单向阀 13→副油箱 12

副油箱 12 内的液面超过预定位置时，多余油液由溢流管流回主油箱(图中未画出)。

⑤ 原位停止　在上滑块上升至挡块撞上原位行程开关，控制电磁铁 2YA 断电，先导阀 5 和主缸换向阀 8 都处于中位。这时上滑块停止不动，液压泵在较低压力下卸荷。

液压系统中的释压阀6是为了防止保压状态向快速返回状态转变过快，在系统中产生压力冲击，引起上滑块动作不平稳而设置的，它的主要功用是：使主液压缸14上腔释压后，压力油才能通入该缸下腔。其工作原理如下：在保压阶段，这个阀以上位接入系统；当电磁铁2YA通电，先导阀5右位接入系统时，操纵油路中的压力油虽到达释压阀6阀芯的下端，但由于其上端的高压未曾释放，阀芯不动。由于液控单向阀 I_3 可以在控制压力低于其主油路压力下打开，因此有

主液压缸14上腔→液控单向阀 I_3→释压阀6上位→油箱

于是主液压缸14上腔的油压便被卸除，释压阀向上移动，以其下位接入系统，它一方面切断主液压缸14上腔通向油箱的通道，一方面使操纵油路中的压力油输到主缸换向阀8阀芯右端，使该阀右位接入系统，以便实现上滑块的快速返回。由图4.2可见，主缸换向阀8在由左位转换到中位时，阀芯右端由油箱经单向阀 I_1 补油；在由右位转换到中位时，阀芯右端的油经单向阀 I_2 流回油箱。

(2) 下滑块

① 向上顶出　电磁铁4YA通电。这时有

进油路：液压泵1→顺序阀7→主缸换向阀8中位→顶出缸换向阀17右位→
　　顶出缸16下腔

回油路：顶出缸16上腔→顶出缸换向阀17右位→油箱

下滑块上移至顶出缸中的活塞碰上缸盖时，便停在该位置上。

② 向下退回　电磁铁4YA断电、3YA通电。这时有

进油路：液压泵1→顺序阀7→主缸换向阀8中位→顶出缸换向阀17左位→
　　顶出缸16上腔

回油路：顶出缸16下腔→顶出缸换向阀17左位→油箱

③ 原位停止　电磁铁3YA、4YA都断电，顶出缸换向阀17处于中位。

2. YB32-200型液压机液压系统的特点

① 系统使用一个高压轴向柱塞式变量泵供油，系统压力由溢流阀3调定。

② 系统中的顺序阀规定了液压泵必须在2.5 MPa的压力下卸荷；从而使控制油路能确保具有2 MPa左右的控制压力。

③ 系统中采用了专用的QF1型释压阀来实现上滑块快速返回时上缸换向阀的换向，保证液压机动作平稳，不会在换向时产生液压冲击和噪音。

④ 系统利用管道和油液的弹性变形来实现保压，方法简单，但对液控单向阀和液压缸等元件的密封性能要求高。

⑤ 系统中上、下两缸的动作协调是由两个换向阀互锁来保证的。一个缸必须在另一个缸静止不动时才能动作。但是，在拉伸操作中，为了实现“压边”这个工步，上液压缸活塞必须推着下液压缸活塞移动。这时上液压缸下腔的油进入下液压缸的上腔，而下液压缸下腔的油则经过下缸溢流阀排回油箱，这样两缸能同时工作，不存在动作不协调的问题。

⑥ 系统中的两个液压缸各设有一个安全阀进行过载保护。

二、组合机床动力滑台液压系统分析

组合机床是由通用部件和某些专用部件所组成的高效率和自动化程度较高的专用机

床。它能完成钻、镗、铣、刮端面、倒角、攻螺纹等加工和工件的转位、定位、夹紧、输送等动作。

动力滑台是组合机床的一种通用部件。在滑台上可以配置各种工艺用途的切削头，例如安装动力箱和主轴箱、钻削头、铣削头、镗削头、镗孔、车端面等。组合机床液压动力滑台可以实现多种不同的工作循环，其中一种比较典型的工作循环是：快进→一工进→二工进→死挡铁停留→快退→停止。完成这一动作循环的 YT4543 型动力滑台液压系统工作原理图如图 4.3 所示。

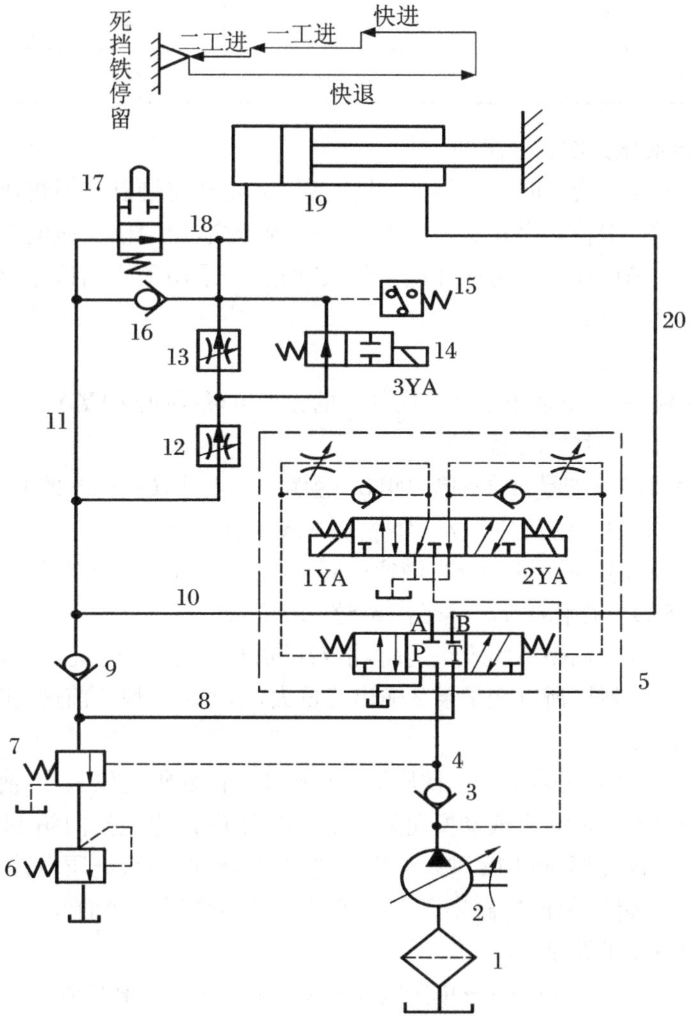

图 4.3　YT4543 型组合机床动力滑台液压系统原理图

1. 滤油器；2. 变量泵；3、9、16. 单向阀；4、8、10、11、18、20. 管路；5. 电液动换向阀；6. 背压阀；7. 顺序阀；12、13. 调速阀；14. 电磁阀；15. 压力继电器；17. 行程阀；19. 液压缸

表 4.2 是该液压系统的电磁铁和行程阀的动作表。

表 4.2 组合机床动力滑台液压系统电磁铁和行程阀的动作表

	1YA	2YA	3YA	17
快进	+	−	−	−
一工进	+	−	−	+
二工进	+	−	+	+
死挡铁停留	−	−	−	−
快退	−	+	−	−
原位停止	−	−	−	−

1. 动力滑台液压系统工作原理

系统中采用限压式变量叶片泵供油,并使液压缸差动连接以实现快速运动。由电液换向阀换向,用行程阀、液控顺序阀实现快进与工进的转换,用二位二通电磁换向阀实现一工进和二工进之间的速度换接。为保证进给的尺寸精度,采用了死挡铁停留来限位。实现工作循环的工作原理如下。

(1) 快进

按下启动按钮,三位五通电液动换向阀 5 的先导电磁换向阀 1YA 得电,使之阀芯右移,左位进入工作状态,这时的主油路是

进油路:滤油器 1→变量泵 2→单向阀 3→管路 4→电液换向阀 5 的 P 口到 A 口→管路 10、11→行程阀 17→管路 18→液压缸 19 左腔

回油路:缸 19 右腔→管路 20→电液换向阀 5 的 B 口到 T 口→油路 8→单向阀 9→油路 11→行程阀 17→管路 18→缸 19 左腔

这时形成差动连接回路。因为快进时,滑台的载荷较小,同时进油可以经阀 17 直通油缸左腔,系统中压力较低,所以变量泵 2 输出流量大,动力滑台快速前进,实现快进。

(2) 第一次工进

在快进行程结束时,滑台上的挡铁压下行程阀 17,行程阀上位工作,使油路 11 和 18 断开。电磁铁 1YA 继续通电,电液动换向阀 5 左位仍在工作,电磁换向阀 14 的电磁铁处于断电状态。进油路必须经调速阀 12 进入液压缸左腔,与此同时,系统压力升高,将液控顺序阀 7 打开,并关闭单向阀 9,使液压缸实现差动连接的油路切断。回油经顺序阀 7 和背压阀 6 回到油箱。这时的主油路是

进油路:滤油器 1→变量泵 2→单向阀 3→电液换向阀 5 的 P 口到 A 口→油路 10→调速阀 12→二位二通电磁换向阀 14→油路 18→液压缸 19 左腔

回油路:缸 19 右腔→油路 20→电液换向阀 5 的 B 口到 T2 口→管路 8→顺序阀 7→背压阀 6→油箱

因为工作进给时油压升高,所以变量泵 2 的流量自动减小,动力滑台向前作第一次工作进给,进给量的大小可以用调速阀 12 调节。

(3) 第二次工作进给

在第一次工作进给结束时,滑台上的挡铁压下行程开关,使电磁阀 14 的电磁铁 3YA 得电,阀 14 右位接入工作,切断了该阀所在的油路,经调速阀 12 的油液必须经过调速阀 13 进

入液压缸的右腔，其他油路不变。由于调速阀13的开口量小于阀12，进给速度降低，进给量的大小可由调速阀13来调节。

(4) 死挡铁停留

当动力滑台第二次工作进给终了碰上死挡铁后，液压缸停止不动，系统的压力进一步升高，达到压力继电器15的调定值时，经过时间继电器的延时，再发出电信号，使滑台退回。在时间继电器延时动作前，滑台停留在死挡块限定的位置上。

(5) 快退

此时2YA得电，1YA失电，3YA断电，电液换向阀5右位工作，这时的主油路是

进油路：滤油器1→变量泵2→单向阀3→油路4→换向阀5的P口到B口→油路20→缸19的右腔

回油路：缸19的左腔→油路18→单向阀16→油路11→电液换向阀5的A口到T口→油箱

这时系统的压力较低，变量泵2输出流量大，动力滑台快速退回。由于活塞杆的面积大约为活塞的一半，所以动力滑台快进、快退的速度大致相等。

(6) 原位停止

当动力滑台退回到原始位置时，挡块压下行程开关，这时电磁铁1YA、2YA、3YA都失电，电液换向阀5处于中位，动力滑台停止运动，变量泵2输出油液的压力升高，使泵的流量自动减至最小。

2. YT4543型动力滑台液压系统的特点

通过以上分析可以看出，为了实现自动工作循环，该液压系统应用了下列基本回路：

① 调速回路　采用了由限压式变量泵和调速阀的调速回路，调速阀放在进油路上，回油经过背压阀。

② 快速运动回路　应用限压式变量泵在低压时输出的流量大的特点，并采用差动连接来实现快速前进。

③ 换向回路　应用电液动换向阀实现换向，工作平稳、可靠，并由压力继电器与时间继电器发出的电信号控制换向信号。

④ 快速运动与工作进给的换接回路　采用行程换向阀实现速度的换接，换接的性能较好。同时利用换向后，系统中的压力升高使液控顺序阀接通，系统由快速运动的差动连接转换为使回油排回油箱。

⑤ 两种工作进给的换接回路　采用了两个调速阀串联的回路结构。

三、SZ-250A型塑料注射成型机液压系统分析

1. 系统工作循环分析

SZ-250A型注塑机属中小型注射机，每次最大注射容量为250 mL。该机要求液压系统完成的主要动作有：合模和开模、注射座整体前移和后退、注射、保压及顶出等。根据塑料注射成型工艺，注射机的工作循环见图4.4。图4.5为SZ-250A型注塑机液压系统原理图。表4.3是SZ-250A型注塑机动作循环及电磁铁动作顺序表。

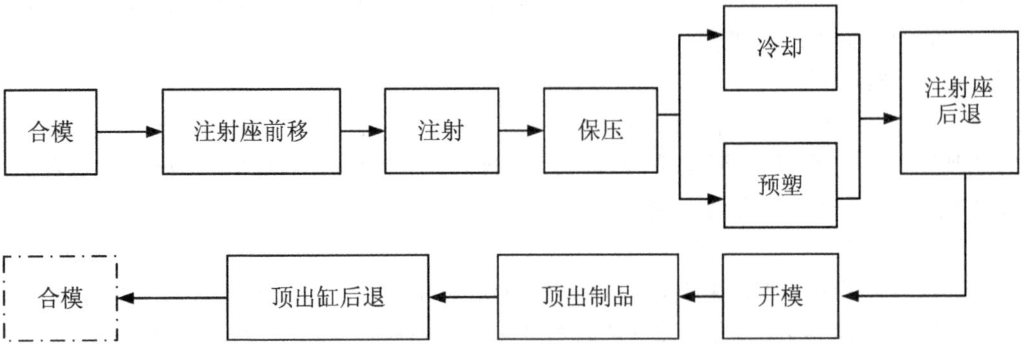

图 4.4　注塑机的工作循环

表 4.3　SZ-250A 型注塑机动作循环及电磁铁动作顺序表

运输循环＼电磁铁		1YA	2YA	3YA	4YA	5YA	6YA	7YA	8YA	9YA	10YA	11YA	12YA	13YA	14YA
合模	慢速		+	+											
	快速	+	+	+											
	慢速		+	+											
	低压		+	+										+	
	高压		+	+											
注射座前移			+						+						
注射	慢速		+				+		+			+			
	快速	+	+				+		+	+		+			
保压			+						+			+			+
预塑		+	+						+				+		
防流涎			+						+		+				
注射座后退			+					+							
开模	慢速		+		+										
	快速	+	+		+										
	慢速		+		+										
顶出	前进		+			+									
	后退		+												
（螺杆前进）			+									+			
（螺杆后退）			+								+				

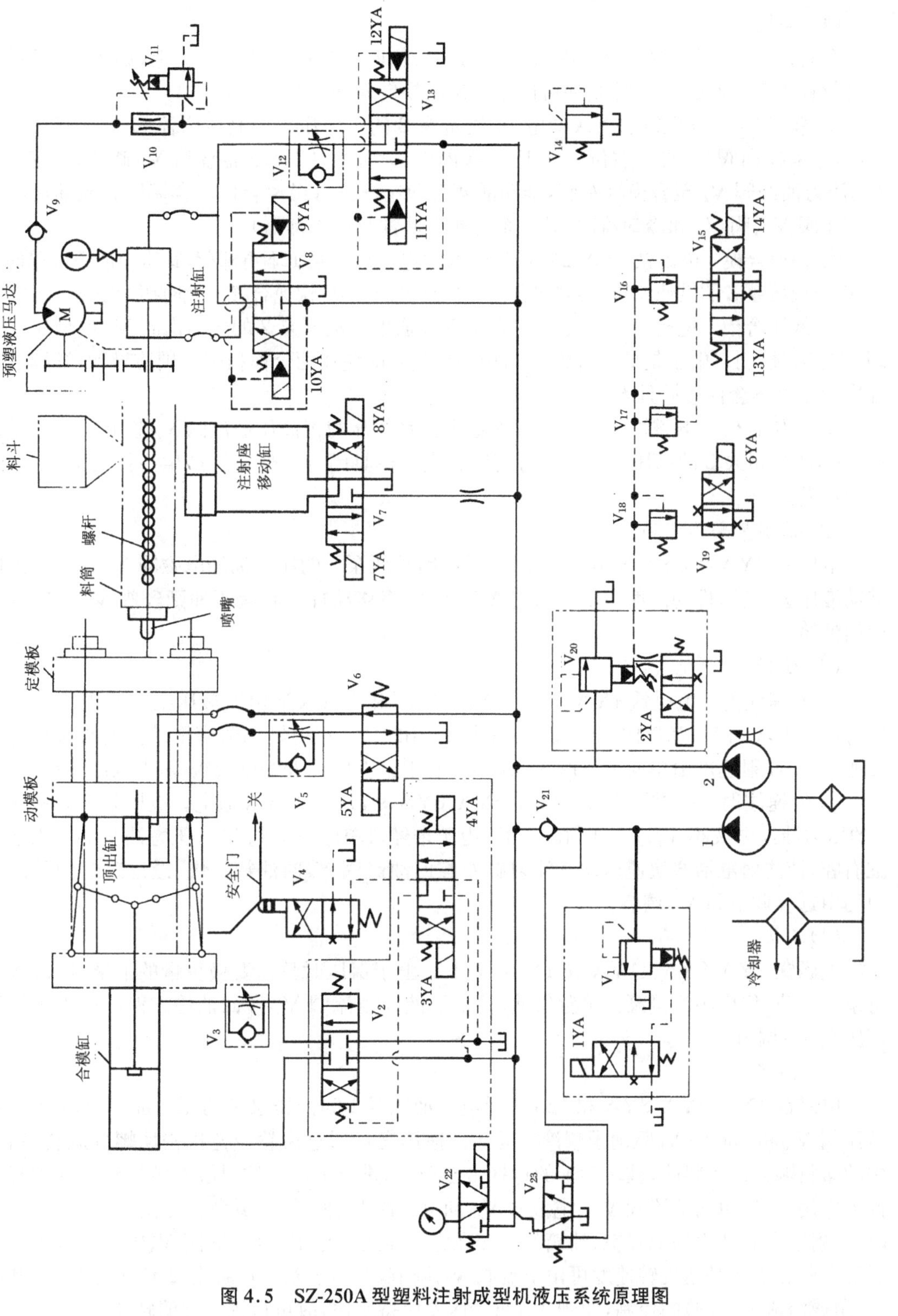

图 4.5　SZ-250A 型塑料注射成型机液压系统原理图

现将液压系统原理说明如下。

(1) 合模

合模过程按“慢—快—慢”3 种速度进行。合模时首先应将安全门关上，如图 4.5 所示，此时行程阀 V_4 恢复常位，控制油可以进入液动换向阀 V_2 阀芯右腔。

① 慢速合模　电磁铁 2YA 通电，小流量泵 2 的工作压力由高压溢流阀 V_{20} 调整；3YA 通电，电液换向阀 V_2 处于右位。由于 1YA 断电，大流量泵 1 通过溢流阀 V_1 卸荷，小流量泵 2 的压力油经阀 V_2 至合模缸左腔，推动活塞带动连杆进行慢速合模。合模缸右腔油液经单向节流阀 V_3、阀 V_2 和冷却器回油箱(系统所有回油都接冷却器)。

② 快速合模　电磁铁 1YA、2YA 和 3YA 通电。液压泵 1 不再卸荷，其压力油通过单向阀 V_{21} 而与液压泵 2 的供油汇合，共同向合模液压缸供油，实现快速合模。此时压力由 V_1 调整。

③ 低压合模　电磁铁 2YA、3YA 和 13YA 通电。液压泵 2 的压力由阀 V_{20} 的低压远程调压阀 V_{16} 控制。由于是低压合模，缸的推力较小，即使在两个模板间有硬质异物，继续进行合模动作也不会损坏模具表面。

④ 高压合模　电磁铁 2YA 和 3YA 通电。系统压力由高压溢流阀 V_{20} 控制。大流量泵 1 卸荷，小流量泵 2 的高压油用来进行高压合模。模具闭合并使连杆产生弹性变形，牢固地锁紧模具。

(2) 注射座整体前移

电磁铁 2YA 和 8YA 通电。液压泵 1 卸荷，液压泵 2 的压力油经电磁阀 V_7 进入注射座移动液压缸右腔，推动注射座整体向前移动，注射座移动缸左腔液压油则经阀 V_7 和冷却器而回油箱。

(3) 注射

① 慢速注射　电磁铁 1YA、2YA、6YA、8YA 和 11YA 通电。液压泵 1 和液压泵 2 的压力油经电液阀 V_{13} 和单向节流阀 V_{12} 进入注射缸右腔，注射缸的活塞推动注射头螺杆进行慢速注射，注射速度由单向节流阀 V_{12} 调节。注射缸左腔油液经电液阀 V_8 中位回油箱。

② 快速注射　电磁铁 1YA、2YA、6YA、8YA、9YA 和 11YA 通电。液压泵 1 和液压泵 2 的压力油经电液阀 V_8 进入注射缸右腔，由于未经过单向节流阀 V_{12}，压力油全部进入注射缸右腔，使注射缸活塞快速运动。注射缸左腔回油经阀 V_8 回油箱。快、慢注射时的系统压力均由远程调节阀 V_{18} 调节。

(4) 保压

电磁铁 2YA、8YA、11YA 和 14YA 通电。由于保压时只需要极少量的油液，所以大流量泵 1 卸荷，仅由小流量泵 2 单独供油，多余油液经溢流阀 V_{20} 溢回油箱。保压压力由远程调压阀 V_{17} 调节。

(5) 预塑

电磁铁 1YA、2YA、8YA 和 12YA 通电。液压泵 1 和液压泵 2 的压力油经电液阀 V_{13}、节流阀 V_{10} 和单向阀 V_9 驱动预塑液压马达。液压马达通过齿轮减速机构使螺杆旋转，料斗中的塑料颗粒进入料筒，被转动着的螺杆带至前端，进行加热。注射缸右腔的油液在螺杆反推力作用下，经单向节流阀 V_{12}、电液阀 V_{13} 和背压阀 V_{14} 回油箱，其背压力由阀 V_{14} 控制。同时，注射缸左腔产生局部真空，油箱的油液在大气压力作用下，经电液阀 V_8 中位而被吸入注射缸左腔。液压马达旋转速度可由节流阀 V_{10} 调节，并由于差压式溢流阀 V_{11}(由阀 V_{10} 和阀 V_{11} 组成溢流节流阀)的控制，使阀 V_{10} 两端压差保持定值，故可得到稳定的转速。

(6) 防流涎

电磁铁 2YA、8YA 和 10YA 通电。液压泵 1 卸荷，液压泵 2 的压力油经阀 V_7 使注射座前移，喷嘴与模具保持接触。同时，压力油经阀 V_8 进入注射缸左腔，强制螺杆后退，以防止喷嘴端部流涎。

(7) 注射座后退

电磁铁 2YA 和 7YA 通电。液压泵 1 卸荷，液压泵 2 的压力油经阀 V_7 使注射座移动缸后退。

(8) 开模

① 慢速开模　电磁铁 2YA 和 4YA 通电。液压泵 1 卸荷，液压泵 2 的压力油经阀 V_2 和 V_3 进入合模缸右端，左腔则经阀 V_2 回油。

② 快速开模　电磁铁 1YA、2YA 和 4YA 通电。液压泵 1 和液压泵 2 的压力油同时经阀 V_2 和 V_3 进入合模缸右腔，开模速度提高。

(9) 顶出

① 顶出缸前进　电磁铁 2YA 和 5YA 通电。液压泵 1 卸荷，液压泵 2 的压力油经电磁阀 V_6 和单向节流阀 V_5，进入顶出缸左腔，推动顶出杆顶出制品，其速度可由单向节流阀 V_5 调节。顶出缸右腔则经电磁阀 V_6 回油。

② 顶出缸后退　电磁铁 2YA 通电。液压泵 2 的压力油经阀 V_6 右腔使顶出缸后退。

(10) 螺杆前进和后退

为了拆卸和清洗螺杆，有时需要螺杆后退。这时电磁铁 2YA 和 10YA 通电。液压泵 2 的压力油经阀 V_8 使注射缸携带螺杆后退。当电磁铁 10YA 断电，电磁铁 11YA 通电时，注射缸携带螺杆前进。

在注塑机液压系统中，执行元件数量较多，因此它是一种速度和压力均变化的系统。在完成自动循环时，主要依靠行程开关，而速度和压力的变化主要靠电磁阀切换不同调压阀来得到。近年来，开始采用比例阀来改变速度和压力，这样可使系统中的元件数量减少。

2. 注塑机液压系统的特点

注塑机液压系统的特点如下：

① 系统采用液压-机械组合式合模机构，合模液压缸通过具有增力和自锁作用的五连杆机构来进行合模和开模，这样可使合模缸压力相应减小，且合模平稳、可靠。最后合模是依靠合模液压缸的高压，使连杆机构产生弹性变形来保证所需的合模力，并能把模具牢固的锁紧。这样可确保熔融的塑料以 40～150 MPa 的高压注入模腔时，模具闭合严密，不会产生塑料制品的溢边现象。

② 系统采用双泵供油回路来实现执行元件的快速运动，可缩短空行程的时间以提高生产率。合模机构在合模与开模过程中可按慢速-快速-慢速的顺序变化，平稳而不损坏模具和制品。

③ 系统采用了节流调速回路和多级调压回路，可保证在塑料制品的几何形状、品种、模具浇注系统不相同的情况下，压力和速度是可调的。采用节流调速可保证注射速度的稳定。为保证注射座喷嘴与模具浇口紧密接触，注射座移动液压缸右腔在注射时一直与压力油相通，使注射座移动缸活塞具有足够的推力。

④ 注射动作完成后，注射缸仍通高压油保压，可使塑料充满容腔而获得精确形状，同时在塑料制品冷却收缩过程中，熔融塑料可不断补充，防止浇料不足而出现残次品。

⑤ 注塑机安全门未关闭时，行程阀切断了电液换向阀的控制油路，合模缸不通压力油，合模缸不能合模，保证了操作安全。

该液压传动系统所用元件较多，能量利用不够合理，系统发热较大。近年来，多采用比例阀和变量泵来改进注塑机液压系统。如采用比例压力阀和比例流量阀，则系统的元件数量可大为减少；如以变量泵来代替定量泵和流量阀，则可提高系统效率，减少发热。采用微机控制其循环，可优化其注塑工艺。

思 考 题

1. YT4543 型动力滑台液压系统是采用(　　)和(　　)组成的(　　)调速回路；采用(　　)实现换向；采用(　　)实现快速运动；采用(　　)实现快进转工进的速度换接；采用两调速阀(　　)实现两种工进速度换接。

2. YT4543 型动力滑台液压系统图中包含哪些基本回路？

3. 如图 4.6 所示，某一液压系统可以完成“快进→一工进→二工进→快退→原位停止”的工作循环，分析油路并填写电磁铁动作顺序表 4.4。

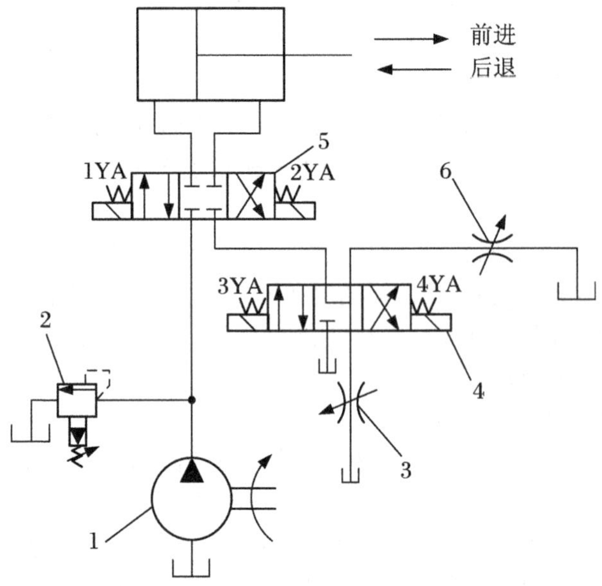

图 4.6　思考题 3 图

表 4.4　思考题 3 表

	1YA	2YA	3YA	4YA
快进				
一工进				
二工进				
快退				
原位停止				

4. 分析图 4.7 所示的液压系统，并完成下列作业。

(1) 填写液压系统电磁铁动作顺序表 4.5。

(2) 写出系统图中包括的基本回路。

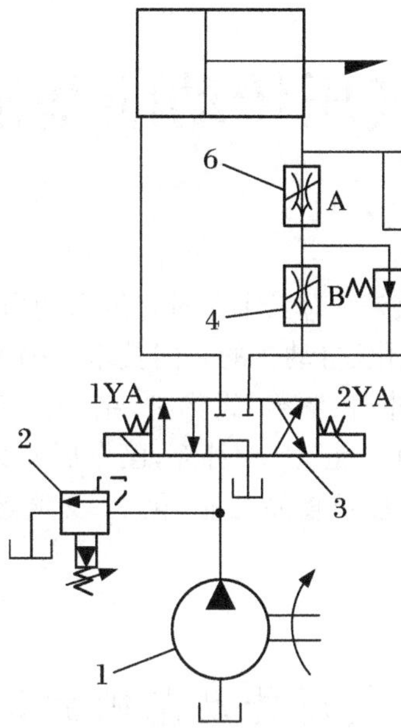

图 4.7　思考题 4 图

表 4.5　思考题 4 表

	1YA	2YA	3YA	行程阀
快进				−
一工进				+
二工进				+
快退				+/−
原位停止				−

项目五　气压传动的基础知识

气压传动简称气动，是指以压缩空气为工作介质来传递动力和控制信号，控制和驱动各种机械和设备，以实现生产过程机械化、自动化的一门技术。因为以压缩空气为工作介质具有防火、防爆、防电磁干扰，抗振动、冲击、辐射，无污染，结构简单，工作可靠等特点，所以气动技术与液压、机械、电气和电子技术一起，互相补充，已发展成为实现生产过程自动化的一个重要手段，在机械工业、冶金工业、轻纺食品工业、化工、交通运输、航空航天、国防建设等领域已得到广泛的应用。

任务一　气压传动基础的认知

任务导入

① 了解气压传动的原理及特点。

② 了解气压传动的优缺点。

相关知识

一、气压传动的组成及工作原理

气压传动，是以压缩空气为工作介质进行能量传递和信号传递的一门技术。气压传动的工作原理是利用空压机把电动机或其他原动机输出的机械能转换为空气的压力能，然后在控制元件的作用下，通过执行元件把压力能转换为直线运动或回转运动形式的机械能，从而完成各种动作，并对外做功。由此可知，气压传动系统和液压传动系统类似，也是由以下4个部分组成的：

① 气源装置　是获得压缩空气的装置。其主体部分是空气压缩机，它将原动机供给的机械能转变为气体的压力能。

② 控制元件　用来控制压缩空气的压力、流量和流动方向，以便使执行机构完成预定的工作循环，包括各种压力控制阀、流量控制阀和方向控制阀等。

③ 执行元件　是将气体的压力能转换成机械能的一种能量转换装置，包括实现直线往复运动的气缸和实现连续回转运动或摆动的气马达或摆动马达等。

④ 辅助元件　是保证压缩空气的净化、元件的润滑、元件间的连接及消声等所必需的，包括过滤器、油雾器、管接头及消声器等。

二、气压传动的优缺点

气动技术在国外发展很快，在国内也被广泛应用于机械、电子、轻工、纺织、食品、医药、包装、冶金、石化、航空、交通运输等各个工业部门。气动机械手、组合机床、加工中心、生产自动线、自动检测和实验装置等已大量涌现，它们在提高生产效率、自动化程度、产品质量、工作可靠性和实现特殊工艺等方面显示出极大的优越性。这主要是因为气压传动与机械、电气、液压传动相比有以下特点。

1. 气压传动的优点

① 工作介质是空气，与液压油相比可节约能源，而且取之不尽、用之不竭。气体不易堵塞流动通道，用后可将其随时排入大气中，不污染环境。

② 空气的特性受温度影响小。在高温下能可靠地工作，不会发生燃烧或爆炸。且温度变化时，对空气的黏度影响极小，故不会影响传动性能。

③ 空气的黏度很小(约为液压油的万分之一)，所以流动阻力小，在管道中流动的压力损失较小，便于集中供应和远距离输送。

④ 相对液压传动而言，气动动作迅速、反应快，一般只需 0.02～0.3 s 就可达到工作压力和速度。液压油在管路中流动速度一般为 1～5 m/s，而气体的流速最小也大于 10 m/s，有时甚至达到声速，排气时还达到超声速。

⑤ 气体压力具有较强的自保持能力，即使压缩机停机，关闭气阀，但装置中仍然可以维持一个稳定的压力。液压系统要保持压力，一般需要能源泵继续工作或另加蓄能器，而气体通过自身的膨胀性来维持承载缸的压力不变。

⑥ 气动元件可靠性高、寿命长。电气元件可运行百万次，而气动元件可运行 2 000～4 000 万次。

⑦ 工作环境适应性好，特别是在易燃、易爆、多尘埃、强磁、辐射、振动等恶劣环境中，比液压、电子、电气传动和控制优越。

⑧ 气动装置结构简单，成本低，维护方便，过载能自动保护。

2. 气压传动的缺点

① 由于空气的可压缩性较大，气动装置的动作稳定性较差，外载变化时，对工作速度的影响较大。

② 由于工作压力低，气动装置的输出力或力矩受到限制。在结构尺寸相同的情况下，气压传动装置比液压传动装置输出的力要小得多。气压传动装置的输出力不宜大于 10～40 kN。

③ 气动装置中的信号传动速度比光、电控制速度慢，所以不宜用于信号传递速度要求十分高的复杂线路中。同时实现生产过程的遥控也比较困难，但对一般的机械设备，气动信号的传递速度是能满足工作要求的。

④ 噪音较大，尤其是在超声速排气时要加消声器。

任务实施

气压传动的性能可以用表 5.1 来进行说明。

表 5.1 气压传动与其他传动的性能比较

类型		操作力	动作快慢	环境要求	构造	负载变化影响	操作距离	无级调速	工作寿命	维护	价格
气压传动		中等	较快	适应性好	简单	较大	中距离	较好	长	一般	便宜
液压传动		最大	较慢	不怕振动	复杂	有一些	短距离	良好	一般	要求高	稍贵
电传动	电气	中等	快	要求高	稍复杂	几乎没有	远距离	良好	较短	要求较高	稍贵
	电子	最小	最快	要求特高	最复杂	没有	远距离	良好	短	要求更高	最贵
机械传动		较大	一般	一般	一般	没有	短距离	较困难	一般	简单	一般

任务二 气源装置和辅件的认知

任务导入

① 了解气源装置及辅件的原理和特点。

② 掌握气动元件的工作原理及图形符号。

相关知识

气压传动系统中的气源装置是为气动系统提供满足一定质量要求的压缩空气，它是气压传动系统的重要组成部分。由空气压缩机产生的压缩空气，必须经过降温、净化、减压、稳压等一系列处理后，才能供给控制元件和执行元件使用。而用过的压缩空气排向大气时，会产生噪音，应采取措施，降低噪音，改善劳动条件和环境质量。

一、气源装置

1. 对压缩空气的要求

(1) 要求压缩空气具有一定的压力和足够的流量

因为压缩空气是气动装置的动力源，没有一定的压力不但不能保证执行机构产生足够的推力，甚至连控制机构都难以正确地动作；没有足够的流量，就不能满足对执行机构运动速度和程序的要求等。总之，压缩空气没有一定的压力和流量，气动装置的一切功能均无法实现。

(2) 要求压缩空气有一定的清洁度和干燥度

清洁度是指气源中含油量、含灰尘杂质的质量及颗粒大小都要控制在很低范围内。干燥度是指压缩空气中含水量的多少，气动装置要求压缩空气的含水量越低越好。由空气压缩机排出的压缩空气，虽然能满足一定的压力和流量的要求，但不能为气动装置所使用。因为一般气动设备所使用的空气压缩机都是属于工作压力较低（小于 1 MPa），用油润滑的活塞式空气压缩机。它从大气中吸入含有水分和灰尘的空气，经压缩后，空气温度均提高到

140～180 ℃，这时空气压缩机气缸中的润滑油也部分成为气态，这样油分、水分以及灰尘便形成混合的胶体微尘与杂质混在压缩空气中一同排出。如果将此压缩空气直接输送给气动装置使用，将会产生下列影响：

① 混在压缩空气中的油蒸气可能聚集在贮气罐、管道、气动系统的容器中形成易燃物，有引起爆炸的危险；另一方面，润滑油被汽化后，会形成一种有机酸，对金属设备、气动装置有腐蚀作用，影响设备的寿命。

② 混在压缩空气中的杂质能沉积在管道和气动元件的通道内，减少了通道面积，增加了管道阻力。特别是对内径只有 0.2～0.5 mm 的某些气动元件会造成阻塞，使压力信号不能正确传递，整个气动系统不能稳定工作甚至失灵。

③ 压缩空气中含有的饱和水分，在一定的条件下会凝结成水，并聚集在个别管道中。在寒冷的冬季，凝结的水会使管道及附件因结冰而损坏，影响气动装置的正常工作。

④ 压缩空气中的灰尘等杂质，对气动系统中作往复运动或转动的气动元件（如气缸、气马达、气动换向阀等）的运动会产生研磨作用，使这些元件因漏气而降低效率，影响它的使用寿命。

因此，气源装置必须设置一些除油、除水、除尘，并使压缩空气干燥，提高压缩空气质量，进行气源净化处理的辅助设备。

2. 压缩空气站的设备组成及布置

压缩空气站的设备一般包括产生压缩空气的空气压缩机和使气源净化的辅助设备。图 5.1 是压缩空气站设备组成及布置示意图。

在图 5.1 中，1 为空气压缩机，用以产生压缩空气，一般由电动机带动。其吸气口装有空气过滤器以减少进入空气压缩机的杂质量；2 为后冷却器，用以降温冷却压缩空气，使净化的水凝结出来；3 为油水分离器，用以分离并排出降温冷却的水滴、油滴、杂质等；4 为贮气罐，用以贮存压缩空气，稳定压缩空气的压力并除去部分油分和水分；5 为干燥器，用以进一步吸收或排除压缩空气中的水分和油分，使之成为干燥空气；6 为过滤器，用以进一步过滤压缩空气中的灰尘、杂质颗粒；7 为贮气罐，贮气罐 4 输出的压缩空气可用于一般要求的气压传动系统，贮气罐 7 输出的压缩空气可用于要求较高的气动系统（如气动仪表及射流元件组成的控制回路等）。气动三大件的组成及布置由用气设备确定，图中未画出。

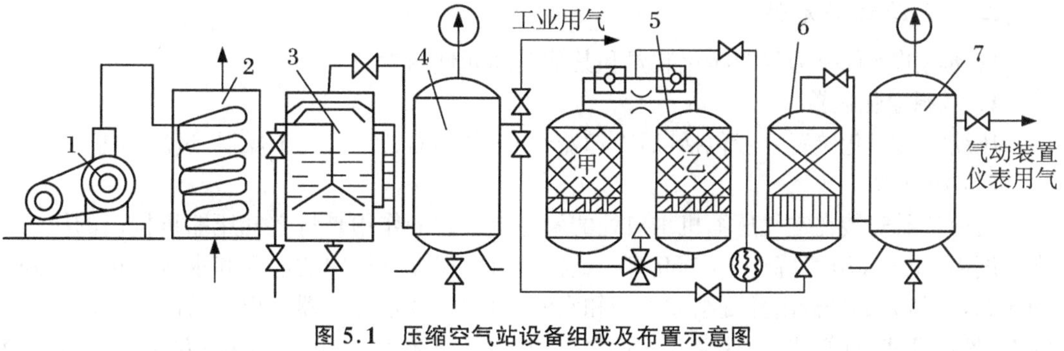

图 5.1　压缩空气站设备组成及布置示意图

1. 空气压缩机；2. 后冷却器；3. 油水分离器；4、7. 贮气罐；5. 干燥器；6. 过滤器

(1) 空气压缩机的分类及选用原则

空气压缩机是一种气压发生装置，它是将机械能转化成气体压力能的能量转换装置，其种类很多，分类形式也有数种。如按其工作原理可分为容积型压缩机和速度型压缩机。容

积型压缩机的工作原理是压缩气体的体积，使单位体积内气体分子的密度增大以提高压缩空气的压力；速度型压缩机的工作原理是提高气体分子的运动速度，然后使气体的动能转化为压力能以提高压缩空气的压力。

选用空气压缩机的依据是气压传动系统所需要的工作压力和流量两个参数。一般空气压缩机为中压空气压缩机，额定排气压力为 1 MPa。另外还有低压空气压缩机，排气压力为 0.2 MPa；高压空气压缩机，排气压力为 10 MPa；超高压空气压缩机，排气压力为 100 MPa。

输出流量的选择，要根据整个气动系统对压缩空气的需要再加一定的备用余量，作为选择空气压缩机的流量依据。空气压缩机铭牌上的流量是自由空气流量。

(2) 空气压缩机的工作原理

气压传动系统中最常用的空气压缩机是往复活塞式的，其工作原理如图 5.2 所示。当活塞 3 向右运动时，气缸 2 内活塞左腔的压力低于大气压力，吸气阀 9 被打开，空气在大气压力作用下进入气缸 2 内，这个过程称为“吸气过程”。当活塞向左移动时，吸气阀 9 在缸内压缩气体的作用下而关闭，缸内气体被压缩，这个过程称为压缩过程。当气缸内空气压力增高到略高于输气管内压力后，排气阀 1 被打开，压缩空气进入输气管道，这个过程称为“排气过程”。活塞 3 的往复运动是由电动机带动曲柄转动，通过连杆、滑块、活塞杆转化为直线往复运动而产生的。图中只表示了一个活塞、一个缸的空气压缩机，大多数空气压缩机是多缸多活塞的组合。

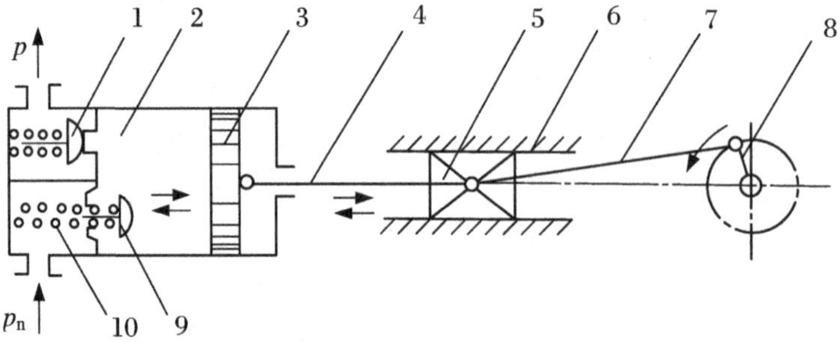

图 5.2 往复活塞式空气压缩机工作原理图

1. 排气阀；2. 气缸；3. 活塞；4. 活塞杆；5、6. 十字头与滑道；7. 连杆；8. 曲柄；9. 吸气阀；10. 弹簧

二、气动辅助元件

气动辅助元件分为气源净化装置和其他辅助元件两大类。

1. 气源净化装置

压缩空气净化装置一般包括：后冷却器、油水分离器、贮气罐、干燥器、过滤器等。

(1) 冷却器

后冷却器安装在空气压缩机出口处的管道上。它的作用是将空气压缩机排出的压缩空气温度由 140～170 ℃降至 40～50 ℃。这样就可使压缩空气中的油雾和水蒸气迅速达到饱和状态，使其大部分析出并凝结成油滴和水滴，以便经油水分离器排出。后冷却器的结构形式有：蛇形管式、列管式、散热片式、管套式。冷却方式有水冷和气冷两种方式，蛇形管和列管式后冷却器的结构见图 5.3。

(2) 油水分离器

油水分离器安装在后冷却器出口管道上，它的作用是分离并排出压缩空气中凝聚的油分、水分和灰尘杂质等，使压缩空气得到初步净化。油水分离器的结构形式有环形回转式、

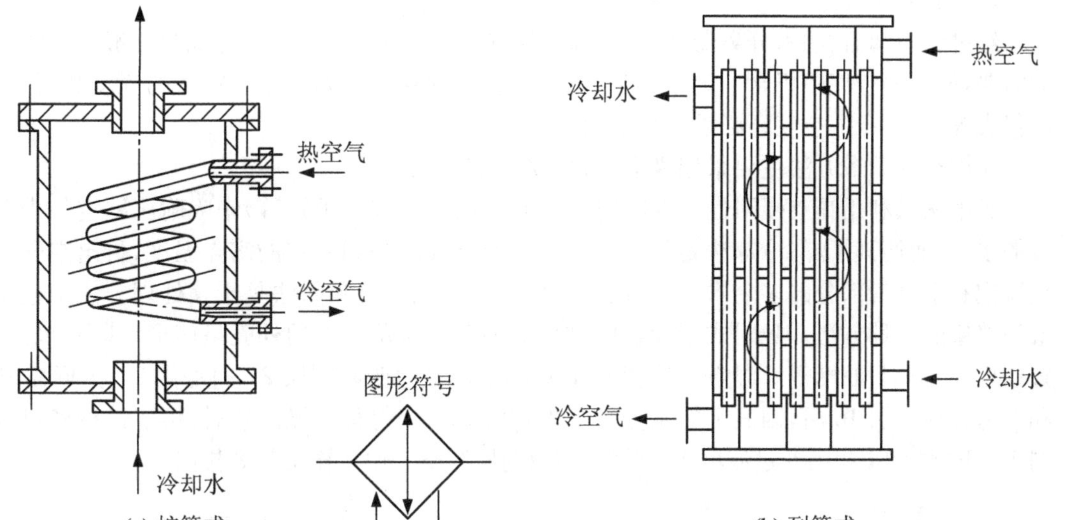

(a) 蛇管式　　(b) 列管式

图 5.3　后冷却器

撞击折回式、离心旋转式、水浴式以及以上形式的组合使用等。如图 5.4 所示的是撞击折回并回转式油水分离器的结构形式。它的工作原理是：当压缩空气由入口进入分离器壳体后，气流先受到隔板阻挡而被撞击折回向下（见图中箭头所示流向）；之后又上升产生环形回转，这样凝聚在压缩空气中的油滴、水滴等杂质受惯性力作用而分离析出，沉降于壳体底部，由放水阀定期排出。

为提高油水分离效果，应控制气流在回转后上升的速度不超过 0.3～0.5 m/s。

（3）贮气罐

贮气罐的主要作用如下：

① 储存一定数量的压缩空气，以备发生故障或临时需要应急使用。

② 消除由于空气压缩机断续排气而对系统引起的压力脉动，保证输出气流的连续性和平稳性。

③ 进一步分离压缩空气中的油、水等杂质。

贮气罐一般采用焊接结构，以立式居多，其结构如图 5.5 所示。

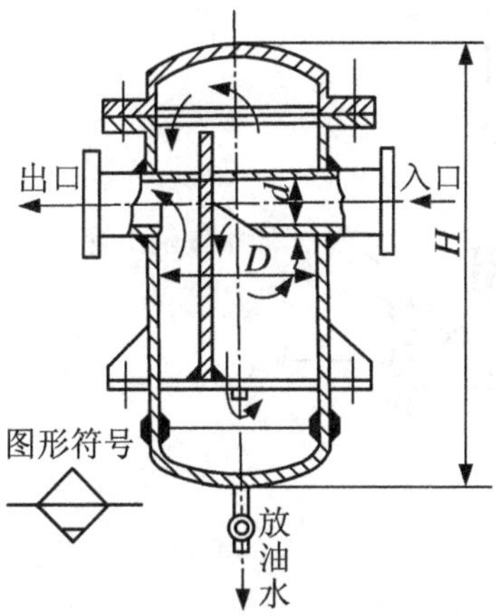

图 5.4　撞击折回并回转式油水分离器

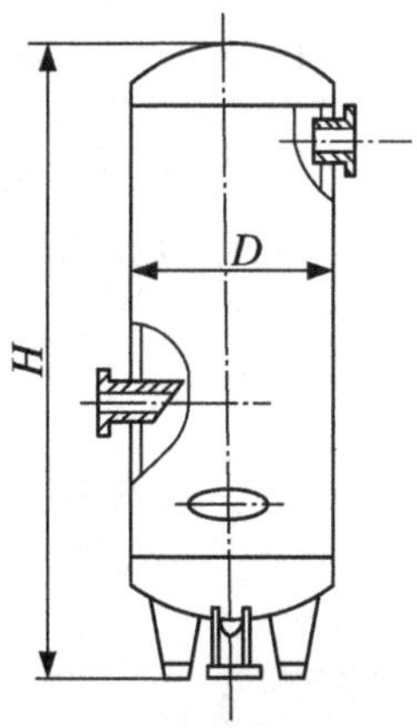

图 5.5　贮气罐结构图

（4）干燥器

经过后冷却器、油水分离器和贮气罐后得到初步净化的压缩空气，已满足一般气压传动的需要，但压缩空气中仍含一定量的油、水以及少量的粉尘。如果用于精密的气动装置、气动仪表等，上述压缩空气还必须进行干燥处理。

压缩空气干燥方法主要采用吸附法和冷却法两种方法。

吸附法是利用具有吸附性能的吸附剂（如硅胶、铝胶或分子筛等）来吸附压缩空气中含有的水分，而使其干燥；冷却法是利用制冷设备使空气冷却到一定的露点温度，析出空气中超过饱和水蒸气部分的多余水分，从而达到所需的干燥度。吸附法是干燥处理方法中应用最为普遍的一种方法。吸附式干燥器的结构如图 5.6 所示。它的外壳呈筒形，其中分层设置栅板、吸附剂、滤网等。湿空气从管 1 进入干燥器，通过吸附剂层 21、过滤网 20、上栅板 19 和下部吸附剂层 16 后，因其中的水分被吸附剂吸收而变得很干燥。然后，再经过钢丝过滤网 15、下栅板 14 和钢丝过滤网 12，干燥、洁净的压缩空气便从输出管 8 排出。

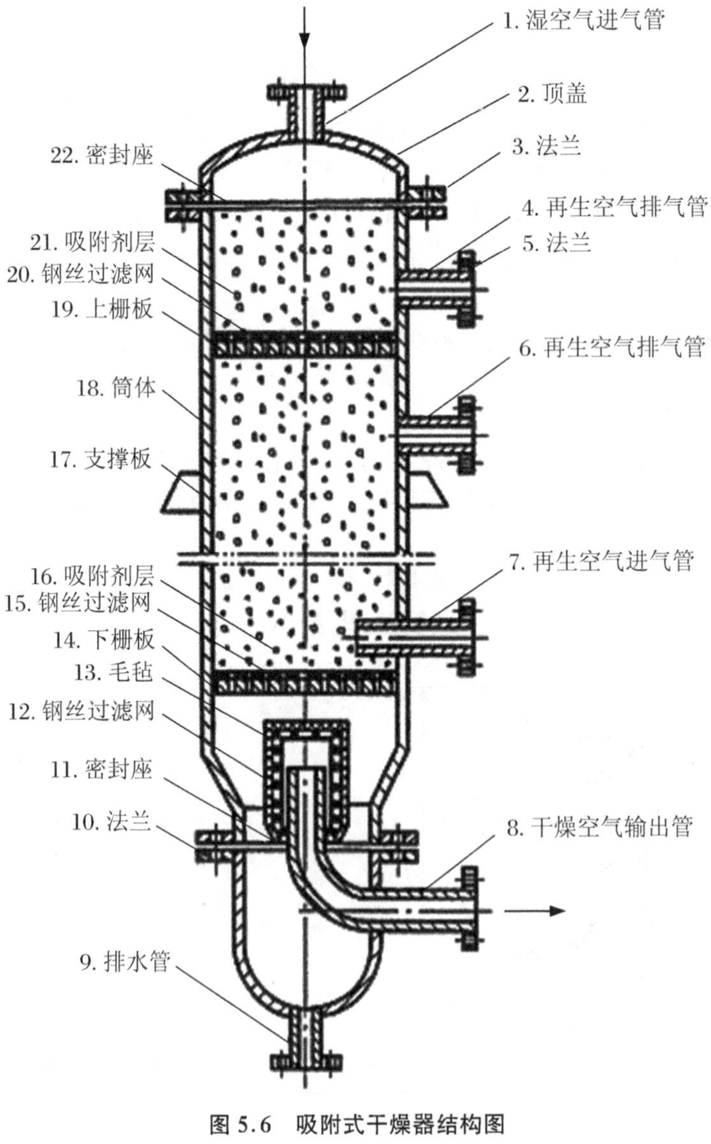

图 5.6　吸附式干燥器结构图

(5) 过滤器

空气的过滤是气压传动系统中的重要环节。不同的场合,对压缩空气的要求也不同。过滤器的作用是进一步滤除压缩空气中的杂质。常用的过滤器有一次性过滤器(也称简易过滤器,滤灰效率为50%~70%)、二次过滤器(滤灰效率为70%~99%)。在要求高的特殊场合,还可使用高效率的过滤器(滤灰效率大于99%)。

◎ 一次过滤器

如图5.7所示为一种一次过滤器,气流由切线方向进入筒内,在离心力的作用下分离出液滴,然后气体由下而上通过多片钢板/毛毡、硅胶、焦炭、滤网等过滤吸附材料,干燥清洁的空气从筒顶输出。

◎ 分水滤气器

分水滤气器滤灰能力较强,属于二次过滤器。它和减压阀、油雾器一起被称为气动三联件,是气动系统不可缺少的辅助元件。普通分水滤气器的结构如图5.8所示。其工作原理如下:压缩空气从输入口进入后,被引入旋风叶子1,旋风叶子上有很多小缺口,使空气沿切线反向产生强烈的旋转,这样夹杂在气体中的较大水滴、油滴、灰尘(主要是水滴)便获得较大的离心力,并高速与存水杯3内壁碰撞,而从气体中分离出来,沉淀于存水杯3中,然后气体通过中间的滤芯2,部分灰尘、雾状水被滤芯2拦截而滤去,洁净的空气便从输出口输出。挡水板4防止气体漩涡将杯中积存的污水卷起而破坏过滤作用。为保证分水滤气器正常工作,必须及时将存水杯中的污水通过排水阀5放掉。在某些人工排水不方便的场合,可采用自动排水式分水滤气器。

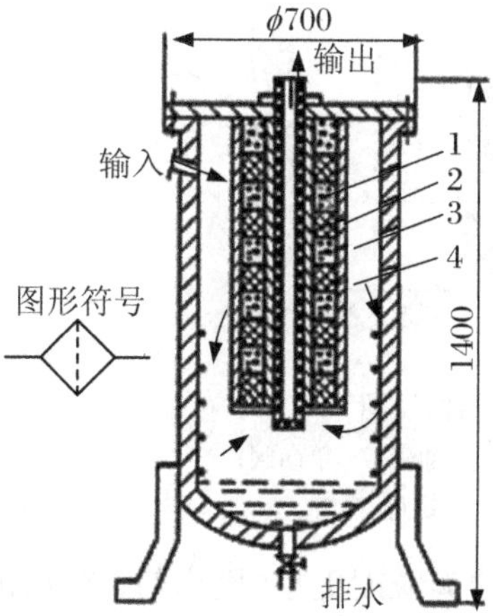

图5.7　一次过滤器结构图

1. ∅10密孔网;2. 280目细钢丝网;
3. 焦炭;4. 硅胶

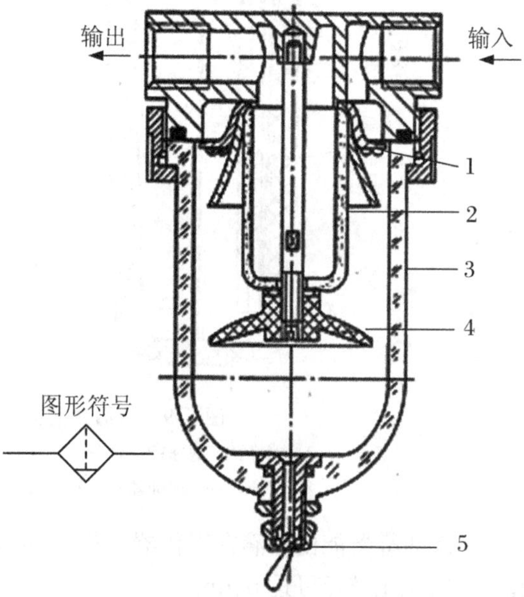

图5.8　普通分水滤气器结构图

1. 旋风叶子;2. 滤芯;3. 存水杯;
4. 挡水板;5. 手动排水阀

存水杯由透明材料制成,便于观察工作情况、污水情况和滤芯污染情况。目前采用的滤芯由铜粒烧结而成。发现油泥过多,可用酒精清洗,干燥后再装上,可继续使用。但是这种过滤器只能滤除固体和液体杂质,因此,使用时应尽可能装在能使空气中的水分变成液态的部位或防止液体进入的部位，如气动设备的气源入口处。

2. 其他辅助元件

(1) 油雾器

油雾器是一种特殊的注油装置。它以空气为动力，使润滑油雾化后，注入空气流中，并随空气进入需要润滑的部件，达到润滑的目的。

如图5.9所示的是普通油雾器(也称一次油雾器)的结构简图。当压缩空气由输入口进入后，通过喷嘴1下端的小孔进入阀座4的腔室内，在截止阀的钢球2上下表面形成压差，由于泄漏和弹簧3的作用，而使钢球处于中间位置，压缩空气进入存油杯5的上腔使油面受压，压力油经吸油管6将单向阀7的钢球顶起，钢球上部管道有一个方形小孔，钢球不能将上部管道封死，压力油不断流入视油器9内，再滴入喷嘴1中，被主管气流从上面小孔引射出来，雾化后从输出口输出。节流阀8可以调节流量，使滴油量在每分钟0～120滴内变化。

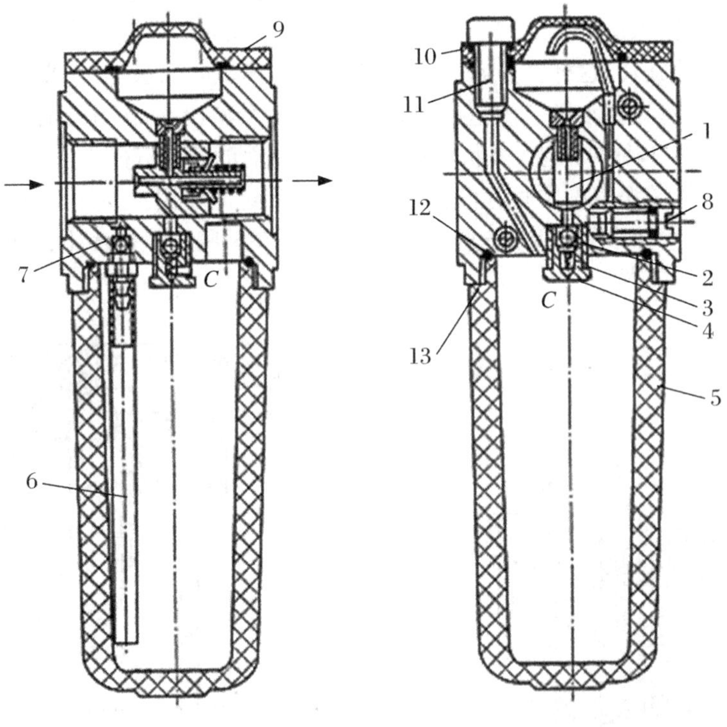

图5.9 普通油雾器(一次油雾器)结构简图

1. 喷嘴；2. 钢球；3. 弹簧；4. 阀座；5. 存油杯；6. 吸油管；7. 单向阀；8. 节流阀；9. 视油器；10、12. 密封垫；11. 油塞；13. 螺母、螺钉

二次油雾器能使油滴在雾化器内进行两次雾化，使油雾粒度更小、更均匀，输送距离更远。二次雾化粒径可达5 μm。

油雾器的选择主要是根据气压传动系统所需额定流量及油雾粒径大小来进行的。所需油雾粒径在50 μm左右选用一次油雾器。若需油雾粒径很小可选用二次油雾器。油雾器一般应配置在滤气器和减压阀之后，用气设备之前较近处。

(2) 消声器

在气压传动系统之中，气缸、气阀等元件工作时，排气速度较高，气体体积急剧膨胀，会产生刺耳的噪音。噪音的强弱随排气的速度、排量和空气通道的形状而变化。排气的速度和功率越大，噪音也越大，一般可达 100～120 dB，为了降低噪音可以在排气口装消声器。

消声器就是通过阻尼或增加排气面积来降低排气速度和功率，从而降低噪音的。

气动元件使用的消声器一般有 3 种类型：吸收型消声器、膨胀干涉型消声器和膨胀干涉吸收型消声器。常用的是吸收型消声器。图 5.10 是吸收型消声器的结构简图。这种消声器主要依靠吸音材料消声。消声罩 2 为多孔的吸音材料，一般用聚苯乙烯或铜珠烧结而成。当消声器的通径小于 20 mm 时，多用聚苯乙烯作消音材料制成消声罩，当消声器的通径大于 20 mm 时，消声罩多用铜珠烧结，以增加强度。其消声原理是：当有压气体通过消声罩时，气流受到阻力，声能量被部分吸收而转化为热能，从而降低了噪音强度。

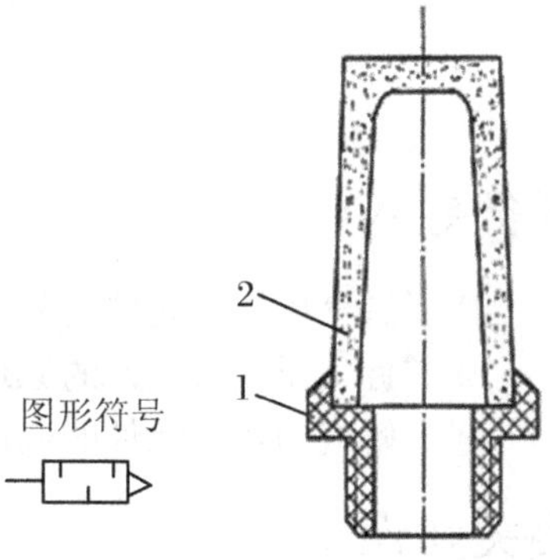

图 5.10　吸收型消声器结构简图

1. 连接螺丝；2. 消声罩

吸收型消声器结构简单，具有良好的消除中、高频噪音的性能，消声效果大于 20 dB。在气压传动系统中，排气噪音主要是中、高频噪音，尤其是高频噪音，所以采用这种消声器是合适的。在主要是中、低频噪音的场合，应使用膨胀干涉型消声器。

(3) 管道连接件

管道连接件包括管子和各种管接头。有了管子和各种管接头，才能把气动控制元件、气动执行元件以及辅助元件等连接成一个完整的气动控制系统，因此，在实际应用中，管道连接件是不可缺少的。

管子可分为硬管和软管两种。如总气管和支气管等一些固定不动的、不需要经常装拆的地方，使用硬管。连接运动部件和临时使用、希望装拆方便的管路应使用软管。硬管有铁管、铜管、黄铜管、紫铜管和硬塑料管等；软管有塑料管、尼龙管、橡胶管、金属编织塑料管以及挠性金属导管等等。常用的是紫铜管和尼龙管。

气动系统中使用的管接头的结构及工作原理与液压管接头基本相似，分为卡套式、扩口螺纹式、卡箍式、插入快换式等。

任务实施

由以上知识可以说明：

① 气动系统对压缩空气的主要要求：具有一定压力和流量，并具有一定的净化程度。

② 气源装置由以下 4 部分组成：

(a) 气压发生装置——空气压缩机；

(b) 净化、贮存压缩空气的装置和设备：一般包括后冷却器、油水分离器、贮气罐、干燥器；

(c) 管道系统；

(d) 气动三联件：分水过滤器、减压阀(后面介绍)、油雾器。

任务三　气压执行元件的认知

任务导入

① 了解气压执行元件的分类和特点。

② 掌握气压执行元件的原理和图形符号。

③ 了解气动执行元件的选用。

相关知识

气动执行元件是将压缩空气的压力能转换为机械能的装置，包括气缸和气马达。气缸用于直线往复运动或摆动，气马达用于实现连续回转运动。

一、气缸

1. 气缸的分类

① 按压缩空气对活塞端面作用力的方向分为单作用气缸和双作用气缸。

② 按照结构分为活塞式、柱塞式、叶片式、薄膜式以及气液阻尼缸等。

③ 按照安装方式分为耳座式气缸、法兰式气缸、凸缘式气缸。

④ 按照功能分为普通气缸和特殊气缸。

气缸是气动系统的执行元件之一。除几种特殊气缸外，普通气缸其种类及结构形式与液压缸基本相同。

目前最常选用的是标准气缸，其结构和参数都已系列化、标准化、通用化。气缸的标准参数为行程 L 和缸径。QGA 系列为无缓冲普通气缸，其结构如图 5.11 所示；QGB 系列为有缓冲普通气缸，其结构如图 5.12 所示。

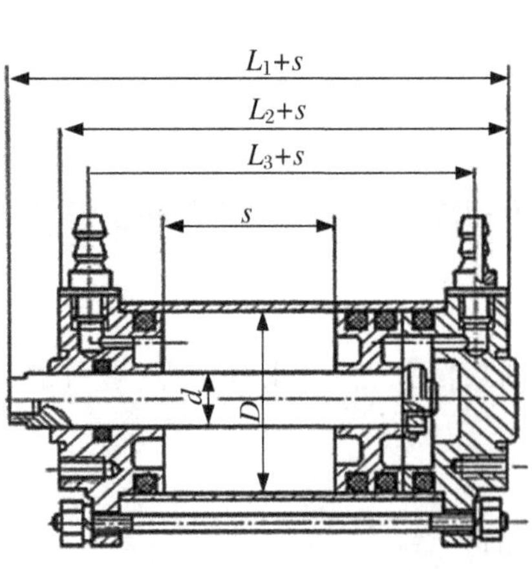

图 5.11　QGA 系列无缓冲普通气缸结构图

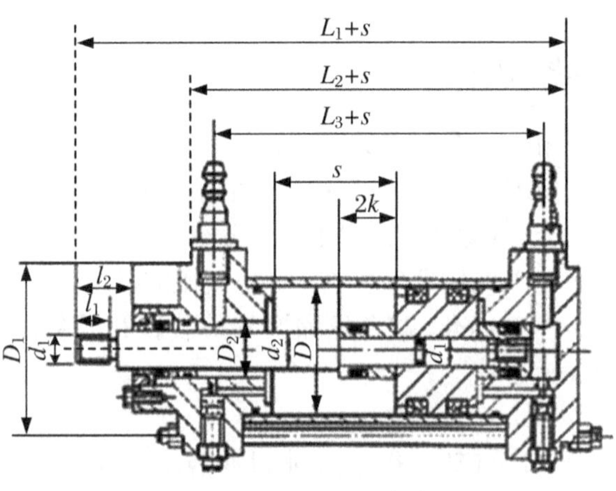

图 5.12　QGB 系列有缓冲普通气缸结构图

其他几种较为典型的特殊气缸有气液阻尼缸、薄膜式气缸和冲击式气缸等。

2. 气液阻尼缸

普通气缸工作时，由于气体的压缩性，当外部载荷变化较大时，会产生“爬行”或“自走”

现象，使气缸的工作不稳定。为了使气缸运动平稳，普遍采用气液阻尼缸。

气液阻尼缸是由气缸和油缸组合而成的，它的工作原理见图 5.13。它是以压缩空气为能源，并利用油液的不可压缩性和控制油液排量来获得活塞的平稳运动和调节活塞的运动速度的。它将油缸和气缸串联成一个整体，两个活塞固定在一根活塞杆上。当气缸右端供气时，气缸克服外负载并带动油缸同时向左运动，此时油缸左腔排油、单向阀关闭。油液只能经节流阀缓慢流入油缸右腔，对整个活塞的运动起阻尼作用。调节节流阀的阀口大小就能达到调节活塞运动速度的目的。当压缩空气经换向阀从气缸左腔进入时，油缸右腔排油，此时因单向阀开启，活塞能快速返回到原来位置。

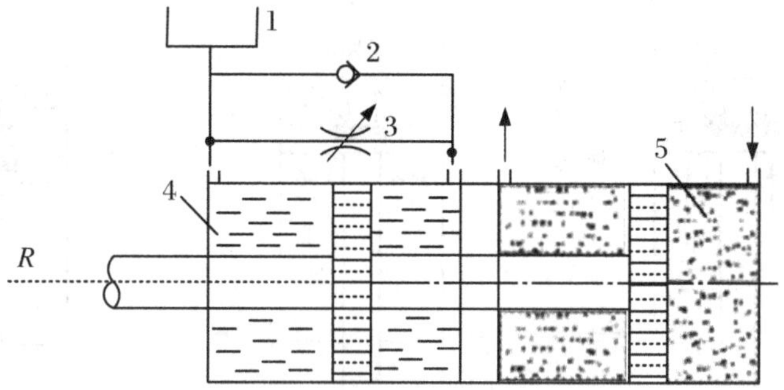

图 5.13　气液阻尼缸的工作原理图

这种气液阻尼缸的结构一般是将双活塞杆缸作为油缸。因为这样可使油缸两腔的排油量相等，此时油箱内的油液只用来补充因油缸泄漏而减少的油量，一般用油杯就行了。

3．薄膜式气缸

薄膜式气缸是一种利用压缩空气通过膜片推动活塞杆作往复直线运动的气缸。它由缸体、膜片、膜盘和活塞杆等主要零件组成。其功能类似于活塞式气缸，它分单作用式和双作用式两种，如图 5.14 所示。

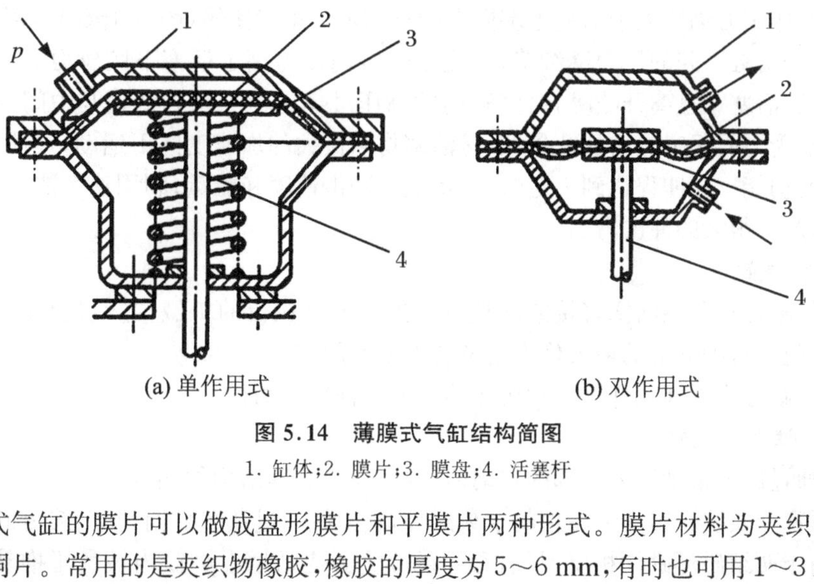

(a) 单作用式　　(b) 双作用式

图 5.14　薄膜式气缸结构简图

1. 缸体；2. 膜片；3. 膜盘；4. 活塞杆

薄膜式气缸的膜片可以做成盘形膜片和平膜片两种形式。膜片材料为夹织物橡胶、钢片或磷青铜片。常用的是夹织物橡胶，橡胶的厚度为 5～6 mm，有时也可用 1～3 mm。金属式膜片只用于行程较小的薄膜式气缸中。

薄膜式气缸和活塞式气缸相比较，具有结构简单、紧凑、制造容易、成本低、维修方便、寿命长、泄漏小、效率高等优点。但是膜片的变形量有限，故其行程短（一般不超过 40～50 mm），且气缸活塞杆上的输出力随行程的加大而减小。

4. 冲击气缸

冲击气缸是一种体积小、结构简单、易于制造、耗气功率小但能产生相当大的冲击力的一种特殊气缸。与普通气缸相比，冲击气缸的结构特点是增加了一个具有一定容积的蓄能腔和喷嘴。它的工作原理见图 5.15。

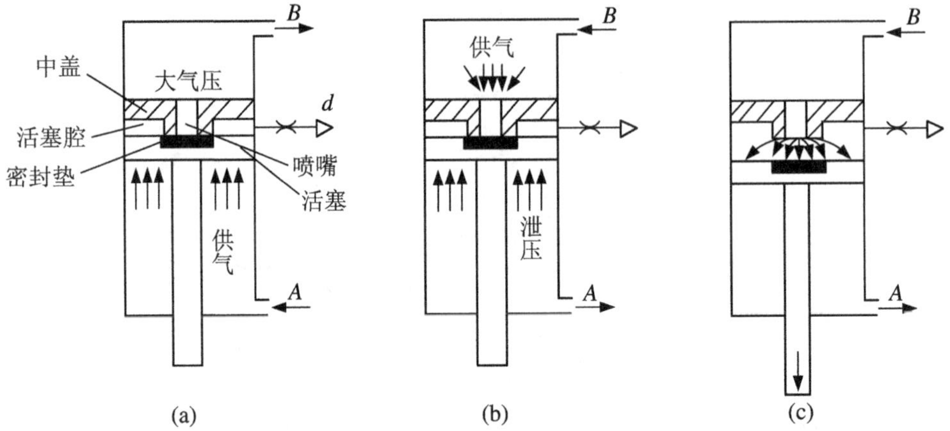

图 5.15 冲击气缸工作原理图

冲击气缸的整个工作过程可简单地分为 3 个阶段。第一个阶段（图 5.15(a)），压缩空气由孔 A 输入冲击缸的下腔，蓄气缸经孔 B 排气，活塞上升并用密封垫封住喷嘴，中盖和活塞间的环形空间经排气孔与大气相通。第二阶段（图 5.15(b)），压缩空气改由孔 B 进气，输入蓄气缸中，冲击缸下腔经孔 A 排气。由于活塞上端气压作用在面积较小的喷嘴上，而活塞下端受力面积较大，一般设计成喷嘴面积的 9 倍，缸下腔的压力虽因排气而下降，但此时活塞下端向上的作用力仍然大于活塞上端向下的作用力。第三阶段（图 5.15(c)），蓄气缸的压力继续增大，冲击缸下腔的压力继续降低，当蓄气缸内压力高于活塞下腔压力 9 倍时，活塞开始向下移动，活塞一旦离开喷嘴，蓄气缸内的高压气体迅速充入到活塞与中间盖间的空间，使活塞上端受力面积突然增加 9 倍，于是活塞将以极大的加速度向下运动，气体的压力能转换成活塞的动能。在冲程达到一定时，获得最大冲击速度和能量，利用这个能量对工件进行冲击做功，产生很大的冲击力。

5. 无杆气缸

无杆气缸是指利用活塞直接或间接方式连接外界执行的机械，并使其跟随活塞实现往复运动的气缸，这种气缸的最大优点是节省安装空间。

无杆气缸分为磁性无杆气缸和机械接触式无杆气缸两种。

（1）磁性无杆气缸

活塞通过磁力带动缸体外部的移动体作同步移动，其结构如图 5.16 所示。它的工作原理是：在活塞上安装一组高强磁性的永久磁环，磁力线通过薄壁缸筒与套在外面的另一组磁环作用，由于两组磁环磁性相反，具有很强的吸力。当活塞在缸筒内被气压推动时，则在磁力作用下，带动缸筒外的磁环套一起移动。气缸活塞的推力必须与磁环的吸力相适应。

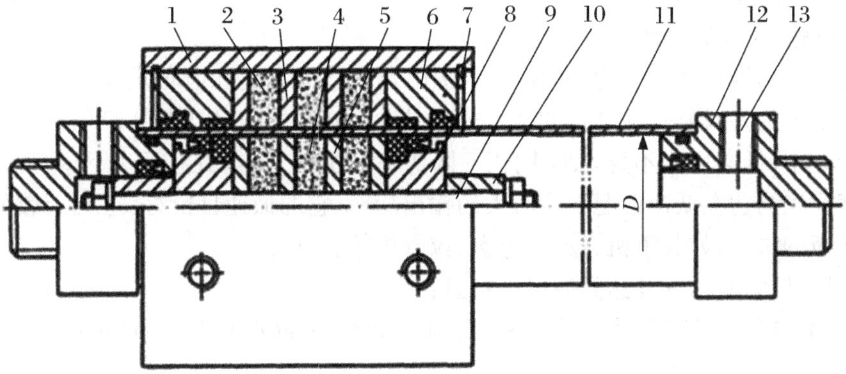

图 5.16　磁性无杆气缸

1. 套筒；2. 外磁环；3. 外磁导板；4. 内磁环；5. 内磁导板；6. 压盖；7. 卡环；8. 活塞；9. 活塞轴；10. 缓冲柱塞；11. 气缸筒；12. 端盖；13. 进、排气口

(2) 机械接触式无杆气缸

机械接触式无杆气缸的结构如图 5.17 所示。在气缸缸管轴向开有一条槽，活塞与滑块在槽上部移动。

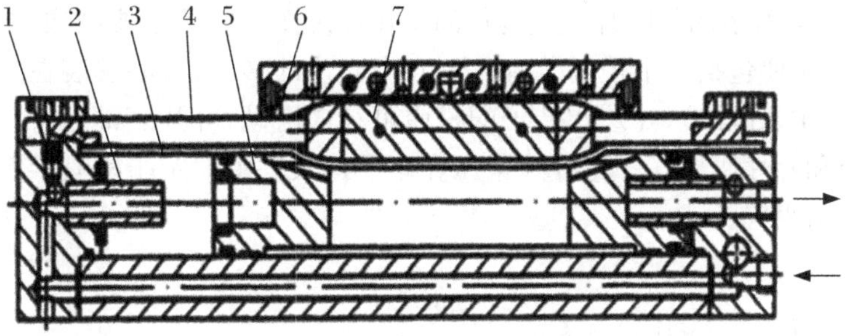

图 5.17　机械接触式无杆气缸

1. 节流阀；2. 缓冲柱塞；3. 密封带；4. 防尘不锈钢带；5. 活塞；6. 滑块；7. 活塞架

为了防止泄漏及防尘需要，在开口部采用聚氨酯密封带和防尘不锈钢带固定在两端缸盖上，活塞架穿过槽，把活塞与滑块连成一体。活塞与滑块连接在一起，带动固定在滑块上的执行机构实现往复运动。

这种气缸的特点如下：

① 与普通气缸相比，在同样行程下可缩小 1/2 安装位置。

② 不需设置防转机构。

③ 适用缸径为 10～80 mm，最大行程在缸径≥40 mm 时可达 7 m。

④ 速度高，标准型可达 0.1～0.5 m/s；高速型可达到 0.3～3.0 m/s。

其缺点如下：

① 密封性能差，容易产生外泄漏。在使用三位阀时必须选用中压式。

② 受负载力小，为了增加负载能力，必须增加导向机构。

二、气马达

气马达也是气动执行元件的一种。它的作用相当于电动机或液压马达，即输出力矩，拖动机构作旋转运动。

1. 气马达的分类及特点

气马达按结构形式可分为:叶片式气马达、活塞式气马达和齿轮式气马达等。

最为常见的是活塞式气马达和叶片式气马达。叶片式气马达制造简单,结构紧凑,但低速运动转矩小,低速性能不好,适用于中、低功率的机械,目前在矿山及风动工具中应用普遍。活塞式气马达在低速情况下有较大的输出功率,它的低速性能好,适宜于载荷较大和要求低速转矩的机械,如起重机、绞车、绞盘、拉管机等。

与液压马达相比,气马达具有以下特点:

① 工作安全。可以在易燃易爆场所工作,同时不受高温和振动的影响。

② 可以长时间满载工作而温升较小。

③ 可以无级调速。控制进气流量,就能调节马达的转速和功率。额定转速以每分钟几十转到几十万转。

④ 具有较高的启动力矩,可以直接带负载运动。

⑤ 结构简单,操纵方便,维护容易,成本低。

⑥ 输出功率相对较小,最大只有 20 kW 左右。

⑦ 耗气量大,效率低,噪音大。

2. 气马达的工作原理

如图 5.18(a)所示的是叶片式气马达的工作原理图。它的主要结构和工作原理与液压叶片马达相似,主要包括一个径向装有 3～10 个叶片的转子,偏心安装在定子内,转子两侧有前后盖板(图中未画出),叶片在转子的槽内可径向滑动,叶片底部通有压缩空气,转子转动是靠离心力和叶片底部气压将叶片紧压在定子内表面上。定子内有半圆形的切沟,提供压缩空气及排出废气。

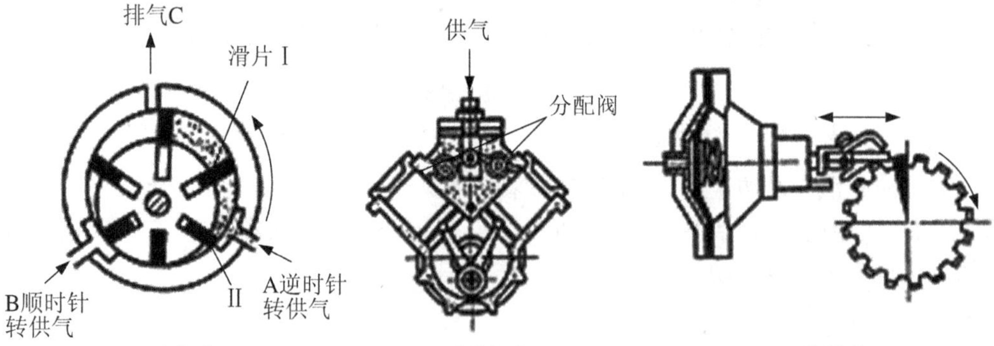

(a) 叶片式　　(b) 活塞式　　(c) 薄膜式

图 5.18　气缸工作原理图

当压缩空气从 A 口进入定子内,会使叶片带动转子作逆时针旋转,产生转矩。废气从排气口 C 排出;而定子腔内残留气体则从 B 口排出。如需改变气马达旋转方向,只需改变进、排气口即可。

如图 5.18(b)所示的是径向活塞式马达的原理图。压缩空气经进气口进入分配阀(又称配气阀)后再进入气缸,推动活塞及连杆组件运动,再使曲柄旋转。曲柄旋转的同时,带动固定在曲轴上的分配阀同步转动,使压缩空气随着分配阀角度位置的改变而进入不同的缸内,依次推动各个活塞运动,由各活塞及连杆带动曲轴连续运转。与此同时,与进气缸相对应的气缸则处于排气状态。

如图5.18(c)所示的是薄膜式气马达的工作原理图。它实际上是一个薄膜式气缸，当它作往复运动时，通过推杆端部的棘爪使棘轮转动。

任务实施

一、气缸的选型及计算

1. 气缸的选型步骤

气缸的选型应根据工作要求和条件，正确选择气缸的类型。下面以单活塞杆双作用缸为例介绍气缸的选型步骤。

① 气缸缸径　根据气缸负载力的大小来确定气缸的输出力，由此计算出气缸缸径。

② 气缸的行程　气缸的行程与使用的场合和机构的行程有关，一般不选用满行程。

③ 气缸的强度和稳定性　计算缸的强度和稳定性。

④ 气缸的安装形式　气缸的安装形式根据安装位置和使用目的等因素决定。

⑤ 气缸的缓冲装置　根据活塞的速度决定是否应采用缓冲装置。

⑥ 磁性开关　当气动系统采用电气控制方式时，可选用带磁性开关的气缸。

⑦ 其他要求　如气缸工作在有灰尘等的恶劣环境下，需在活塞杆伸出端安装防尘罩。要求无污染时需选用无给油或无油润滑气缸。

2. 气缸直径计算

气缸直径的设计计算需根据其负载大小、运行速度和系统工作压力来决定。首先，根据气缸安装及驱动负载的实际工况，分析计算出气缸轴向实际负载 F，再由气缸平均运行速度来选定气缸的负载率，初步选定气缸工作压力(一般为0.4～0.6 MPa)，计算出气缸理论出力 F_t，最后计算出缸径及杆径，并按标准圆整得到实际所需的缸径和杆径。

二、马达的选择

表5.2列出了各种气马达的特点及应用范围，可供选择和操作时参考。

表5.2　各种气马达的特点及应用范围

形式	转矩	速度	功率	每千瓦耗气量 Q ($m^3 \cdot min^{-1}$)	特点及应用范围
叶片式	低转矩	高速度	由零点几千瓦到1.3 kW	小型:1.8～2.3 大型:1.0～1.4	制造简单，结构紧凑，但低速启动转矩小，低速性能不好；适用于要求低或中功率的机械，如手提工具、复合工具传送带、升降机等
活塞式	中高转矩	低速或中速	由零点几千瓦到1.7 kW	小型:1.9～2.3 大型:1.0～1.4	在低速时有较大的功率输出和较好的转矩特性。起动准确，且起动和停止特性均较叶片式好，适用于载荷较大和要求低，速转矩较高的机械，如手提工具、起重机、绞车、绞盘、拉管机等
薄膜式	高转矩	低速度	小于1 kW	1.2～1.4	适用于控制要求很精确、启动转矩极高和速度低的机械

思 考 题

1. 什么是气压传动？气压传动由哪些主要组成部分？
2. 简述油雾器的工作原理。
3. 压缩空气中有哪些典型污染物？分别说明其来源及减少污染物的措施。
4. 简述空压机的作用、主要分类及选用原则。
5. 为什么要在气源装置中设置贮气罐？
6. 为什么要设置后冷却器？常见的后冷却器有哪几种？
7. 压缩空气的净化设备及辅件中为什么既有油水分离器，又有油雾器？
8. 气动执行元件的分类有哪些？

项目六　气压传动控制元件和控制回路

在气压传动系统中的控制元件是控制和调节压缩空气的压力、流量、流动方向和发送信号的重要元件。利用它们可以组成各种气动控制回路，使气动执行元件按设计的程序正常地进行工作。控制元件按功能和用途可分为方向控制阀、压力控制阀和流量控制阀三大类。此外，还有通过改变气流方向和通断实现各种逻辑功能的气动逻辑元件等。

任务一　气动控制元件的认知

任务导入

① 了解气动控制元件的作用和分类。

② 掌握常用气动控制元件的结构和控制原理及图形符号。

③ 了解气动逻辑控制元件的控制原理。

相关知识

气动系统不同于液压系统，一般每一个液压系统都自带液压源（液压泵），而在气动系统中，一般来说由空气压缩机先将空气压缩，储存在贮气罐内，然后经管路输送给各个气动装置使用。而贮气罐的空气压力往往比各台设备实际所需要的压力高些，同时其压力波动值也较大。因此，需要用减压阀（调压阀）将其压力减到每台装置所需的压力，并使减压后的压力稳定在所需的压力值上。

有些气动回路需要依靠回路中压力的变化来实现控制两个执行元件的顺序动作，所用的这种阀就是顺序阀。顺序阀与单向阀的组合称为单向顺序阀。

所有的气动回路或贮气罐为了安全起见，当压力超过允许压力值时，需要实现自动向外排气，这种压力控制阀叫作安全阀（溢流阀）。

一、压力控制阀

1. 减压阀

减压阀又称调压阀，如图 6.1 所示的是直动式减压阀的结构图。其工作原理是：当阀处于工作状态时，调节手柄 1、压缩弹簧 2、压缩弹簧 3 及膜片 5，通过阀杆 6 使阀芯 8 下移，进气阀口被打开，有压气流从左端输入，经阀口节流减压后从右端输出。输出气流的一部分由阻尼孔 7 进入膜片气室，在膜片 5 的下方产生一个向上的推力，这个推力总是企图把阀口开度关小，使其输出压力下降。当作用于膜片上的推力与弹簧力相平衡后，减压阀的输出压力便保持一定。

当输入压力发生波动时，如输入压力瞬时升高，输出压力也随之升高，作用于膜片 5 上的气体推力也随之增大，破坏了原来的力的平衡，使膜片 5 向上移动，有少量气体经溢流口 4、排气孔 11 排出。在膜片上移的同时，因复位弹簧 10 的作用，使输出压力下降，直到新的平衡为止。重新平衡后的输出压力又基本上恢复至原值；反之，输出压力瞬时下降，膜片下移，进气口开度增大，节流作用减小，输出压力又基本上回升至原值。

调节手柄 1 使调压弹簧 2、3 恢复自由状态，输出压力降至零，阀芯 8 在复位弹簧 10 的作用下，关闭进气阀口，这样，减压阀便处于截止状态，无气流输出。

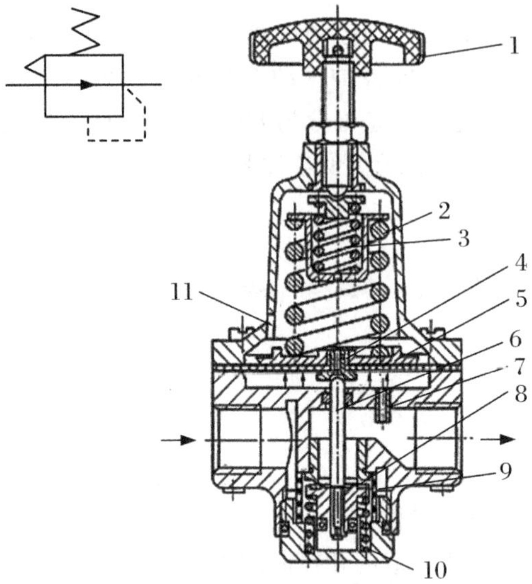

图 6.1　减压阀结构图及其职能符号

1. 手柄；2、3. 调压弹簧；4. 溢流口；5. 膜片；6. 阀杆；
7. 阻尼孔；8. 阀芯；9. 阀座；10. 复位弹簧；11. 排气孔

安装减压阀时，要按气流的方向和减压阀上所示的箭头方向，依照分水滤气器→减压阀→油雾器的安装次序进行安装。调压时应由低向高调，直至规定的调压值为止。阀不用时应把手柄放松，以免膜片经常受压变形。

2. 顺序阀

顺序阀是依靠气路中压力的作用而控制执行元件按顺序动作的压力控制阀，如图 6.2 所示，它根据弹簧的预压缩量来控制其开启压力。当输入压力达到或超过开启压力时，顶开弹簧，于是户到 A 才有输出；反之，A 无输出。

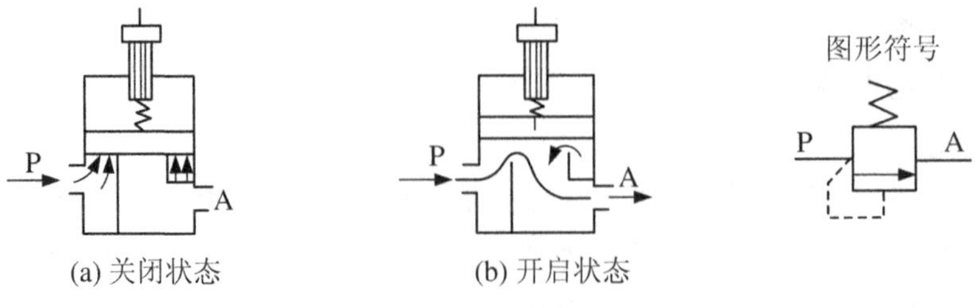

图 6.2　顺序阀工作原理图

顺序阀一般很少单独使用，往往与单向阀配合在一起，构成单向顺序阀。如图 6.3 所示的是单向顺序阀的工作原理图。当压缩空气由左端进入阀腔后，作用于活塞 3 上的气压力超过压缩弹簧3上的力时，将活塞顶起，压缩空气从户经 A 输出，见图 6.3(a)，此时单向阀 4 在压差力及弹簧力的作用下处于关闭状态。反向流动时，输入侧变成排气口，输出侧压力将顶开单向阀 4 由 O 口排气，见图 6.3(b)。

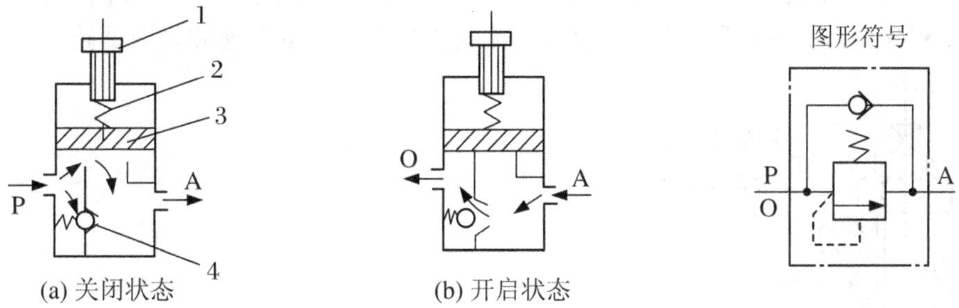

图 6.3　单向顺序阀工作原理图

1. 调节手柄；2. 弹簧；3. 活塞；4. 单向阀

调节旋钮就可改变单向顺序阀的开启压力，以便在不同的开启压力下，控制执行元件的顺序动作。

3. 安全阀

当贮气罐或回路中压力超过某调定值，要用安全阀向外放气，安全阀在系统中起过载保护作用。

如图 6.4 所示的是安全阀的工作原理图。当系统中气体压力在调定范围内时，作用在活塞 3 上的压力小于弹簧 2 的力，活塞处于关闭状态(图 6.4(a))。当系统压力升高，作用在活塞 3 上的压力大于弹簧的预定压力时，活塞 3 向上移动，阀门开启排气(图 6.4(b))。直到系统压力降到调定范围以下，活塞又重新关闭。开启压力的大小与弹簧的预压量有关。

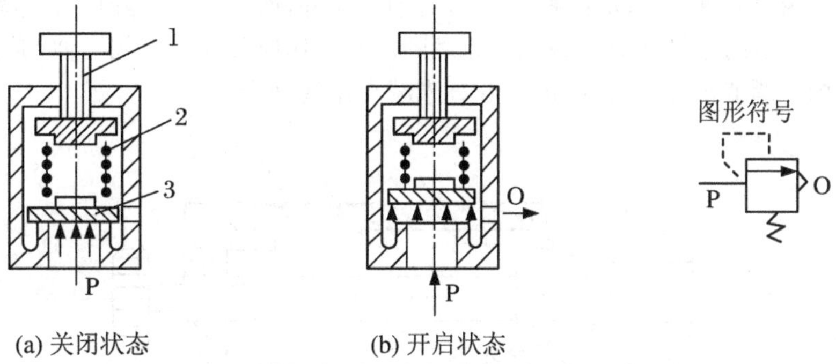

图 6.4　安全阀的工作原理图

二、流量控制阀

在气压传动系统中，有时需要控制气缸的运动速度，有时需要控制换向阀的切换时间和气动信号的传递速度，这些都需要调节压缩空气的流量来实现。流量控制阀就是通过改变阀的通流截面积来实现流量控制的元件。流量控制阀包括节流阀、单向节流阀、排气节流阀和快速排气阀等。

1. 节流阀

如图 6.5 所示的是圆柱斜切型节流阀的结构图。压缩空气由户口进入，经过节流后，由 A 口流出。旋转阀芯螺杆，就可改变节流口的开度，这样就调节了压缩空气的流量。由于这种节流阀的结构简单、体积小，故应用范围较广。

2．单向节流阀

单向节流阀是由单向阀和节流阀并联而成的组合式流量控制阀，如图6.6所示。当气流沿着一个方向，例如由P→A（图6.6(a)）流动时，经过节流阀节流；反方向（图6.6(b)）流动，由A→P时单向阀打开，不节流，单向节流阀常用于气缸的调速和延时回路。

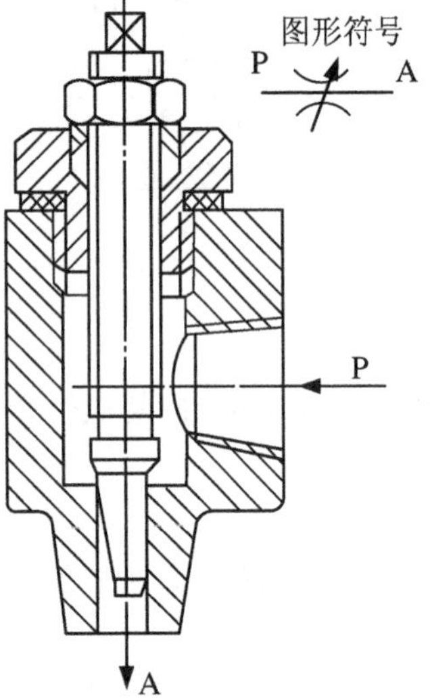

图6.5 节流阀工作原理图

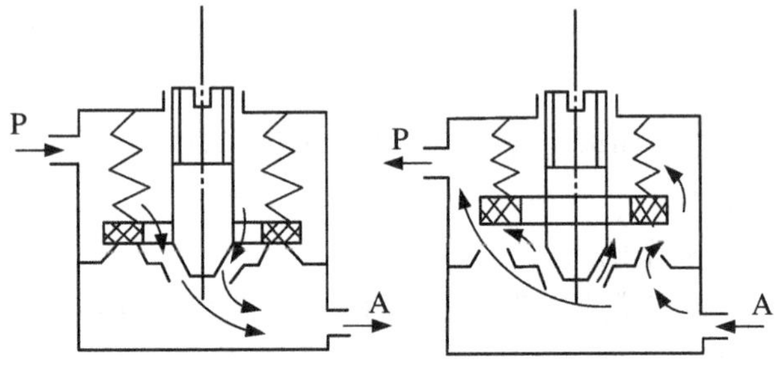

(a) P→A状态 (b) A→P状态

图6.6 单向节流阀的工作原理图

3．排气节流阀

排气节流阀是安装在执行元件的排气口处，调节进入大气中气体流量的一种控制阀。它不仅能调节执行元件的运动速度，还常带有消声器件，所以也能起降低排气噪音的作用。

如图6.7所示的是排气节流阀工作原理图。其工作原理和节流阀类似，靠调节节流口1处的通流面积来调节排气流量，由消声套2来减小排气噪音。

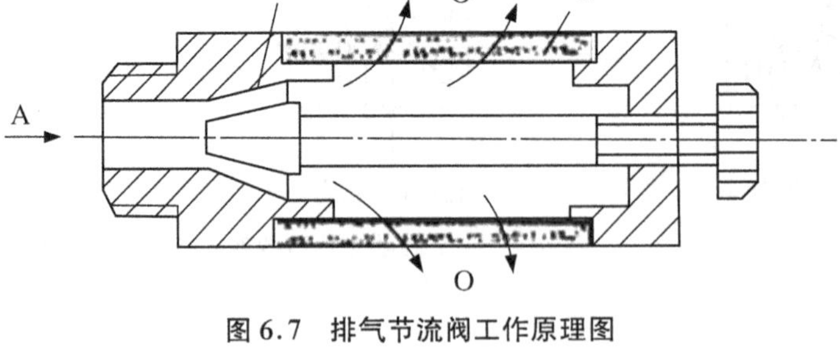

图6.7 排气节流阀工作原理图

1．节流口；2．消声套

应当指出，用流量控制的方法控制气缸内活塞的运动速度，采用气动比采用液压困难。特别是在极低速控制中，要按照预定行程变化来控制速度，只用气动很难实现。在外部负载变化很大时，仅用气动流量阀也不会得到满意的调速效果。为提高其运动平稳性，建议采用气液联动。

4．快速排气阀

如图6.8所示的是快速排气阀的工作原理图。进气口户进入压缩空气，并将密封活塞迅速上推，开启阀口 2，同时关闭排气口 O，使进气口户和工作口 A 相通(图 6.8(a))。如图 6.8(b)所示的是户口没有压缩空气进入时，在 A 口和户口压差作用下，密封活塞迅速下降，关闭户口，使 A 口通过 O 口快速排气。

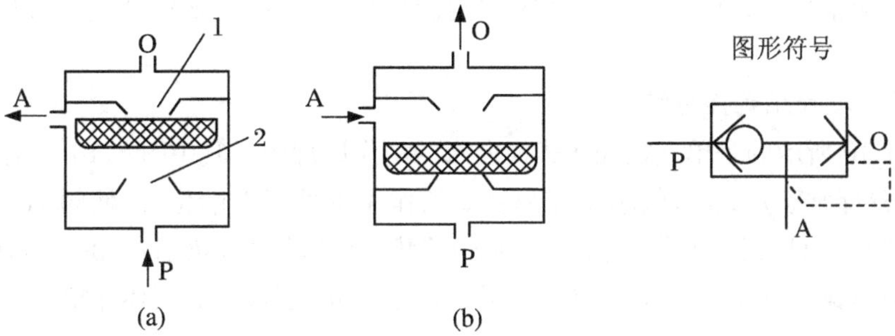

图 6.8　快速排气阀工作原理

1、2. 阀口

快速排气阀常安装在换向阀和气缸之间。如图 6.9 所示的是快速排气阀在回路中的应用回路。它使气缸的排气不用通过换向阀而快速排出，从而加速了气缸往复的运动速度，缩短了工作周期。

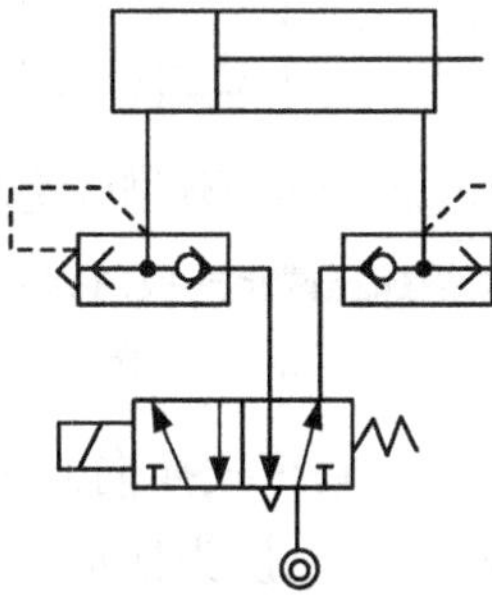

图 6.9　快速排气阀的应用回路

三、方向控制阀

方向控制阀是气压传动系统中通过改变压缩空气的流动方向和气流的通断，来控制执行元件启动、停止及运动方向的气动元件。

根据方向控制阀的功能、控制方式、结构方式、阀内气流的方向及密封形式等，可将方向控制阀分为几类。见表 6.1。

表 6.1　方向控制阀的分类

分类方式	形式
按阀内气体的流动方向	单向阀、换向阀
按阀芯的结构形式	截止阀、滑阀
按阀的密封形式	硬质密封、软质密封
按阀的工作位数及通路数	二位三通、二位五通、三位五通等
按阀的控制操纵方式	气压控制、电磁控制、机械控制、手动控制

下面仅介绍几种典型的方向控制阀。

1. 气压控制换向阀

气压控制换向阀是以压缩空气为动力切换气阀，使气路换向或通断的阀类。气压控制换向阀的用途很广，多用于组成全气阀控制的气压传动系统或易燃、易爆以及高净化等场合。

(1) 单气控加压式换向阀

如图6.10所示的是单气控加压式换向阀的工作原理图。其中图6.10(a)是无气控信号K时的状态(即常态)，此时，阀芯1在弹簧2的作用下处于上端位置，使阀A与O相通，A口排气。图6.10(b)是在有气控信号K时阀的状态(即动力阀状态)。由于气压力的作用，阀芯1压缩弹簧2下移，使阀口A与O断开，P与A接通，A口有气体输出。

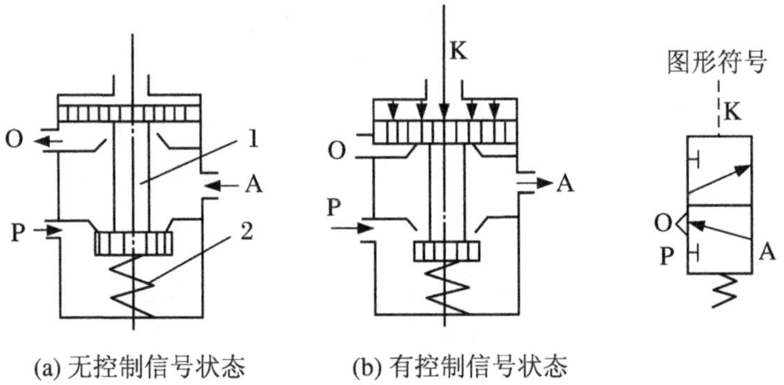

图6.10 单气控加压截止式换向阀的工作原理图

1. 阀芯;2. 弹簧

如图6.11所示的是二位三通单气控截止式换向阀的结构图。这种结构简单、紧凑、密封可靠、换向行程短，但换向力大。若将气控接头换成电磁头(即电磁先导阀)，可变气控阀为先导式电磁换向阀。

(2) 双气控加压式换向阀

如图6.12所示的是双气控滑阀式换向阀的工作原理图。其中图6.12(a)为有气控信号K_2时阀的状态，此时阀停在左边，其通路状态是户与A、户与O相通。图6.12(b)为有气控信号K_1时阀的状态(此时信号K_2已不存在)，阀芯换位，其通路状态变为户与B、A与O相通。双气控滑阀具有记忆功能，即气控信号消失后，阀仍能保持在有信号时的工作状态。

2. 电磁控制换向阀

电磁换向阀是利用电磁力的作用来实现阀的切换以控制气流的流动方向。常用的电磁换向阀有直动式和先导式两种。

(1) 直动式电磁换向阀

如图6.13所示的是直动式单电控电磁阀的工作原理图。它只有一个电磁铁。其中图6.13(a)为常态情况，即激励线圈不通电，此时阀在复位弹簧的作用下处于上端位置。其通路状态为A与T相通，A口排气。当通电时，电磁铁1推动阀芯向下移动，气路换向，其通路为P与A相通，A口进气，见图6.13(b)。

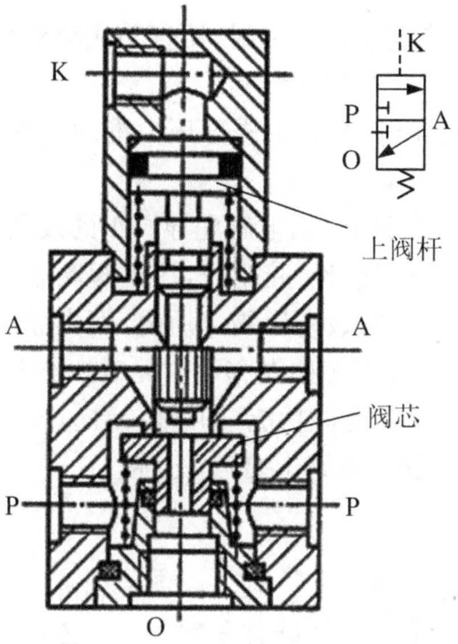

图 6.11　二位三通单气控截止式换向阀的结构图

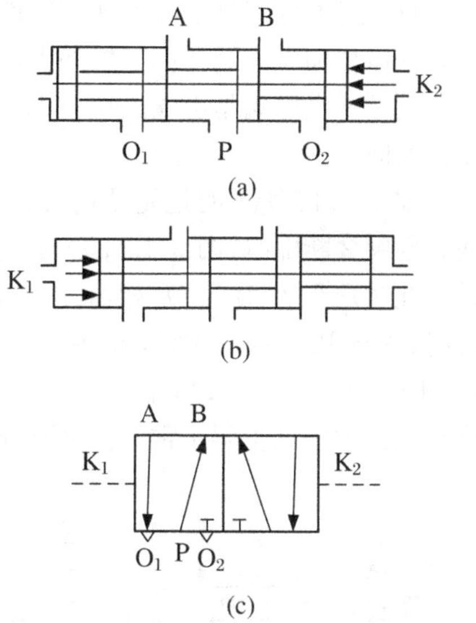

图 6.12　双气控滑阀式换向阀的工作原理图

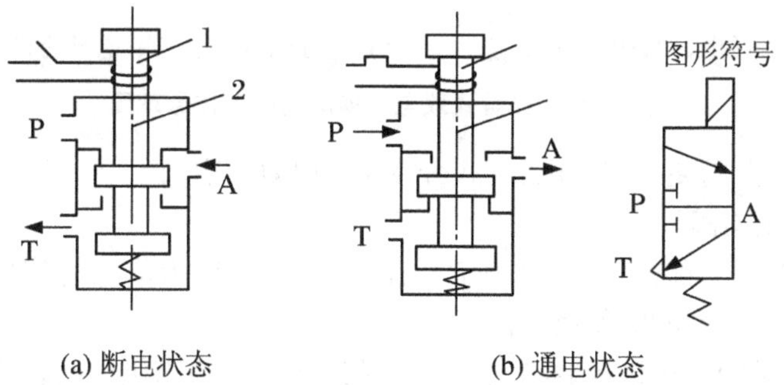

图 6.13　直动式单电控电磁阀的工作原理图

1. 电磁铁；2. 阀芯

如图 6.14 所示的是直动式双电控电磁阀的工作原理图。它有两个电磁铁，当线圈 1 通电、2 断电（图 6.14(a)），阀芯被推向右端，其通路状态是 P 与 A、B 与 O_2 相通，A 口进气、B 口排气。当线圈 1 断电时，阀芯仍处于原有状态，即具有记忆性。当电磁线圈 2 通电、1 断电（图 6.14(b)），阀芯被推向左端，其通路状态是 P 与 B、A 与 O_1 相通，B 口进气、A 口排气。若电磁线圈断电，气流通路仍保持原状态。

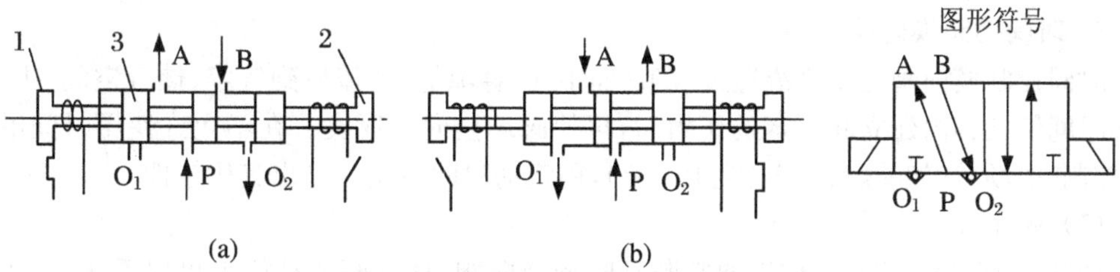

图 6.14　直动式双电控电磁阀的工作原理图

1、2. 电磁铁；3. 阀芯

(2) 先导式电磁换向阀

直动式电磁阀是由电磁铁直接推动阀芯移动的，当阀通径较大时，用直动式结构所需的电磁铁体积和电力消耗都必然加大，为克服此弱点可采用先导式结构。

先导式电磁阀是由电磁铁首先控制气路，产生先导压力，再由先导压力推动主阀阀芯，使其换向。

如图 6.15 所示的是先导式双电控换向阀的工作原理图。当电磁先导阀 1 的线圈通电，而先导阀 2 断电时(图 6.15(a))，由于主阀 3 的 K_2 腔进气，K_2 腔排气，使主阀阀芯向右移动。此时户与 A、B 与 O_2 相通，A 口进气、B 口排气。当电磁先导阀 2 通电，而先导阀 1 断电时(图 6.15(b))，主阀的 K_2 腔进气，K_2 腔排气，使主阀阀芯向左移动。此时户与 B、A 与 O_1 相通，B 口进气、A 口排气。先导式双电控电磁阀具有记忆功能，即通电换向，断电保持原状态。为保证主阀正常工作，两个电磁阀不能同时通电，电路中要考虑互锁。

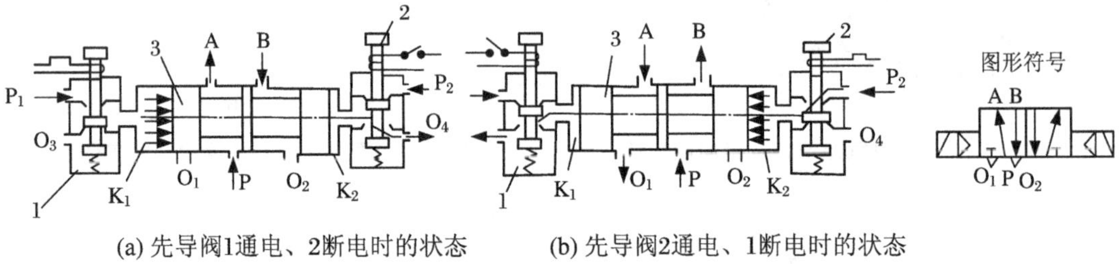

图 6.15 先导式双电控换向阀的工作原理图

先导式电磁换向阀便于实现电、气联合控制，所以应用广泛。

3. 机械控制换向阀

机械控制换向阀又称行程阀，多用于行程程序控制，作为信号阀使用。常依靠凸轮、挡块或其他机械外力推动阀芯，使阀换向。

如图 6.16 所示的是机械控制换向阀的一种结构形式。当机械凸轮或挡块直接与滚轮 1 接触后，通过杠杆 2 使阀芯 5 换向。其优点是减少了顶杆 3 所受的侧向力；同时，通过杠杆传力也减少了外部的机械压力。

4. 人力控制换向阀

这类阀分为手动及脚踏两种操纵方式。手动阀的主体部分与气控阀类似，其操纵方式有多种形式，如按钮式、旋钮式、锁式及推拉式等。

如图 6.17 所示的是推拉式手动阀的工作原理和结构图。如用手压下阀芯(图 6.17(a))，则 P 与 B、A 与 O_1 相通。手放开，而阀依靠定位装置保持状态不变。当用手将阀芯拉出时(图 6.17(b))，则 P 与 A、B 与 O_2 相通，气路改变，并能维持该状态不变。

5. 时间控制换向阀

时间控制换向阀是使气流通过气阻(如小孔、缝隙等)节流后到气容(储气空间)中，经一定的时间使气容内建立起一定的压力后，再使阀芯换向的阀类。在不允许使用时间继电器(电控制)的场合(如易燃、易爆、粉尘大等)，用气动时间控制就显出其优越性。

(1) 延时阀

如图 6.18 所示的是二位三通常断延时型换向阀，从该阀的结构上可以看出，它由两大部分组成。延时部分包括气源过滤塞 4，可调节流阀 3、气容 2 和排气单向阀 1，换向部分实际是一个二位三通差压控制换向阀。

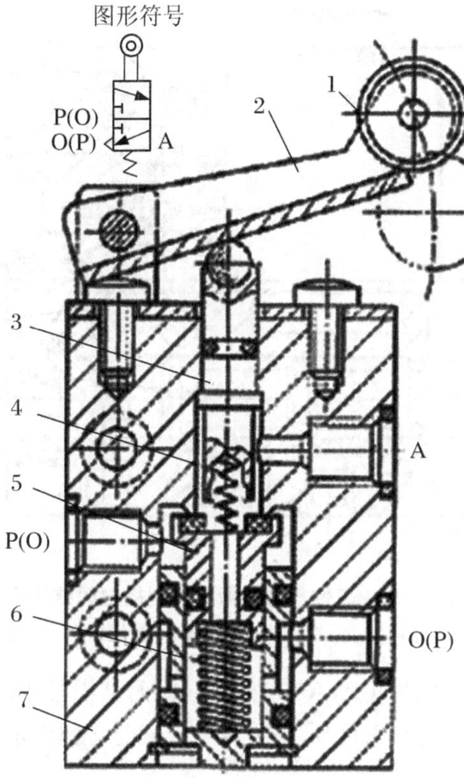

图 6.16　机械控制换向阀的工作原理图

1. 滚轮；2. 杠杆；3. 顶杆；4. 缓冲弹簧；5. 阀芯；6. 密封弹簧；7. 阀体

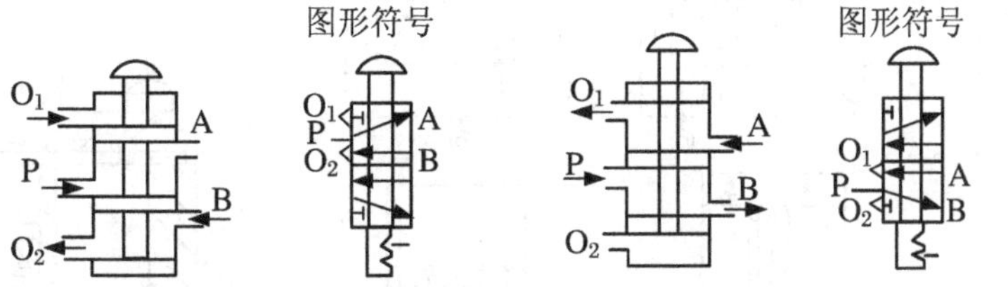

(a) 压下阀芯时状态　　(b) 拉起阀芯时状态

图 6.17　推拉式手动阀的工作原理和结构图

当无气控信号时，P 与 A 断开，A 腔排气。当有气控信号时，从 K 腔输入，经过滤塞 4、可调节流阀 3，节流后到气容 2 内，使气容不断充气，直到气容内的气压上升到某一值时，阀芯 5 由左向右移动，使 P 与 A 接通，A 有输出。当气控信号消失后，气容内的气压经单向阀从 K 腔迅速排空。如果将 P、O 口换接，则变成二位三通延时型换向阀。这种延时阀的工作压力范围为 0～0.8 MPa，信号压力范围为 0.2～0.8 MPa。延时时间在 0～20 s 范围内，延时精度为 120%。所谓延时精度是指延时时间受气源压力变化和延时时间的调节重复性的影响程度。

(2) 脉冲阀

脉冲阀是靠气流流经气阻、气容的延时作用，使压力输入长信号变为短暂的脉冲信号输出的阀类。其工作原理和结构见图 6.19。其中图 6.19(a) 为无信号输入的状态；图 6.19(b)

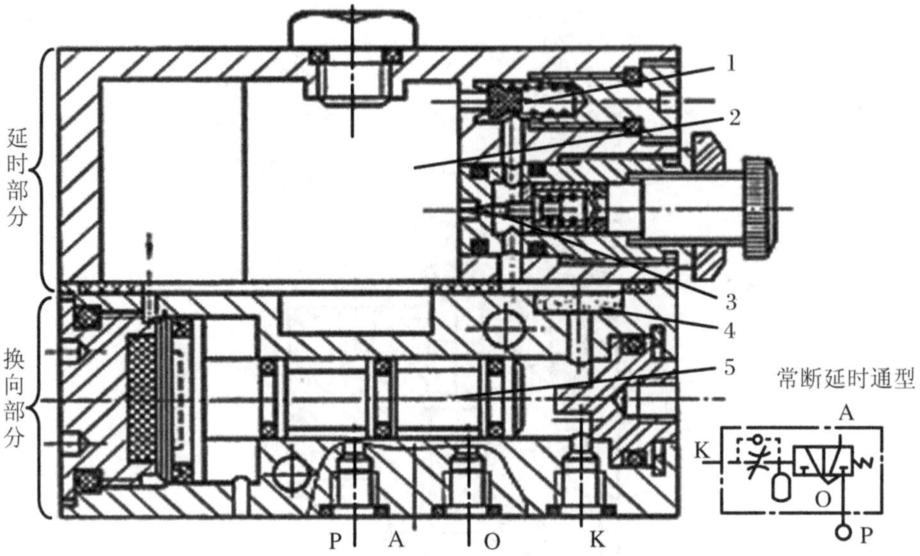

图 6.18　二位三通常断延时型换向阀结构图

1. 单向阀;2. 气容;3. 节流阀;4. 过滤器;5. 阀芯

为有信号输入的状态,此时滑柱向上,A 口有输出,同时从滑柱中间节流小孔不断向气室(气容)中充气;图 6.19(c)是当气室内的压力达到一定值时,滑柱向下,A 与 O 接通,A 口的输出状态结束。

这种阀的信号工作压力范围为 0.2～0.8 MPa,脉冲时间为 2 s。

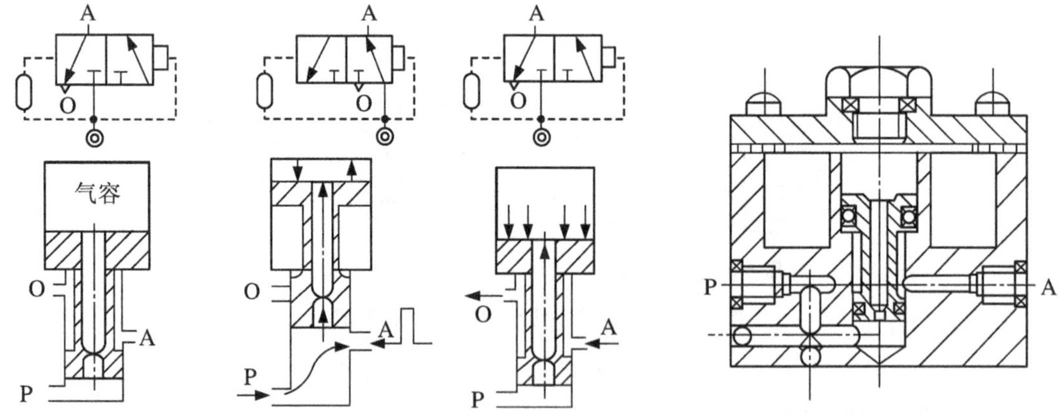

(a) 无信号输入状态　(b) 有信号输入状态　(c) 信号输入终了状态　(d) 结构图

图 6.19　脉冲阀工作原理和结构图

6. 梭阀

梭阀相当于两个单向阀组合的阀。如图 6.20 所示的是梭阀的工作原理图。

梭阀有两个进气口 P_1 和 P_2,一个工作口 A,阀芯 1 在两个方向上起单向阀的作用。其中 P_1 和 P_2 都可与 A 口相通,但是 P_1 与 P_2 不相通。当 P_1 进气时,阀芯 1 右移,封住 P_2 口,使 P_1 与 A 相通,A 口进气,见图 6.20(a);反之,P_2 进气时,阀芯 1 左移,封住 P_1 口,使 P_2 与 A 相通,A 口也进气。若 P_1 与 P_2 都进气,阀芯就可能停在任意一边,这主要由压力加入的先后顺序和压力的大小而定。若 P_1 与 P_2 不等，则高压口的通道被打开，低压口的通道则被封闭，高压气流从 A 口输出。

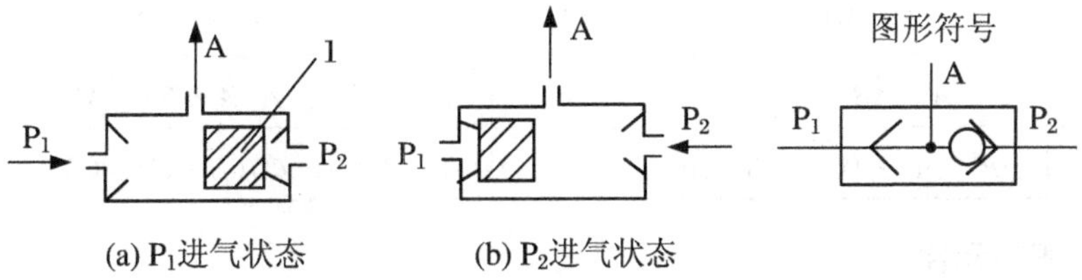

图 6.20　梭阀的工作原理

梭阀的应用很广，多用于手动与自动控制的并联回路中。

四、气动逻辑控制元件

1. 逻辑运算简介

逻辑运算是逻辑元件组成逻辑回路和逻辑控制系统的依据，而且对回路的简化和择优都非常重要。

(1) 逻辑“或”和逻辑“与”的恒等式

逻辑“或”是指两个或两个以上的逻辑信号相加，逻辑“与”是指两个或两个以上的逻辑信号相乘。它们的运算规律见表 6.2。

表 6.2　逻辑“或”和逻辑“与”的恒等式

逻辑“或”	逻辑“与”
$A+0=A$；$A+1=1$；$A+A=A$	$A\cdot 0=0$；$A\cdot 1=A$；$A\cdot A=A$

(2) 逻辑“非”

逻辑“非”有如下运算规律：

$$\bar{0}=1,\quad \bar{1}=0,\quad \bar{\bar{A}}=A,\quad A+\bar{A}=1,\quad A\cdot\bar{A}=0$$

(3) 结合律、交换律、分配律

这些运算规律和普通代数运算规律相同，见表 6.3。

表 6.3　运算规律

结合律	交换律	分配律
$A+(B+C)=(A+B)+C$	$A+B=B+A$	$A(B+C)=AB+AC$
$A(BC)=(AB)C$	$AB=BA$	$(A+B)(C+D)=AC+AD+BC+BD$

(4) 形式定理

形式定理是逻辑运算中常用的恒等式。采用这些定理可以化简逻辑函数值，而且各个定理的证明可利用上面基本运算规律来证明。形式定理见表 6.4。

表 6.4 逻辑运算的形式定理

序 号	公 式	序 号	公 式
1	$A+AB=A$	4	$A(A+B)=A$
2	$A+\bar{A}B=A+B$	5	$A(\bar{A}+B)=AB$
3	$AB+\bar{A}C+BC=AB+\bar{A}C$	6	$(A+B)(\bar{A}+C)(B+C)=(A+B)(\bar{A}+C)$

2. 气动逻辑元件

气动逻辑元件是以压缩空气为工作介质，通过元件的可动部件在气控信号作用下动作，改变气体流动方向以实现一定逻辑功能的流体控制元件。实际上，气动方向阀也具有逻辑元件的各种功能，所不同的是它的输出功率较大，尺寸大；而气动逻辑元件的尺寸较小。因此，在气动控制系统中广泛采用各种形式的气动逻辑元件。

气动逻辑元件的分类如下：

① 按工作压力来分有：高压元件（0.2～0.8 MPa）、低压元件（0.02～0.2 MPa）和微压元件（<0.02 MPa）3 种。

② 按逻辑功能来分有："是门"（S－a）元件、"或门"（$S=a+b$）元件、"与门"（$S=a\cdot b$）元件、"非门"（$S=\bar{a}$）元件和双稳元件等。

③ 按结构形式来分有：截止式、膜片式和滑阀式等。

气动逻辑元件的特点：行程小、流量大、工作压力高，对气源净化要求低，便于实现集成安装和实现集中控制，其拆卸也很方便。

（1）"或门"元件

如图 6.21 所示的是 3 种实现"或门"功能的逻辑元件和回路。图 6.21(a)是常用的"或门"元件，即所谓梭阀。图中 a、b 为信号输入孔，S 为输出孔。当 a 或 b 任一个输入孔有信号时，S 有输出，即 $S=a+b$；图 6.21(b)为双气控二位三通阀组成的"或门"回路；图 6.21(c)为利用两个弹簧复位式二位三通阀组成的"或门"回路。

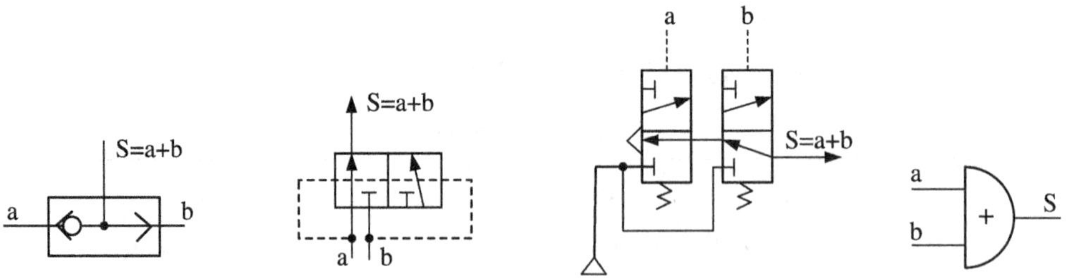

(a) (b) (c)

图 6.21 "或门"元件和回路

如图 6.22 所示的是"或门"元件结构图。a、b 为信号输入口，S 为信号输出口。仅当 a 口有信号输入时，阀芯 c 下移封住信号孔 b，气流经 S 输出；仅当 b 口有信号输入时，阀芯 c 上移封住信号孔 a，S 也有信号输出；若 a、b 均有信号输入，阀芯 c 在两个信号作用下或上移、或下移、或暂时保持中位，S 均会有信号输出，即 a 和 b 中只要有一个口有信号输入，S 口均有信号输出。

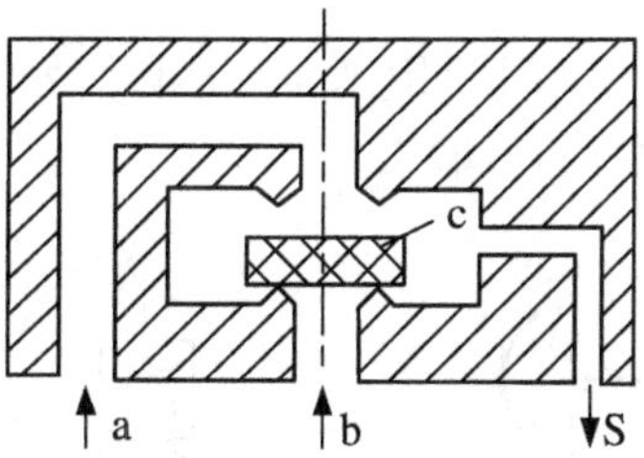

图 6.22　“或门”元件结构图

(2)“是门”和“与门”元件

如图 6.23 所示的是滑阀式“是门”元件的回路图和逻辑符号，a 有信号输入则 S 有信号输出，a 无信号输入则 S 无信号输出。

如图 6.24 所示的是由 2 个二位三通阀组成的“与门”回路。只有当信号 a 和 b 同时存在时，S 才有信号输出。

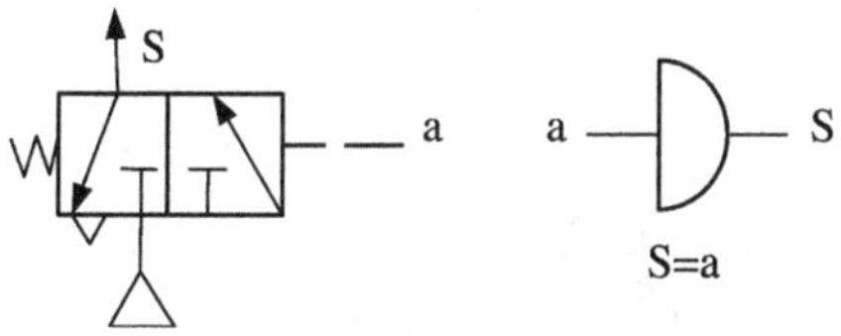

图 6.23　滑阀式“是门”元件

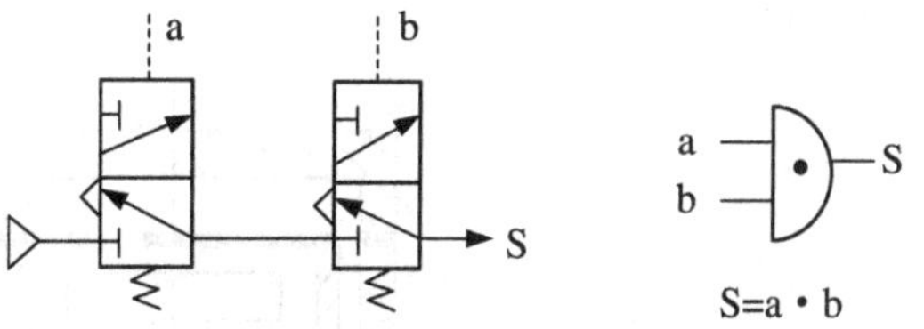

图 6.24　滑阀式“与门”回路

如图 6.25 所示的是截止式“是门”和“与门”元件结构原理图，图中 a 为信号输入孔，S 为信号输出孔，中间孔接气源 P 时为“是门”元件。也就是说，在 a 无信号输入时，阀芯 2 在弹簧及气源压力 P 作用下处于图示位置，封住 P、S 间的通道，使输出孔 S 与排气孔相通，S 无信号输出；反之，当 a 有信号输入时，膜片 1 在输入信号作用下将阀芯 2 推动下移，封住输出 S 与排气孔间通道，P 与 S 相通，S 有信号输出。也就是说，无输入信号时无输出，有输入信号时就有输出。元件的输入和输出信号之间始终保持相同的状态，即 S = a。

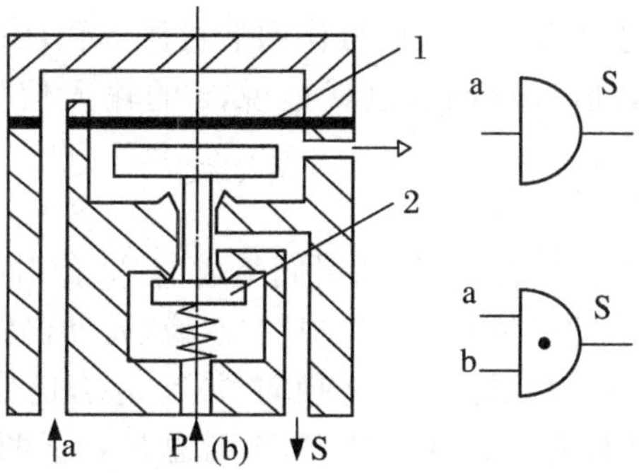

图 6.25　截止式“是门”和“与门”元件结构原理图

若将中间孔不接气源而换接另一输入信号 b，则成“与门”元件，也就是只有当 a、b 同时有信号输入时，S 才有信号输出，即 S = ab。

(3)“非门”和“禁门”元件

如图 6.26 所示的是滑阀式“非门”元件回路图，a 有信号输入则 S 无信号输出，a 无信号输入则 S 有信号输出。

如图 6.27 所示的是滑阀式“禁门”回路图，当 a 有信号输入时，S 无信号输出，当 a 无信号输入而 b 有信号输入时，S 才有信号输出。

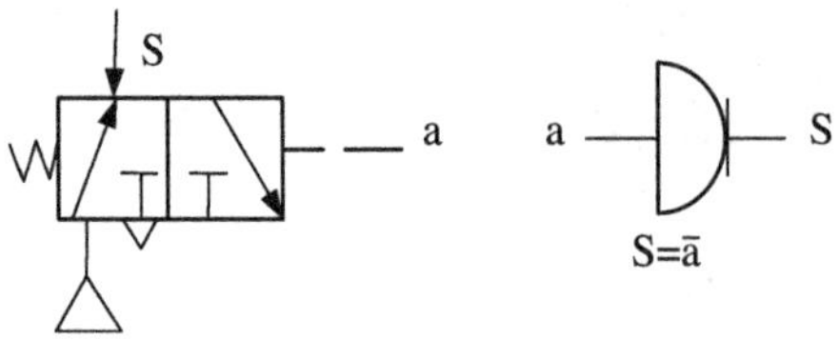

图 6.26　滑阀式“非门”回路

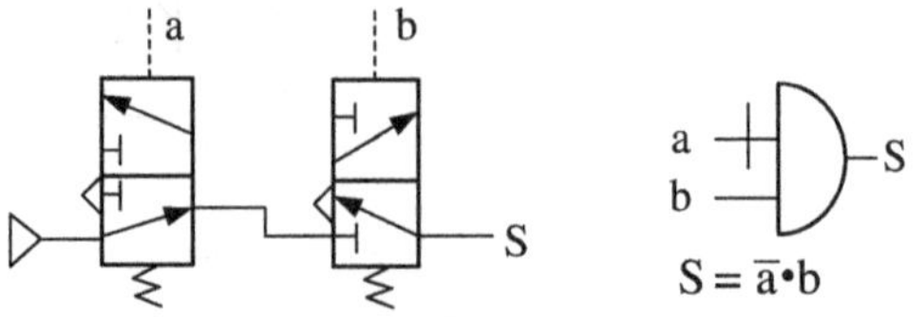

图 6.27　滑阀式“禁门”回路

如图 6.28 所示的是截止式“非门”和“禁门”元件结构图，图中 a 为信号输入孔，S 为信号输出孔，中间孔接气源作 P 孔用时为“非门”元件。在 a 无信号输入时，阀芯 2 在气源压力作用下上移，封住输出 S 与排气孔间的通道，S 有信号输出。当 a 有信号输入时，膜片 1 在输入信号作用下，推动阀芯 2，封住气源孔 P，S 无信号输出，即只要 a 有信号输入，输出端就“非”了，没有信号输出。

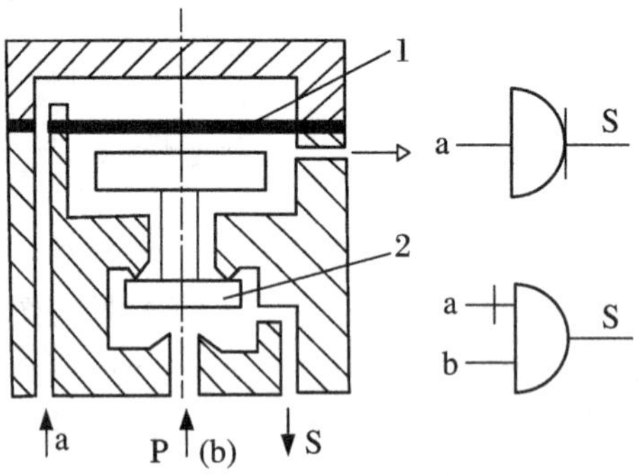

图 6.28　截止式“非门”和“禁门”元件

1. 膜片；2. 阀芯

若把中间孔不作气源孔 P，而改作另一输入信号孔 b，即成为“禁门”元件。当 a、b 均有信号输入时，阀杆及阀芯 2 在 a 输入信号作用下封住 b 孔，S 无信号输出；a 无信号输入而 b 有信号输入时，S 就有信号输出。也就是说，a 的输入信号对 b 的输入信号起禁止作用。

（4）“双稳”元件

如图 6.29 所示的是由双气控二位四通滑阀组成的“双稳”回路，当有信号 a 输入时，S_1 有信号输出；若信号 a 解除，此二位四通阀组成的“双稳”元件仍保持原来的位置，即 S_1 仍有信号输出，直到信号 b 输入时，“双稳”元件才换向，并且 S_2 有信号输出。

由上述可知，这种元件具有两种稳定状态，平时总是处于两种稳定状态中的某一状态上。有外界信号输入时，“双稳”元件才从一种稳态切换成另一种稳态；切换信号解除后，仍保持原输出稳态不变。这样就把切换信号的作用记忆下来了，直至另一端切换信号输入，再稳定到另一种状态上。所以“双稳”元件具有记忆性能，也称记忆元件。a、b 信号不能同时输入。

如图 6.30 所示的是一种“双稳”元件的结构原理图，当 a 有信号输入时，阀芯被推向右端（即图示位置），气源的压缩空气便由 P 至 S_1 输出，而 S_2 与排气口相通，此时“双稳”处于

“1”状态。在控制端 b 的输入信号到来之前，a 的信号即使消失，阀芯仍能保持在右端位置，S_1 总有信号输出。

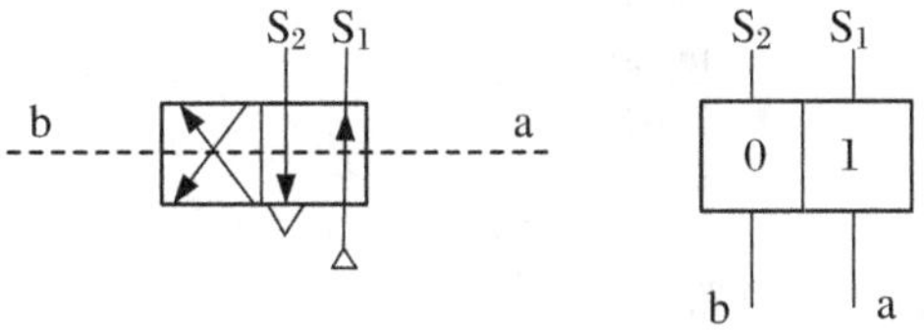

图 6.29　滑阀式“双稳”气路

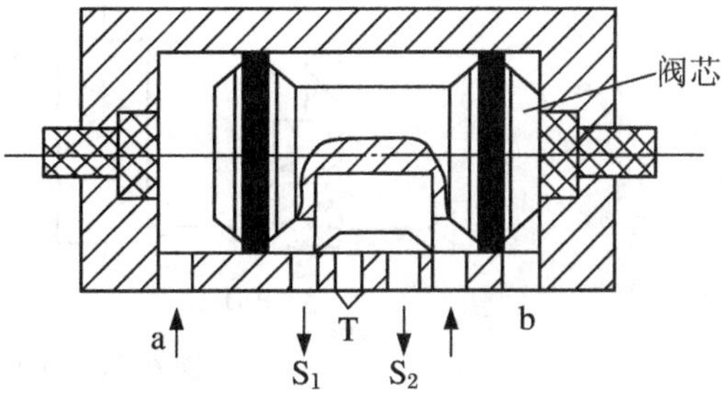

图 6.30　“双稳”元件原理图

当 b 有输入信号时，阀芯被推向左端，此时压缩空气由 P 至 S_2 输出，而 S_1 与排气孔相通，于是“双稳”处于“0”状态。在 a 信号未到来之前，即使 b 信号消失，阀芯仍处于左端位置，S_2 总有输出。

任务实施

① 熟记气动元件的结构和原理。
② 熟悉气动控制元件的符号。
③ 能看懂气压回路中的各元件符号。

任务二　气动控制基本回路

任务导入

① 了解常用气动回路。
② 掌握气动常用回路的工作原理和应用。
③ 学会阅读气动回路图。

相关知识

气动基本回路是气动系统的基本组成部分，按照功能可分为方向控制回路、速度控制回路、压力控制回路等。

一、方向控制回路

1. 单作用气缸换向回路

如图 6.31 所示的是单作用气缸的换向回路。其中图 6.31(a)是用二位三通电磁阀控制的单作用气缸上、下回路，该回路中，当电磁铁得电时，气缸向上伸出，失电时气缸在弹簧作用下返回。图 6.31(b)为三位四通电磁阀控制的单作用气缸上、下和停止的回路，该阀在两电磁铁均失电时能自动对中，使气缸停于任何位置，但定位精度不高，且定位时间不长。

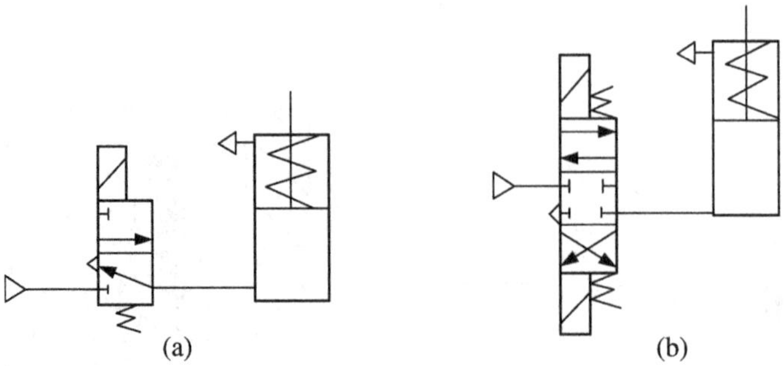

图 6.31 单作用气缸换向回路

2. 双作用气缸换向回路

如图 6.32 所示的是各种双作用气缸的换向回路。其中图 6.32(a)是比较简单的换向回路,图 6.32(f)还有中停位置,但中停定位精度不高,图 6.32(d)～(f)的两端控制电磁铁线圈或按钮不能同时操作,否则将出现误动作,其回路相当于双稳的逻辑功能,对 6.32(b)的回路中,当 A 有压缩空气时气缸推出;反之,气缸退回。

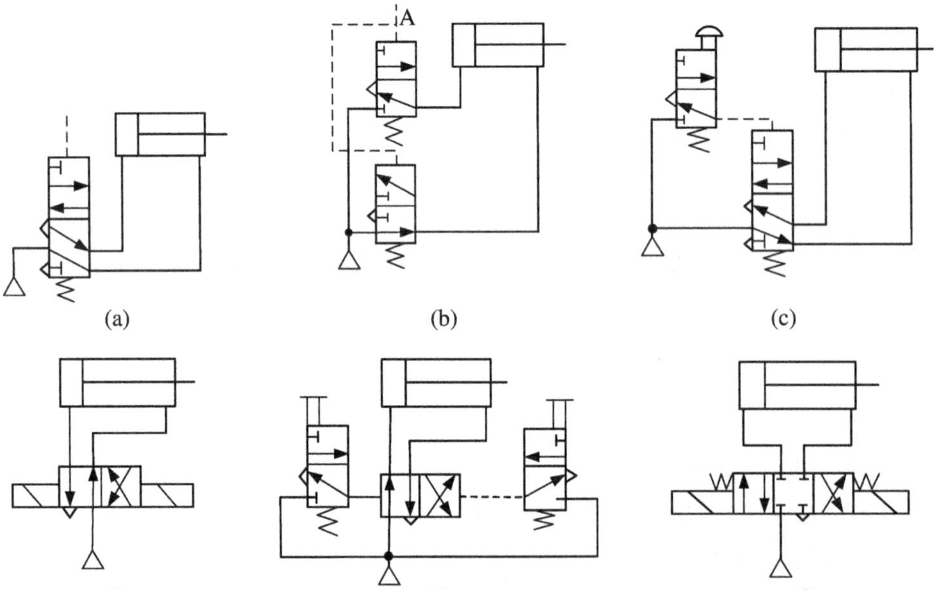

图 6.32 各种双作用气缸的换向回路

二、速度控制回路

1. 单作用气缸速度控制回路

如图 6.33 所示的是单作用气缸速度控制回路。在图 6.33(a)中,升、降均通过节流阀调速,两个相反安装的单向节流阀,可分别控制活塞杆的伸出及缩回速度。在如图 6.33(b)所示的回路中,气缸上升时可调速,下降时则通过快排气阀排气,使气缸快速返回。

2. 双作用气缸速度控制回路

(1) 单向调速回路

单向调速回路有节流供气和节流排气两种调速方式。

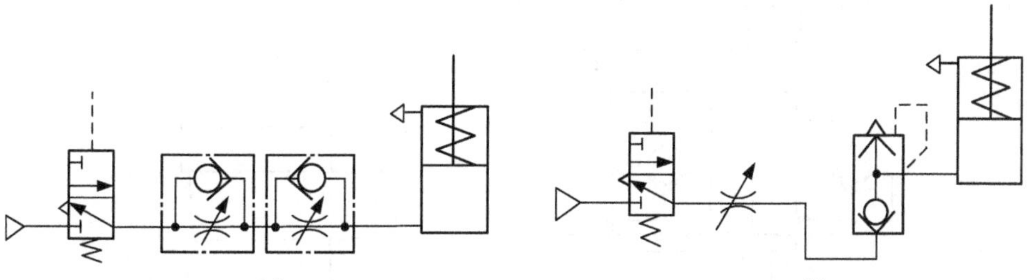

(a)　(b)

图 6.33　单作用气缸速度控制回路

如图 6.34(a)所示的是节流供气调速回路，在图示位置，当气控换向阀不换向时，进入气缸 A 腔的气流流经节流阀，B 腔排出的气体直接经换向阀快排。如图 6.34(b)所示的是节流排气的回路，在图示位置，当气控换向阀不换向时，压缩空气经气控换向阀直接进入气缸的 A 腔，而 B 腔排出的气体经节流阀到气控换向阀而排入大气，因而 B 腔中的气体就具有一定的压力。调节节流阀的开度，就可控制不同的进气、排气速度，从而也就控制了活塞的运动速度。

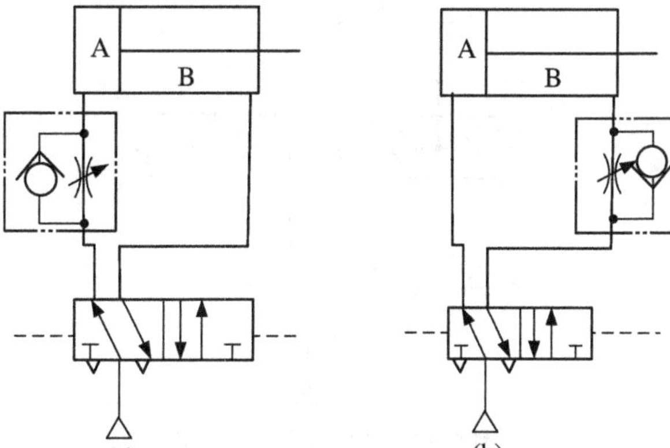

(a)　(b)

图 6.34　双作用缸单向调速回路

(2) 双向调速回路

在气缸的进、排气口装设节流阀，就组成了双向调速回路，如图 6.35 所示的双向节流调速回路。如图 6.35(a)所示的是采用单向节流阀式的双向节流调速回路，图 6.35(b)为采用排气节流阀的双向节流调速回路。

(3) 快速往复运动回路

若将图 6.35(a)中两只单向节流阀换成快速排气阀就构成了快速往复回路(图 6.36)，若欲实现气缸单向快速运动，可只采用一只快速排气阀。

(4) 速度换接回路

如图 6.37 所示的速度换接回路是利用两个二位二通阀与单向节流阀并联，当挡块压下行程开关时，发出电信号，使二位二通阀换向，改变排气通路，从而使气缸速度改变。行程开关的位置，可根据需要选定。图 6.37 中二位二通阀也可改用行程阀。

(5) 缓冲回路

要获得气缸行程末端的缓冲，特别是在行程长、速度快、惯性大的情况下，除采用带缓冲

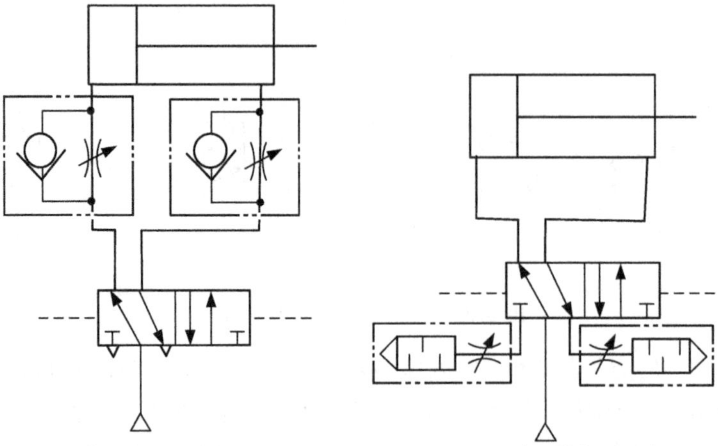

(a) 采用单向节流阀　　(b) 采用排气节流阀

图 6.35　双向节流调速回路

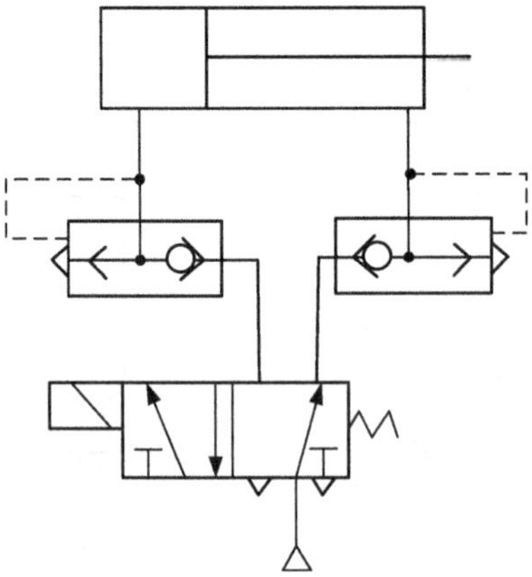

图 6.36　快速往复运动回路

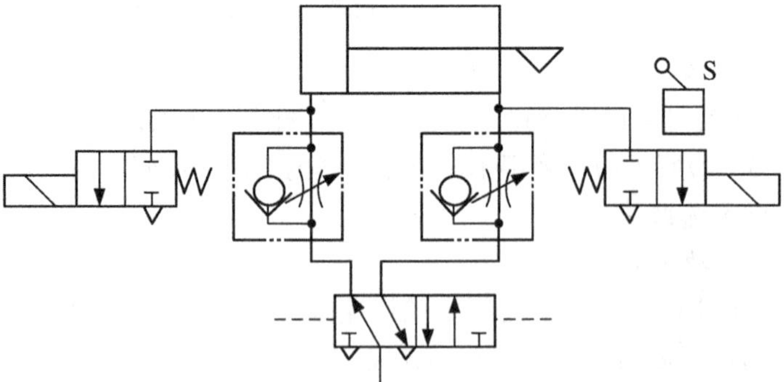

图 6.37　速度换接回路

的气缸外，往往还需要采用缓冲回路来满足气缸运动速度的要求，常用的方法如图 6.38 所示。如图 6.38(a)所示的回路能实现“快进→慢进缓冲→停止快退”的循环，行程阀可根据需要来调整缓冲开始位置，这种回路常用于惯性力大的场合。如图 6.38(b)所示的回路的特点是：当活塞返回到行程末端时，其左腔压力已降至打不开顺序阀 2 的程度，余气只能经节流阀 1 排出，因此活塞得到缓冲，这种回路都只能实现一个运动方向上的缓冲，若两侧均安装此回路，可达到双向缓冲的目的。

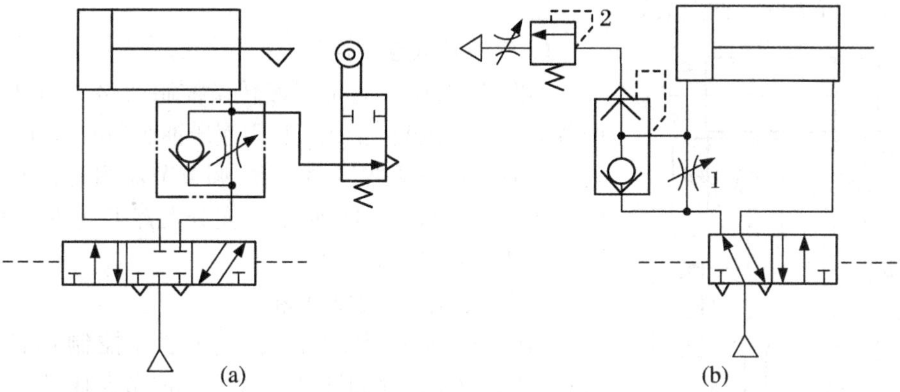

图 6.38　缓冲回路

三、压力控制回路

压力控制回路的功用是使系统保持在某一规定的压力范围内。常用的有一次压力控制回路、二次压力控制回路和高低压转换回路。

1. 一次压力控制回路

如图 6.39 所示，这种回路用于控制储气罐的气体压力，常用外控溢流阀 1 保持供气压力基本恒定或用电接点压力表 2 控制空气压缩机起停，使储气罐内压力保持在规定的范围内。

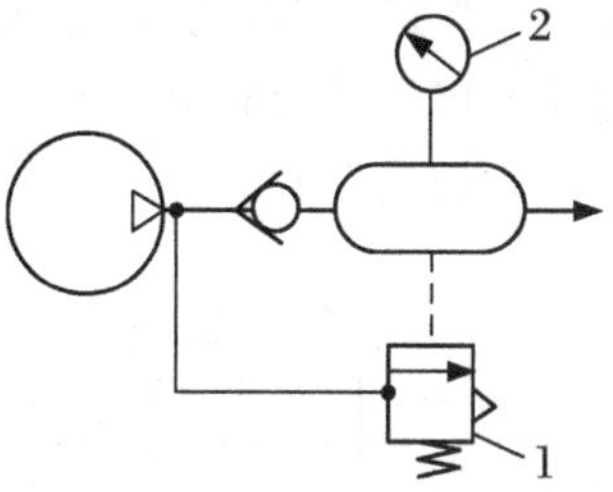

图 6.39　一次压力控制回路

1. 溢流阀；2. 电接点压力表

2. 二次压力控制回路

为保证气动系统使用的气体压力为一稳定值，多用如图 6.40 所示的由空气过滤器、减压阀、油雾器（气动三大件）组成的二次压力控制回路，但要注意，供给逻辑元件的压缩空气不要加入润滑油。

3. 高低压转换回路

该回路利用两只减压阀和一只换向阀间或输出低压或高压气源，如图 6.41 所示，若去掉换向阀，就可同时输出高低压二种压缩空气。

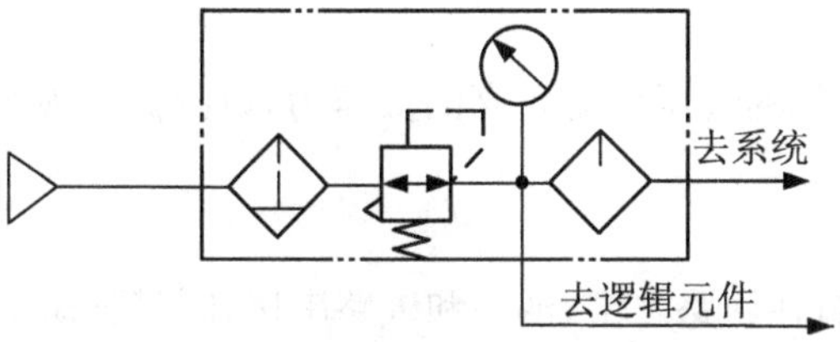

图 6.40　二次压力控制回路

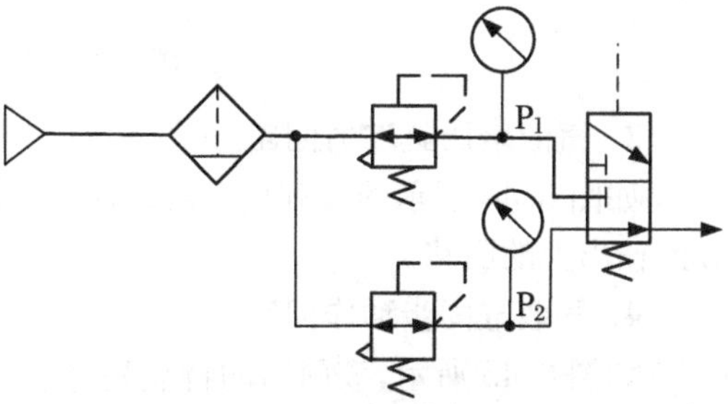

图 6.41　高低压转换回路

四、气液联动回路

气液联动是以气压为动力，利用气液转换器把气压传动变为液压传动，或采用气液阻尼缸来获得更为平稳的和更为有效地控制运动速度的气压传动，或使用气液增压器来使传动力增大等。气液联动回路装置简单，经济可靠。

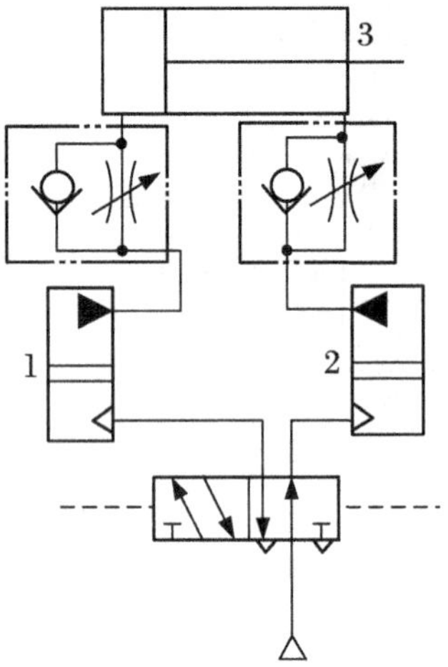

图 6.42　气液转换控制回路

1、2. 气液转换器；3. 液压缸

1. 气液转换控制回路

如图 6.42 所示的是气液转换控制回路，它利用气液转换器 1、2 将气压变成液压，利用液压油驱动液压缸 3，从而得到平稳易控制的活塞运动速度，调节节流阀的开度，就可改变活塞的运动速度。这种回路，充分发挥了气动供气方便和液压速度容易控制的特点。

2. 气液阻尼缸控制回路

如图 6.43 所示的是气液阻尼缸控制回路。其中图 6.43(a)为慢进快退回路，改变单向节流阀的开度，即可控制活塞的前进速度。活塞返回时，气液阻尼缸中液压缸的无杆腔的油液通过单向阀快速流入有杆腔，故返回速度较快，高位油箱起补充泄漏油液的作用。图 6.43(b)为能实现机床工作循环中常用的"快进→工进→快退"动作。当有 K_2 信号时，五通阀换向，活塞向左运动，液压缸无杆腔中的油液通过 a 口进入有杆腔，气缸快速向左前进；当活塞将 a 口关闭时，液压缸无杆腔中的油液被迫从 b 口经节流阀进入有杆腔，活塞工作进给；当 K_2 消失，有 K_1 输入信号时，五通阀换向，活塞向右快速返回。

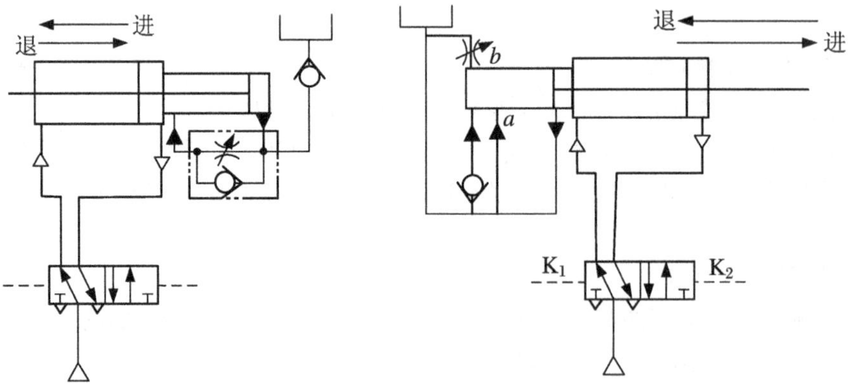

(a)　　　　(b)

图 6.43　气液阻尼缸控制回路

3. 气液增压缸增力回路

如图 6.44 所示的是利用气液增压缸 1 把较低的气压变为较高的液压力，以提高气液缸 2 的输出力的回路。

4. 气液缸同步动作回路

如图 6.45 所示，该回路的特点是将油液密封在回路之中，油路和气路串接，同时驱动 1、2 两个缸，使二者运动速度相同，但这种回路要求缸 1 无杆腔的有效面积和缸 2 的有杆腔面积必须相等。在设计和制造中，要保证活塞与缸体之间的密封，回路中的截止阀 3 与放气口相接,用以放掉混入油液中的空气。

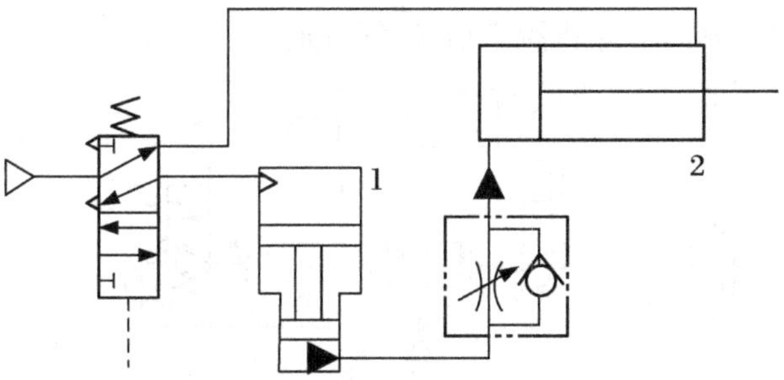

图 6.44　气液增压缸增力回路

1. 气液增压缸;2. 气液缸

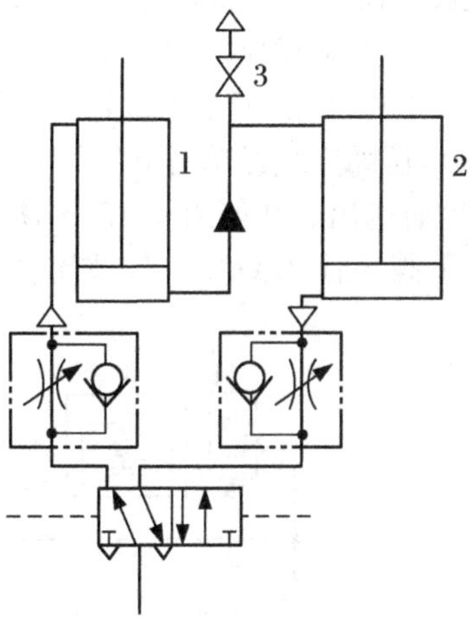

图 6.45　气液缸同步动作回路

1、2. 气液缸;3. 截止阀

五、其他基本气动回路

1. 计数回路

计数回路可以组成二进制计数器。在如图 6.46(a)所示的回路中,按下阀 1 按钮,则气信号经阀 2 至阀 4 的左或右控制端使气缸推出或退回。阀 4 换向位置,取决于阀 2 的位置,而阀 2 的换位又取决于阀 3 和阀 5。如图所示,假设按下阀 1 时,气信号经阀 2 至阀 4 的左端使阀 4 换至左位,同时使阀 5 切断气路,此时气缸向外伸出;当阀 1 复位后,原通入阀 4 左控制端的气信号经阀 1 排空,阀 5 复位,于是气缸无杆腔的气经阀 5 至阀 2 左端,使阀 2 换至左位等待阀 1 的下一次信号输入。当阀 1 第二次按下后,气信号经阀 2 的左位至阀 4 右控制端使阀 4 换至右位,气缸退回,同时阀 3 将气路切断。待阀 1 复位后,阀 4 右控制端信号经阀 2,阀 1 排空,阀 3 复位并将气导至阀 2 左端使其换至右位,又等待阀 1 下一次信号输入。这样,第 1,3,5,…次(奇数)按压阀 1,则使气缸伸出;第 2,4,6,…次(偶数)按压阀 1,则使气缸退回。

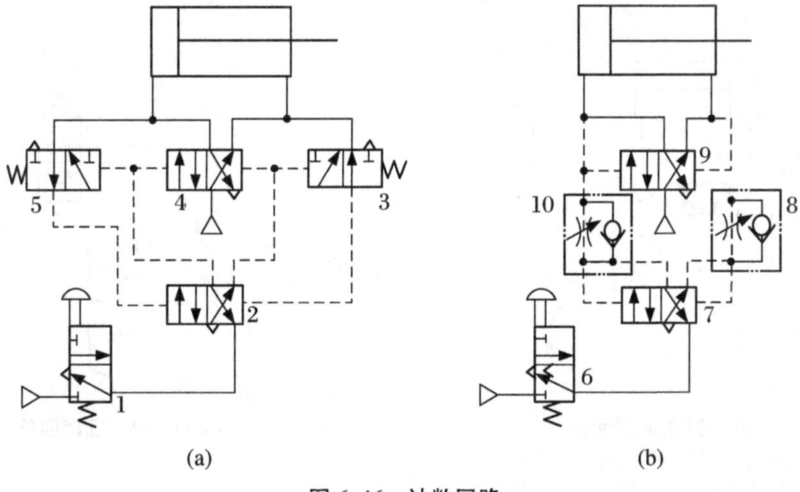

图 6.46　计数回路

图 6.46(b)按压阀 6 的时间不能过长，只要使阀 9 切换后就放开，否则气信号将经阀 10 或阀 8 通至阀 7 左或右控制端，使阀 7 换位，气缸反行，从而使气缸来回振荡。

2. 延时回路

如图 6.47 所示的是延时回路。其中图 6.47(a)是延时输出回路，当控制信号 4 切换阀 4 后，压缩空气经单向节流阀 3 向气容 2 充气。当充气压力经延时升高至使阀 1 换位时，阀 1 就有输出。在如图 6.47(b)所示回路中，按下阀 8，则气缸向外伸出，当气缸在伸出行程中压下阀 5 后，压缩空气经节流阀到气容 6 延时后才将阀 7 切换，气缸退回。

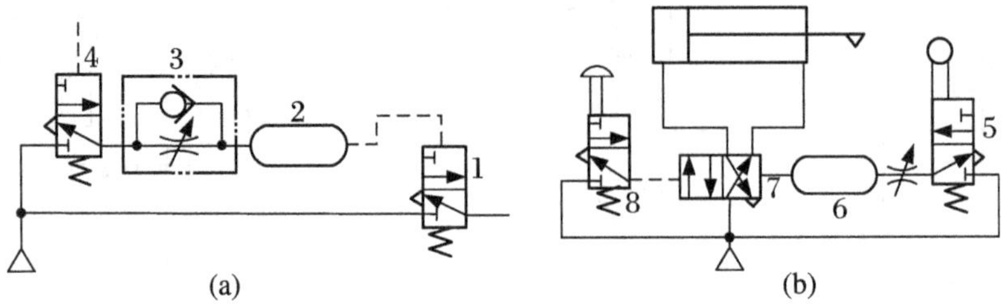

图 6.47 延时回路

3. 安全保护和操作回路

由于气动机构负荷的过载、气压的突然降低以及气动执行机构的快速动作等原因都可能危及操作人员或设备的安全，因此，在气动回路中，常常要加入安全回路。需要指出的是，在设计任何气动回路时，特别是在安全回路中，都不可缺少过滤装置和油雾器。因为空气中的杂物，可能堵塞阀中的小孔与通路，使气路发生故障；缺乏润滑油，很可能使阀发生卡死或磨损，以致整个系统的安全都出现问题。下面介绍几种常用的安全保护回路。

(1) 过载保护回路

如图 6.48 所示的是过载保护回路，当活塞杆在伸出途中，遇到偶然障碍或其他原因使气缸过载时，活塞就立即缩回，实现过载保护。在活塞伸出的过程中，若遇到障碍 6，无杆腔压力升高，打开顺序阀 3，使阀 2 换向，阀 4 随即复位，活塞立即退回。同样，若无障碍 6，气缸向前运动时压下阀 5，活塞即刻返回。

(2) 互锁回路

如图 6.49 所示的是互锁回路，在该回路中，四通阀的换向受 3 个串联的机动三通阀控制，只有 3 个都接通，主控阀才能换向。

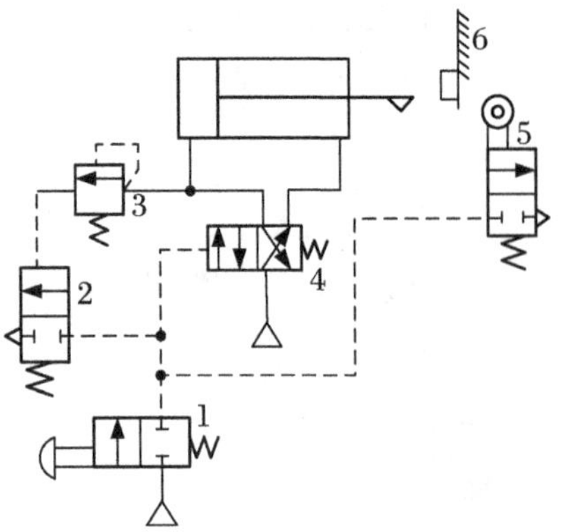

图 6.48 过载保护回路

1. 手动换向阀；2. 气控换向阀；3. 顺序阀；
4. 二位四通换向阀；5. 机控换向阀；6. 障碍物

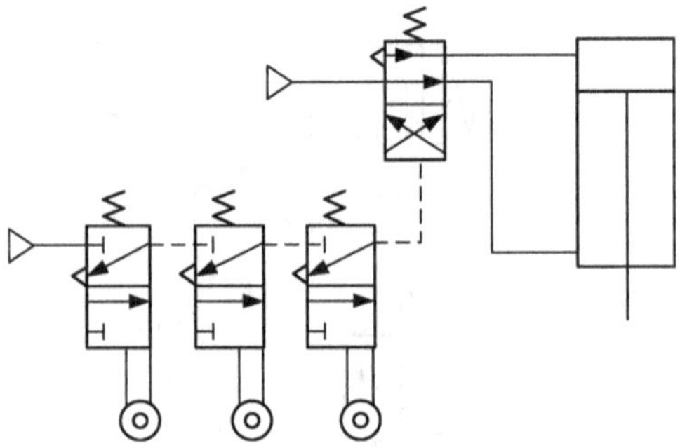

图 6.49 互锁回路

（3）双手同时操作回路

所谓双手操作回路就是使用两个启动用的手动阀，只有同时按动两个阀才动作的回路。这种回路主要是为了安全。这在锻造、冲压机械上常用来避免误动作，以保护操作者的安全。

如图 6.50(a)所示的是使用逻辑“与”回路的双手操作回路，为使主控阀换向，必须使压缩空气信号进入上方，为此必须使两只三通手动阀同时换向，另外这两个阀必须安装在单手不能同时操作的距离上，在操作时，如任何一只手离开则控制信号消失，主控阀复位，则活塞杆后退。如图 6.50(b)所示的是使用三位主控阀的双手操作回路，把此主控阀 1 的信号 4 作为手动阀 2 和 3 的逻辑“与”回路，亦即只有手动阀 2 和 3 同时动作时，主控制阀 1 换向到上位，活塞杆前进；把信号 B 作为手动阀 2 和 3 的逻辑“或非”回路，即当手动阀 2 和 3 同时松开时(图示位置)，主控制阀 1 换向到下位，活塞杆返回；若手动阀 2 或 3 任何一个动作，将使主控制阀复位到中位，活塞杆处于停止状态。

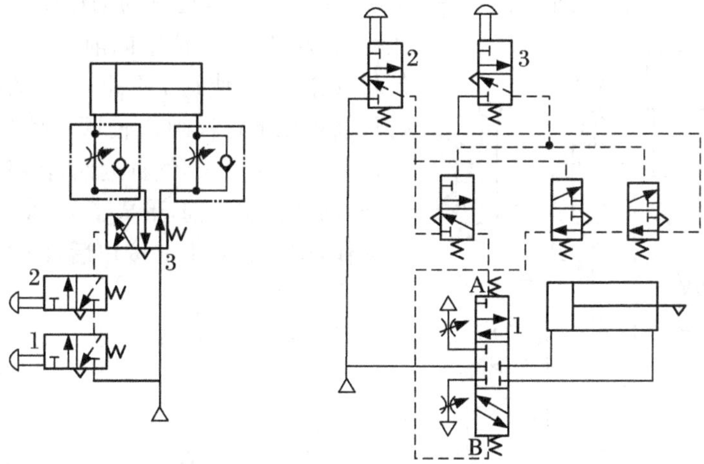

(a)　(b)

图 6.50　双手同时操作回路

4. 顺序动作回路

顺序动作是指在气动回路中，各个气缸按一定程序完成各自的动作。例如单缸有单往复动作、二次往复动作、连续往复动作等；双缸及多缸有单往复及多往复顺序动作等。

（1）单缸往复动作回路

单缸往复动作回路可分为单缸单往复和单缸连续往复动作回路。前者指输入一个信号后，气缸只完成 A_1 和 A_0 一次往复动作(A 表示气缸，下标“1”表示 A 缸活塞伸出，下标“0”表示活塞缩回动作)。而单缸连续往复动作回路指输入一个信号后，气缸可连续进行 $A_1A_0A_1A_0$…动作。

如图 6.51 所示的是三种单缸往复回路。其中图 6.51(a)为行程阀控制的单缸往复回路。当按下阀 1 的手动按钮后，压缩空气使阀 3 换向，活塞杆前进，当凸块压下行程阀 2 时，阀 3 复位，活塞杆返回，完成 A_1A_0 循环。图 6.51(b)为压力控制的单缸往复回路，按下阀 1 的手动按钮后，阀 3 阀芯右移，气缸无杆腔进气，活塞杆前进，当活塞行程到达终点时，气压升高，打开顺序阀 2，使阀 3 换向，气缸返回，完成 A_1A_0 循环。图 6.51(c)是利用阻容回路形成的时间控制单缸往复回路，当按下阀 1 的按钮后，阀 3 换向，气缸活塞杆伸出，当压下行程阀2后，需经过一定的时间后，阀3方才能换向，再使气缸返回完成动作A_1A_0的循环。由以上可知，在单往复回路中，每按动一次按钮，气缸可完成一个A_1A_0的循环。

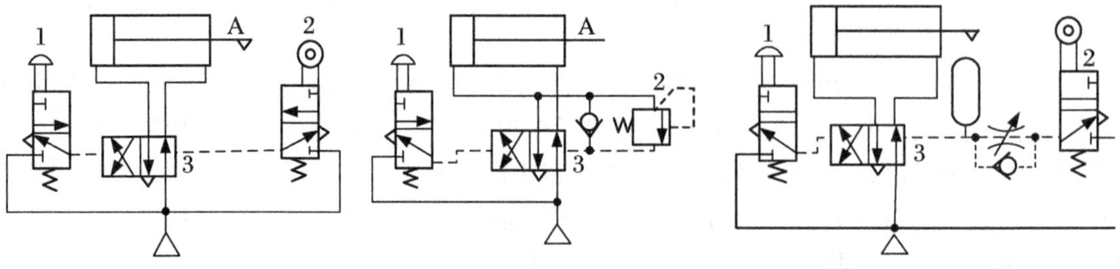

(a)　　(b)　　(c)

图6.51　单缸往复动作回路

(2) 连续往复动作回路

如图6.52所示的回路是一连续往复动作回路，能完成连续的动作循环。当按下阀1的按钮后，阀4换向，活塞向前运动，这时由于阀3复位将气路封闭，使阀4不能复位，活塞继续前进。到行程终点压下行程阀2，使阀4控制气路排气，在弹簧作用下阀4复位，气缸返回，在终点压下阀3，阀4换向，活塞再次向前，形成了$A_1A_0A_1A_0\cdots$的连续往复动作，待提起阀1的按钮后，阀4复位，活塞返回而停止运动。

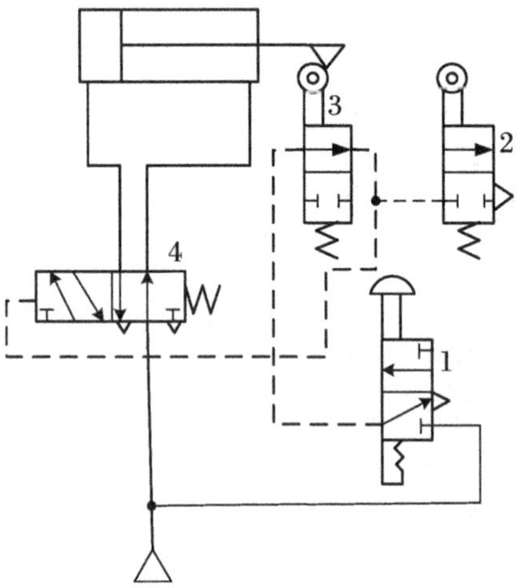

图6.52　连续往复动作回路

(3) 多缸顺序动作回路

2只、3只或多只气缸按一定顺序动作的回路，称为多缸顺序动作回路。其应用较广泛，在一个循环顺序里，若气缸只作一次往复，称之为单往复顺序，若某些气缸作多次往复，就称为多往复顺序。若用A，B，C，…表示气缸，仍用下标"1"、"0"表示活塞的伸出和缩回，则两只气缸的基本顺序动作有$A_1B_0A_0B_1$、$A_1B_1B_0A_0$和$A_1A_0B_1B_0$三种。而若三只气缸的基本动作，就有15种之多，如$A_1B_1C_1A_0B_0C_0$，$A_1A_0B_1C_1C_0B_0$，$A_1A_0B_1C_1B_0C_0$，$A_1B_1C_1A_0C_0B_0$，…等等。这些顺序动作回路，都属于单往复顺序、即在每一个程序里，气缸只作一次往复，多往复顺序动作回路，其顺序的形成方式，将比单往复顺序多得多。

在程序控制系统中，把这些顺序动作回路，都叫作程序控制回路。

任务实施

能够阅读简单的气动回路图。

思　考　题

1. 指出图6.53中的错误并改正。

2. 画出下列液压气动元件职能符号：气马达、油雾分离器、油雾器、气动三联件、双电控先导式二位五通电磁换向阀、梭阀、双压阀、快速排气阀、消声器。

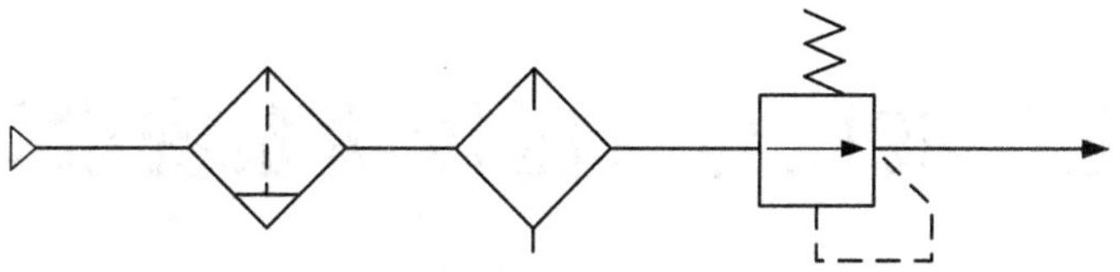

图 6.53　思考题 1 图

3. 气压减压阀是如何实现减压调压的？
4. 简述常见气动压力控制回路及其用途。
5. 试说明排气节流阀的工作原理、主要特点及用途。
6. 画出采用气液阻尼缸的速度控制回路原理图，并说明该回路的特点。

项目七　液压与气压传动系统设计计算

液压与气压控制系统的设计是整机设计的一部分，目前系统的设计方法主要还是经验法，即使是使用计算机辅助设计，也是在专家的经验指导下进行的。

只有在掌握液压与气压传动基本知识、元件的工作原理、结构和基本回路的基础上，进行广泛深入的调查研究，与机械设计、气动设计和电气设计等内容紧密配合，对国内外同类液压和气压系统进行对比分析，探索采用新技术、新产品和新材料的可能性，才有可能设计出结构简单、质量好、效率高和操作方便的液压和气压控制系统。

任务一　液压传动系统的设计计算

任务导入

① 了解液压系统的设计计算步骤和要求。

② 掌握液压元件的选择和查阅相关设计手册。

③ 了解液压系统结构设计和工作图及技术文件的编写注意事项。

相关知识

一、液压系统的设计计算步骤和要求

1. 设计计算步骤

由于设计条件和要完成的任务不同，对于液压传动系统的设计方法和步骤并没有严格的规定和要求，因而可以根据实际情况安排设计程序。一般情况下，液压系统设计的内容和步骤如下：

① 明确液压系统的工作任务和设计要求。

② 确定液压系统的主要参数。

③ 拟订液压系统原理图。

④ 设计或选择液压元件。

⑤ 验算液压系统的性能。

⑥ 设计液压系统结构。

⑦ 绘制正式工作图及编写技术文件。

在实际设计工作中，这些步骤互相联系，有时可以交替进行，甚至多次反复，才能完成设计。

2．工作任务和设计要求

考虑设备总体设计方案时，要根据设备的工作要求对机械传动、电传动或液压传动等传动方式的优、缺点进行充分的分析、比较，合理地、综合地运用各种传动方式的优点，并将它们应用到设备中来，这是设计出质量好又经济的设备的关键之一。

当确定采用液压传动方式后，实际上也就相应地明确了液压系统设计任务。一般设计时其性能要求和设计依据有：

① 设备的总体布局、各液压执行元件的位置和空间尺寸限制条件；

② 各液压执行元件的运动方式、工作行程、运动速度及其变化范围；

③ 各液压执行元件的负载形式(力或力矩)、负载类型和变化范围；

④ 设备的工作循环，各工作部件的相互关系(如动作顺序、互锁)；

⑤ 工作性能要求，如速度稳定性和运动平稳性、可靠性、精度、效率和自动化程度等；

⑥ 工作环境(温度、湿度、振动、冲击、粉尘、腐蚀或易燃)及其他要求(重量、外形、尺寸、经济性等)。

二、液压系统的工况分析计算

工况分析(即工作状况分析)是指对液压系统各执行元件在工作过程中的负载、速度的变化规律进行分析。以下将以作往复直线运动的液压缸为例进行介绍。

1．负载分析及负载图

液压执行元件的负载一般为

$$F = F_L + F_m + F_f + F_G \tag{7.1}$$

式中，F_L为工作负载；F_m为惯性负载；F_f为阻力负载；F_G为重力负载。

(1) 工作负载

工作负载与设备的工作性质有关，可能是定值，也可能是变值。负载力的方向可能与执行元件运动方向相反(称为正值负载)，也可能方向相同(称为超越负载)。例如垂直安装的起升液压缸在举升重物时，其负载为正值负载，而在放下重物时，其负载则是负值负载(超越负载)。

(2) 惯性负载

惯性负载是指工作部件在启动和制动过程中的惯性力，表示为

$$F_m = ma = \frac{F_g}{g} \cdot \frac{\Delta v}{\Delta t} \tag{7.2}$$

式中，m 为工作部件的质量；a 为工作部件的加速度；F_g为工作部件的重量；g 为重力加速度；Δv 为工作部件速度变化值；Δt 为速度变化时间。

(3) 阻力负载

阻力负载是指工作部件受到的摩擦阻力、密封阻力和背压阻力等。摩擦阻力负载与导轨形状、放置位置及运动状态有关。工作部件启动时要克服静摩擦阻力，启动后要克服动摩擦阻力。密封阻力是指液压缸运动时其内部密封装置产生的摩擦阻力，一般将其计入液压缸的机械效率中。背压阻力是液压缸回油路上的阻力，在初步设计时按经验选取。

(4) 重力负载

当工作部件垂直或倾斜放置时，它的重量本身或重量的垂直分量就是重力负载。水平放置的工作部件不存在重力负载。

执行元件(如液压缸)在一个工作循环中,一般要经历启动、加速、恒速和制动4个阶段,而各阶段所需克服的负载不同,将各阶段的负载求代数和,以位移(或时间)为横坐标,绘出各阶段的负载大小,即为执行元件的负载图,如图7.1(a)所示。此图清楚地表明了执行元件(如液压缸)在整个工作循环中的负载情况。

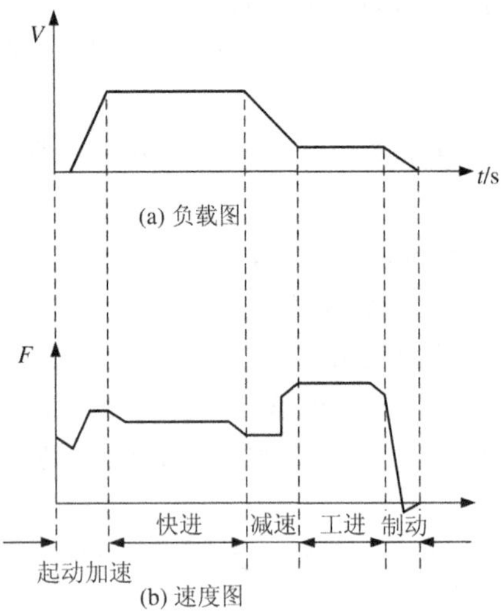

图7.1 液压系统执行元件负载图和速度图

2. 运动分析及速度图

所谓运动分析,就是研究设备各工作部件按工艺要求,以怎样的运动规律完成一个工作循环,即设备工作部件在一个工作循环中其速度变化的规律。一般执行元件(如液压缸)按匀加速(启动加速)、匀速(快进、工进)和匀减速(制动)等运动完成一个工作循环。因此,根据各阶段的运动情况和要求,可以计算出它们的速度。同样以位移(或时间)作为横坐标绘出执行元件的速度图,如图7.1(b)所示。

由于负载图和速度图能形象地表达设备工作部件的工况,所以在较复杂的液压系统设计中是非常必要的。但在简单的液压系统设计中,这两种图可以省略不画。

三、液压系统的主要参数设计计算

液压系统的主要参数是压力和流量。由于液压系统原理图尚未拟定,液压装置尚未设计,压力损失和泄漏损失无法求出。因此,这里所指主要参数的确定,实际上是指对执行元件(如液压缸)的工作压力、最大流量和主要结构参数的初步确定。

在压力和流量这两个参数中,一般是先选定执行元件(如液压缸)的工作压力,然后根据负载图确定主要结构参数,再根据结构参数和速度图确定其流量。

1. 确定液压执行元件的工作压力

执行元件工作压力选择得是否合理,直接关系到整个系统设计的合理程度,不同的液压设备,应根据其特点和使用场合的不同,选用不同的压力。选用较高的工作压力,在输出功率相同时,可以减小所需的流量,因而可以减小系统组成元件的尺寸和重量。整个液压装置的结构也紧凑。但是工作压力选高后,对装置的密封,液压元件的质量要求更高,这样会使成本增高,振动和噪音会有所增加,容积效率也会降低,发热也会增加。因此,对液压系统工作压力的选择应从整体上加以考虑后再确定。

执行元件的工作压力常根据执行元件负载中的最大负载(表7.1)或根据设备的类型(表7.2)来选取。

表7.1 液压缸不同负载时的工作压力

负载(kN)	<5	5~10	10~20	20~30	30~50	>50
工作压力(MPa)	<0.8~1	1.6~2	2.5~3	3~4	4~5	>5~7

表 7.2　各类设备常用的系统压力

设备类型	机床				农业机械、汽车工业、小型工程机械	工程机械、重型机械、锻压设备、液压支架	船用系统
	磨床	组合机床、牛头刨床、齿轮加工机床	车床、铣床、镗床	拉床、龙门刨床			
压力(MPa)	<2.5	<6.3	2.5～6.3	<10	10～16	16～32	14～25

选择工作压力时应注意,由于管路和元件有压力损失,因此,液压系统的工作压力应比执行元件的工作压力高。为使泵具有压力储备,液压泵的额定工作压力又应比液压系统的工作压力高。

2. 液压执行元件主要结构尺寸的确定

液压执行元件的主要结构尺寸,对液压缸而言,是指液压缸的有效工作面积,或液压缸缸径及活塞杆的直径。同样,对于液压马达,主要是根据有关公式,计算出排量 V_m。

液压执行元件除能满足推动负载的要求外,还应满足最小速度方面的要求。因此,应根据节流阀或调速阀的最小稳定流量,按下式进行验算:

$$\left.\begin{aligned}&\text{液压缸}:\frac{q_{min}}{A}\leqslant v_{min}\\&\text{液压马达}:\frac{q_{min}}{V_m}\leqslant n_{min}\end{aligned}\right\}\tag{7.3}$$

式中,q_{min}为节流阀或调速阀最小稳定流量,由产品样本中查出;v_{min}、n_{min}为设备规定的最低速度。

验算结果如不能满足上述要求,就必须加大液压缸的有效工作面积 A,或液压马达排量 V_m的量值。最后,执行元件的结构参数还必须按标准值进行圆整。

3. 液压执行元件最大流量的确定

根据执行元件的结构参数和最大速度,按下式求出最大流量,即

$$q_{max}=Av_{max}\quad 或\quad q_{max}=\frac{V_m n_{max}}{\eta_{mv}}\tag{7.4}$$

4. 绘制液压执行元件的工作状况图

液压执行元件的工作状况图简称工况图,包含:压力图、流量图和功率图。它是在执行元件结构参数确定之后,根据设计任务要求(负载、速度),算出它在不同阶段中的实际工作压力、流量和功率,然后绘出工况图,如图 7.2 所示。

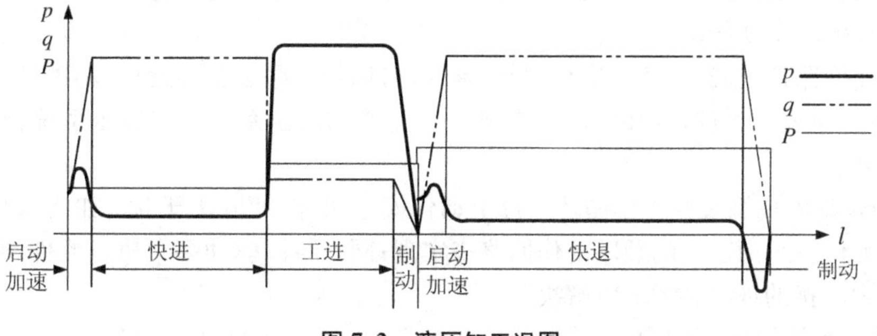

图 7.2　液压缸工况图

工况图反映了液压系统在实现整个工作循环时这 3 个参数的变化情况。当有多个执行元件时，其工况图是各个执行元件工况图的综合。工况图是拟定液压系统方案，选择液压基本回路和液压元件的依据，也就是说：

① 液压系统图中的各种液压回路及油源形式主要是根据工况图中不同阶段内的压力和流量变化情况选择出来后，再对多个方案进行对比确定的。

② 液压泵和各种控制阀的规格是根据工况图中的最大压力和最大流量来选定的。

③ 将工况图所反映的情况与通过调研得来的有关方案的工况图进行对比分析，可以对原定设计参数的合理性作出鉴别，以便进行修改，使所设计的液压系统更加合理、经济。

四、液压系统的拟定及元件选择

1. 液压系统的拟定

拟定液压系统图是整个液压系统设计中重要的一步，它具体体现设计任务中的各项要求。拟定液压系统图，一般是首先通过分析对比选出合理的液压回路，然后把选出来的液压回路组合成液压系统。在液压系统比较复杂，要求实现的运动较多，尤其是多执行机构时，采用这种方法特别具有优越性。在液压系统比较简单，设计者经验较丰富的情况下，也可一次就拟出液压系统方案。

(1) 液压回路的选择

液压回路的选择主要是根据设计要求和工况图来进行的。选择回路时既要考虑调速、调压、换向、顺序动作、动作互锁等要求，也要考虑节省能源、减少发热、减少冲击、保证动作精度等问题。另外，选择回路时可能有多种方案，必须对不同的液压回路进行对比分析，并参考和吸收同类型液压系统中的先进回路和成熟经验。

在液压系统中，一般调速回路是系统的核心。往往调速方式一经确定，其他有关的液压回路、油源的结构形式和油液的循环形式就会很自然地选择出来了。因此，一般都从选择调速回路着手，并以选定的调速回路为基础，选择其他液压回路。

调速回路应当根据工况图中压力、流量和功率的变化和大小来选择，此外，还应考虑系统对速度稳定性、运动平稳性和温升的要求，综合考虑各方面因素后再来确定恰当的调速回路。例如，小功率系统一般多采用节流调速回路，而大功率系统宜采用容积调速回路。在采用节流调速方案时，如果速度稳定性要求低，宜采用节流阀式节流调速回路；而负载变化大、速度稳定性要求高的，宜采用调速阀式节流调速回路。

一般来说，调速回路确定后，快速运动回路也就随之确定了。在考虑速度换接回路时，考虑较多的是采用什么样的控制方式换接好。

换向回路除了在采用双向变量泵时用泵换向外，一般均采用换向阀换向。

至于其他一些回路的特点及适用场合，可参考项目三中相应的论述。

(2) 液压系统的合成

当液压回路选定之后，就可进行归并、整理，再增加一些必要的元件、辅助件和相应的辅助回路，取消重复的元件及回路，使之组成一个完整的液压系统。在液压系统合成时，必须注意以下几点：

① 应保证液压系统在工作循环中每个动作安全可靠，相互无干扰。如要求顺序动作的多个执行元件可采用适当的顺序动作回路来实现；同一泵源驱动多个执行元件同时工作时，速度或压力干扰的现象必须加以解决。

② 力求系统简单，省去不必要的元件和回路，以提高可靠性。注意和简单机械或电气

传动相配合，保证经济、合理等。

③ 尽可能提高系统的效率，防止系统过热。

④ 尽量使液压系统的组合通用化，减少自行设计的专用件。

⑤ 合理分布测压点。一般测压点分布在泵源出口处、执行元件进出口处、减压阀出口处、顺序阀或背压阀前的油路上等。

⑥ 采取措施防止液压冲击。

2. 液压元件的选择

在选择液压元件时，应首先计算各液压元件在工作中承受的压力和通过的流量，以便确定元件的规格尺寸。应尽量选择标准液压元件，只有在标准液压元件不能满足要求或根本没有类似的标准液压元件时，才设计专用液压元件。在选择液压元件时，最主要的是液压泵的选择。

(1) 确定液压泵的容量及其驱动电机的功率

液压泵的工作压力根据液压执行元件的工况来确定，如果液压执行元件只有在其行程终止时才需要最大压力（如夹紧液压缸），则液压泵的工作压力只需与液压执行元件的最大压力相等即可。当液压执行元件在工作行程过程中就需要最大压力时，液压泵的工作压力应当是液压执行元件的最大工作压力和进油路上所有压力损失之和。即

$$p_p = p_{1max} + \sum \Delta p \tag{7.5}$$

式中，p_p 为液压泵的工作压力；p_{1max} 为液压执行元件进油腔的最大工作压力；$\sum \Delta p$ 为进油路上所有压力损失之和，它包括阀、管道、接头等处的压力损失。

在液压元件未选定和液压装置设计工作图未画出之前，压力损失无法计算，一般可通过估算求得，也可按经验资料估计。如对一般节流调速系统及管路简单的系统取 $\sum \Delta p = (2 \sim 5) \times 10^5$ Pa；对进油路上有调速阀及管路复杂的系统取 $\sum \Delta p = (5 \sim 15) \times 10^5$ Pa。

(2) 液压泵的流量计算

当单泵供油时

$$q_p \geqslant K(\sum q_i)_{max} \tag{7.6}$$

式中，q_p 为液压泵的流量；$(\sum q_i)_{max}$ 为同时工作的执行元件流量之和的最大值，对有多个执行元件而动作复杂的系统，应将各执行元件的流量循环图按工作循环进行合成，从中找出 $(\sum q_i)_{max}$；K 为考虑系统泄漏和溢流阀最小溢流量的系数，一般 $K = 1.10 \sim 1.25$，大流量时取小值，小流量时取大值。

当系统采用蓄能器时，液压泵的流量按系统在一个循环周期中的平均流量选取。

$$q_p \geqslant \frac{K}{T} \sum_{i=1}^{n} V_i \tag{7.7}$$

式中，K 为系统泄漏系数，一般取 1.2；T 为设备工作周期；V_i 为每个执行元件在工作周期中的总耗油量；n 为执行元件的个数。

(3) 选择液压泵的规格

根据液压系统方案中确定的液压泵形式和计算出的最大工作压力和流量，参考产品样本或有关手册选出相应规格的液压泵。选择时泵的额定压力应选得比泵的最大工作压力高25%～60%，使泵有一定的压力储备。泵的额定流量的选择则只需能满足上述计算所得的

值即可。

(4) 确定液压泵驱动电动机的功率

在恒压源系统中,液压泵驱动功率为

$$P = \frac{p_p q_p}{\eta_p} \tag{7.8}$$

式中,p_p为液压泵的最大工作压力;q_p为液压泵的流量;η_p为液压泵的总效率。

限压式变量叶片泵的驱动功率,可按泵的实际压力——流量特性曲线拐点处的功率来计算。

在工作循环中,泵的压力与流量变化较大时,可按各工作阶段的功率进行计算,然后取平均值。

$$P = \sqrt{\frac{t_1 P_1^2 + t_2 P_2^2 + \cdots + t_n P_n^2}{t_1 + t_2 + \cdots + t_n}} \tag{7.9}$$

式中,$t_1, t_2, \cdots, t_n$为整个工作循环中各个工作阶段所对应的时间;$P_1, P_2, \cdots, P_n$为整个工作循环中各个工作阶段所需的功率。

在选择电动机时,首先比较平均功率与各工作阶段的最大功率,当最大功率符合电动机短时超载30%的范围时,按平均功率选取电动机;否则,按最大功率选取。

3. 其他元件的选择

(1) 液压阀的选择

各种阀类元件的规格型号按液压系统图和系统工况图中提供的情况从产品样本中选取。选择液压阀的依据为:额定压力、通过该阀的最大流量、动作方式、安装固定方式、压力损失数值、工作性能参数和工作寿命等。溢流阀按液压泵的最大流量选取;流量阀应按回路控制的流量范围选取,并考虑其最小稳定流量应满足主机低速性能的要求;控制油路中的各类阀可选择流量规格最小的阀;选电磁阀时应注意统一,即交流电磁阀或直流电磁阀只能统一选一种。另外,各类阀在必要时可允许通过阀的最大流量超过其额定流量的20%。对于可靠性要求特别高的系统来说,阀类元件的额定压力应高出其工作压力较多。

(2) 选择液压辅助元件

辅助元件包括滤油器、蓄能器、管接头、油管和油箱等。它们的选择可参考前面的内容。

五、液压系统的性能验算

液压系统设计完成之后,往往需要对液压系统的某些性能指标进行验算,以便判断其设计质量,或从几种方案中选出最好的方案,以使设计的液压系统质量更高。然而液压系统的性能验算是一个复杂的问题,目前详细验算尚有困难,只能采用一些简化的公式,选用近似的、粗略的数据进行估算,并以此来定性地说明系统性能上的一些主要问题。设计过程中如有经过生产实践考验的同类型系统可供参考,或者有较可靠的实验结果可供使用,则系统的性能验算可以省略。

液压系统性能验算的项目很多,常见的有回路压力损失验算和发热温升验算。

1. 液压回路中的压力损失

当液压元件的规格、管道尺寸及其布置已经确定之后,就可对液压回路或系统的压力损失进行计算了。由此,进一步可确定泵的供油压力和计算系统的效率。

液压回路中的压力损失包括油液通过管道时的沿程损失 Δp_r、局部损失 Δp_i 和阀类元件的局部损失 Δp_v,即

$$\sum \Delta p = \sum \Delta p_{\mathrm{r}} + \sum \Delta p_{\mathrm{i}} + \sum \Delta p_{\mathrm{v}} \tag{7.10}$$

管道的沿程损失和局部损失可以按液压传动手册上的有关公式进行计算，如果系统的管路比较简单、管道长度较短时，由于这些损失的值相对较小，可略去不计。一般只有管道比较长和系统管路较复杂时，才对其进行计算。

油液通过各种液压阀时的压力损失，可从产品样本或说明书中直接查取。但所查得的压力损失值是阀通过额定流量时的最大压力损失值。当实际通过的流量不是额定流量时，其压力损失可按下式计算：

$$\Delta p_{\mathrm{v}} = \Delta p_{\mathrm{vn}} \left(\frac{q}{q_{\mathrm{n}}}\right)^2 \tag{7.11}$$

式中，Δp_{vn}为阀通过额定流量时的最大压力损失；q_{n}为阀的额定流量；q 为阀通过的实际流量。一般按进油路和回油路分别计算出压力损失，然后将回油路的压力损失折算为进油路上的压力损失，进而计算出总压力损失。

回油路中的压力损失 Δp_2，按下式折算为进油路上的压力损失 Δp_1：

$$\Delta p_1 = \frac{A_2}{A_1} \Delta p_2 \tag{7.12}$$

式中，A_1、A_2分别为液压缸、回油腔的有效面积。

在工作循环的不同动作阶段中的压力损失是不同的，必须分别进行计算。

在已知液压系统总的压力损失之后，就可根据式(7.5)较确切的计算液泵的供油压力了。如果验算后的供油压力比初选的液压泵的额定压力高，则必须进行相应的调整，如另选额定压力高的液压泵，或降低系统的工作压力，或增大执行元件的有效工作面积等。

另外，根据回路的压力损失，还可对回路及系统的效率进行估算。

2. 液压系统发热温升的验算

液压系统效率高，损失的能量就小；反之亦然。损失的能量大部分转变为热能，使液压系统的油温升高。液压系统油温过高会对液压系统正常工作产生不利影响，故应对温升进行限制和对液压系统的发热进行验算。

液压系统中热量主要是由液压泵、液压马达功率损失和油液通过某些阀产生的能量损失引起的。而油液流过管道而产生的能量损失引起的发热量所占比例很小，而且管道的散热面大，其发热量和其自身的散热量基本上达到平衡，故在实际验算中，对管道系统的发热和散热通常不进行计算。

液压系统中主要的散热装置是油箱。

(1) 液压系统发热量的计算

系统产生的热量可近似按下式进行计算：

$$H = H_1 + H_2 \tag{7.13}$$

式中，H_1为液压泵和液压马达功率损失产生的热量；H_2为油液通过阀的功率损失所产生的热量。其中

$$H_1 = P_{\mathrm{p}}(1 - \eta_{\mathrm{p}}) + P_{\mathrm{m}}(1 - \eta_{\mathrm{m}}), \quad H_2 = \Delta p q$$

这里，P_{p}、P_{m}为液压泵、液压马达(缸)的输入功率；η_{p}、η_{m}为液压泵、液压马达(缸)的总效率，q 为通过阀的流量；Δp 为油液通过阀的压力降。

系统发热量计算，也可以近似认为损失的功率都转变成热量了，则此时系统发热量可依据下式进行计算：

$$H = P_i - P_o \tag{7.14}$$

式中，P_i为系统的输入功率(即泵的输入功率)；P_o为系统的有效输出功率。

(2) 液压系统的散热量

当只考虑油箱的散热量时，其散热量 H_0为

$$H_0 = KA\Delta T \tag{7.15}$$

式中，ΔT 为系统温升，即为热平衡时油温和室温之差。K 为油箱散热系数。当通风很差时，$K=7\sim9$；通风良好时，$K=14\sim20$；用风扇冷却时，$K=20\sim25$。A 为油箱散热面积，参考项目六有关公式计算。

(3) 系统热平衡方程式

当发热和散热相等，即达到热平衡时有

$$H = H_0 \quad 或 \quad H = HA\Delta T \tag{7.16}$$

由上式可计算出油箱容量或系统油液的温升。当温升超过表 7.3 所推荐的允许值时，就需增加冷却器。

表 7.3 各种机械的允许油温(℃)

液压设备名称	正常工作温度	最高允许温度	油的温升
机床	30～55	50～70	≤30～35
数控机床	30～50	55～70	≤25
金属粗加工机械	30～70	60～80	
机车车辆	40～60	70～80	
船舶	30～60	70～80	
工程机械	50～80	70～80	≤35～40

六、液压系统结构设计

液压系统原理图确定之后，根据所选择的液压元件、辅助元件进行液压装置的设计。液压装置设计需根据设备的总体布局、使用条件和工作环境来选择液压装置的结构形式、液压元件的配置形式和管路的接法。

1. 液压装置的结构形式

液压装置的结构形式有集中式和分散式两种。

集中式结构是将系统的动力油源、控制调节装置集中安装于主机之外，单独设置一个液压站。其优点是装配、维修方便，油源的振动、发热对主机不产生影响；缺点是液压站增加了占地面积。

分散式结构是将液压系统的动力油源，控制调节装置分散在主机各处，这种结构在移动式液压设备(如工程机械)中应用较多。其优点是结构紧凑，占地面积小；缺点是安装维修复杂，动力源的振动和油温对主机会产生影响。

2. 液压元件的配置形式

液压系统中元件的配置形式主要分为管式配置、板式配置和集成式配置 3 种。

管式配置是采用管式元件，一般多为分散配置。

板式配置是采用板式元件，用螺钉把液压元件和辅件固定在平板上，各元件和辅件之间

的油路用油管(即有管连接)或借助底板上的油道(即无管连接)来实现。

集成式配置是以某种专用或通用的辅助元件把标准元件组合在一起的。这种配置方式按其所用辅助件形式的不同,可分为以下3种形式。

(1) 箱体式集成配置

箱体式集成配置是按系统需要设计出专用的箱体,将标准元件用螺钉固定在箱体上,元件之间的油路一般采取在箱体上钻孔来实现(图7.3)。

(2) 集成块式集成配置

集成块式集成配置是根据典型液压系统的各种基本回路做成通用化的集成块,用它们来组成各种液压系统。集成块多做成正方形,或者长方形。集成块的上下两面为块与块之间的连接面,四周除前面安装管接头通向执行元件之外,其余都供固定标准元件之用。一个系统所需集成块的数目视其复杂程度而定,如图7.4所示。

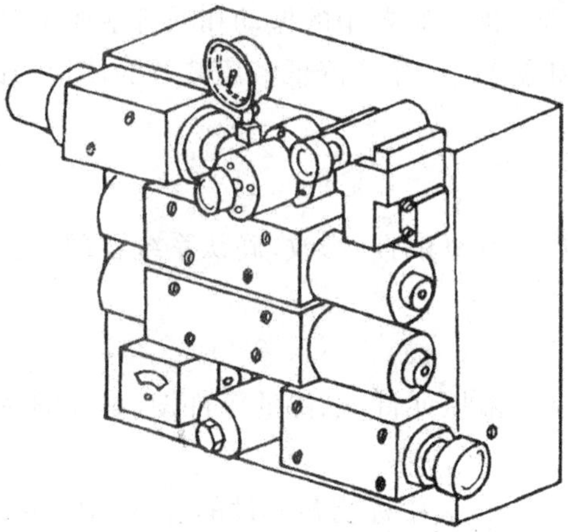

图7.3　液压元件的箱体式集成配置

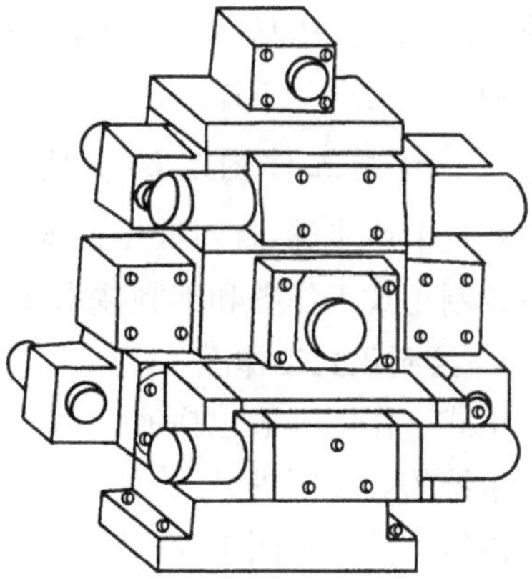

图7.4　液压元件的集成块式集成配置

(3) 叠加阀式集成配置

叠加阀式集成配置是采用标准化的液压元件或零件,通过螺钉将阀体叠接在一起,组成的一个系统。这种配置形式与其他配置形式在工作原理上没有多大区别,在具体结构上则大不相同,叠加阀是自成系列的新型元件,每个叠加阀既起控制阀作用,又起通道体作用,如图7.5所示。

(4) 插装阀式集成配置

插装式集成配置是以二位二通插装式锥阀为基础元件,插装入通用或专用的油路块体中,用不同的控制元件所组成的控制盖板来实现方向、压力及流量等控制的液压系统。图7.6为插装式锥阀的工作原理图。插装阀式具有阻力小、密封性好、换向速度快、流量大等优点。用锥阀组成的液压系统不仅工作可靠而且维修方便。

3. 液压装置结构设计中的注意事项

在液压装置结构设计中应注意以下几点:

① 液压装置的布局应便于装配、调整、维修和使用,并注意外观的协调美观。

② 要注意液压油的污染控制。根据实际调查,液压系统故障75%以上是由于液压油污染造成的,因此液压油的污染控制十分重要。根据系统对液压油污染控制的要求,液压装置中应在适当的部位安置具有一定过滤精度和过滤能力的滤油器。要设置空气滤清器,注意

系统的防尘。

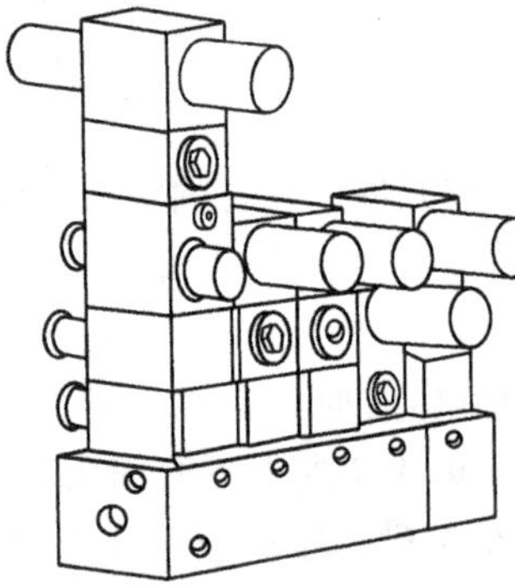

图 7.5 液压元件的叠加阀式集成配置

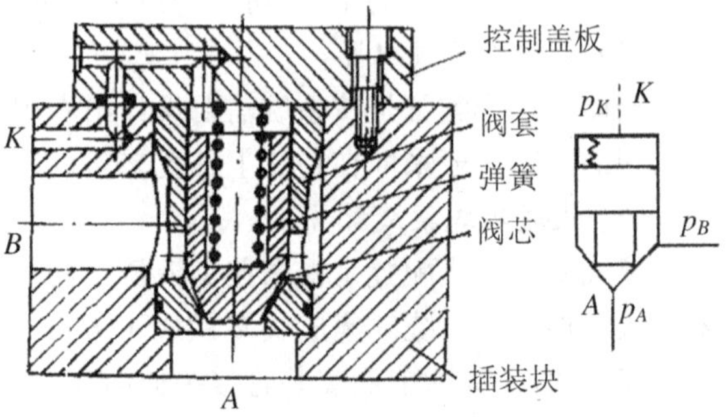

图 7.6 插装式锥阀的工作原理图

③ 结构设计时要注意防止系统的振动、噪音。液压装置中的振动和噪音主要来自机械系统、液压泵、液压马达、控制阀和管道。振动和噪音的产生会降低液压装置的使用寿命，而且影响系统的正常工作。

七、绘制工作图及编制技术文件

经过上述步骤，且对液压系统设计计算进行了反复审查、修改，确认系统合理、完善后，便可绘制正式工作图和编制技术文件。

1. 绘制正式工作图

正式工作图一般包括液压系统原理图，非标准液压元件、辅件的零件图、装配图及整个液压系统的装配图等。

液压系统原理图中应附有液压元件、辅件明细表，表中标明各元件的规格、型号和压力、流量调整值。对自动化要求较高的设备还应绘制出各液压执行元件的工作循环图和电磁铁动作顺序表，有关操作使用说明以及其他特殊技术要求。

对于自行设计的非标准元件和辅件，必须绘制其部件装配图和零件图。

液压系统装配图是液压系统的安装施工图，包括油箱装配图、液压泵装配图、集成油路装配图和管路安装图等。在管路安装图中应画出各油管的走向、固定装置结构、各种管接头的形式和规格等。

2. 编制技术文件

在完成以上工作后，即可编制技术文件。技术文件一般包括液压系统设计任务书、设计计算说明书、液压系统使用及维护技术说明书、零部件目录表及标准件、通用件、外购件表等。

任务实施

设计一卧式钻通孔组合机床动力滑台，使其能实现“快进→工进→快退→停止”的工作循环。工作部件总重 $G=5$ kN；切削负载 $F_R=20$ kN。快速运动距离 $l_1=100$ mm；工作运动距离 $l_2=100$ mm。快速进给和快速退回速度 $v_1=v_3=5$ m/min；工作进给速度 $v_2=50$ mm/min；往复运动的加速、减速时间 $\Delta t=0.2$ s。工作部件运动时采用平导轨支承，其静摩擦系数 $f_s=0.2$；动摩擦系数 $f_d=0.1$。液压系统的执行元件使用液压缸。

一、负载分析

工作负载：

$$F_R = 20\ \mathrm{kN}$$

惯性负载：

$$F_m = \frac{G}{g} \cdot \frac{\Delta v}{\Delta t} = \frac{5\,000}{9.81} \times \frac{5}{0.2 \times 60} \approx 210(\mathrm{N})$$

阻力负载：

$$静摩擦阻力\ F_{fs} = f_s \times G = 0.2 \times 5\,000 = 1(\mathrm{kN})$$

$$动摩擦阻力\ F_{fd} = f_d \times G = 0.1 \times 5\,000 = 0.5(\mathrm{kN})$$

重力负载：

$$卧式组合机床\ F_G = 0$$

由此可得出液压缸在各工作阶段的负载如表 7.4 所示。其中液压缸的机械效率取 $\eta_m = 0.9$。

表 7.4　液压缸动作循环中各阶段的负载

工况	计算公式	液压缸负载 $F(N)$	液压缸推力 $F/\eta_m(N)$
启动	$F = F_f$	1 000	1 100
加速	$F = F_{fd} + F_m$	710	790
快进	$F = F_{fd}$	500	555
工进	$F = F_{fd} + F_R$	20 500	22 778
快退	$F = F_{fd}$	500	555

二、负载循环图的绘制

根据液压缸在各工作阶段的负载值绘制负载图，如图 7.7(a)所示。

根据已知的快进、工进和快退的行程和速度绘制速度图，如图 7.7(b)所示。

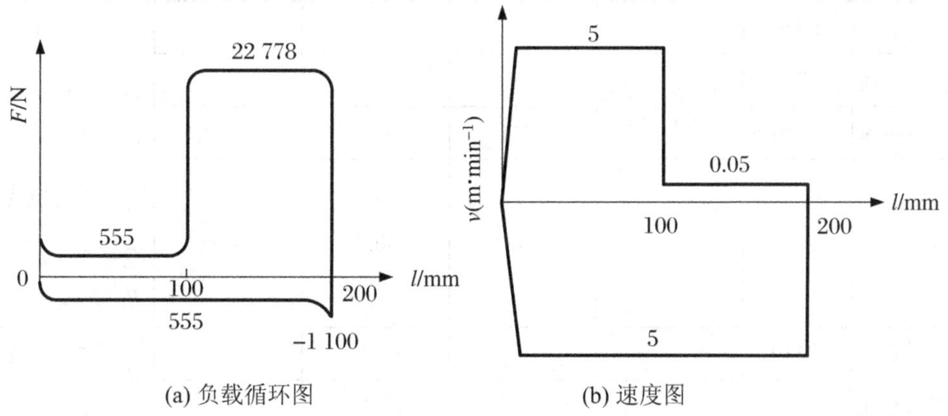

图 7.7　液压缸的负载循环图和速度图

三、液压缸主要参数的确定

1. 初选液压缸的工作压力

由于液压缸的最大推力为 22 778 N，由表 7.1 查出，当负载推力为(2～3)×10^4 N 时，工作压力可选为$(30\sim40)\times10^5$ Pa，根据表 7.2 应选$(30\sim50)\times10^5$ Pa，今初选液压缸的工作压力 $p_1=32\times10^5$ Pa。

2. 计算液压缸尺寸

由于是钻通孔组合机床，为了使其钻孔完毕时不致前冲，在回油路上要装背压阀或采用回油节流调速，根据液压传动手册选定背压力 $p_2=8\times10^5$ Pa。由负载循环图可知，最大负载是在工作进给阶段，采用无杆腔进油，而且取 $d=0.7D$（即 $A_1=2A_2$），以便采用差动连接时，快进和快退的速度相等。因此液压缸活塞的受力平衡式为

$$p_1A_1 = p_2A_2 + F \quad (\text{其中 } A_1 = 2A_2)$$

$$A_1 = \frac{F}{p_1 - \frac{p_2}{2}} = \frac{22\,778}{\left(32 - \frac{8}{2}\right)\times 10^5} = 0.814\times10^{-2}(\text{m}^2)$$

$$D = \sqrt{\frac{4}{\pi}\cdot A_1} = \sqrt{\frac{4}{\pi}\times 0.814\times10^{-2}} = 0.104(\text{m})$$

按标准取 $D=10.5$ cm，则 $d=0.7D=7.35$ cm，所以按标准取 $d=7.5$ cm。

液压缸无杆腔和有杆腔的实际有效工作面积 A_1、A_2值为

$$A_1 = \frac{\pi D^2}{4} = \frac{\pi\times10.5^2}{4} = 86.6(\text{cm}^2)$$

$$A_2 = \frac{\pi}{4}(D^2 - d^2) = \frac{\pi}{4}(10.5^2 - 7.5^2) = 42.4(\text{cm}^2)$$

采用如表 7.5 所示的格式，可计算出液压缸工作循环中各阶段的压力、流量和功率的实际值。根据表 7.5 可绘制出液压缸的工况图，如图 7.8 所示。

表 7.5 液压缸工作循环中各阶段的压力、流量和功率的实际使用值

工况		负数(N)	液压缸				计算公式
			回油腔压力 $p_2\times10^5$(Pa)	输入流量 Q(L/min)	进油腔压力 $p_1\times10^5$(Pa)	输入功率 P(kW)	
快进（差动）	启动	1 110	—	—	2.51*	—	$p_1=\frac{F+A_2\Delta p}{A_1-A_2}$
	加速	790	$p_2=p_1+\Delta p$ ($\Delta p=5$)	—	6.58	—	$Q=(A_1-A_2)v_1$
	恒速	555		22.1	6.05	0.22	$p=p_1A$
工进		22 778	8	0.433	30.2	0.022	$p_1=\frac{F+p_2A_2}{A_1}$ $Q=A_1V_2$ $p=p_1Q$
快通	启动	1 110	—	—	2.61*	—	$p_1=\frac{F+p_2A_1}{A_2}$
	加速	790	0.5	—	12.1*	—	$Q=A_2V_3$
	恒速	555		21.2	11.5	0.41	$p=p_1Q$

* 启动瞬间活塞尚未移动。

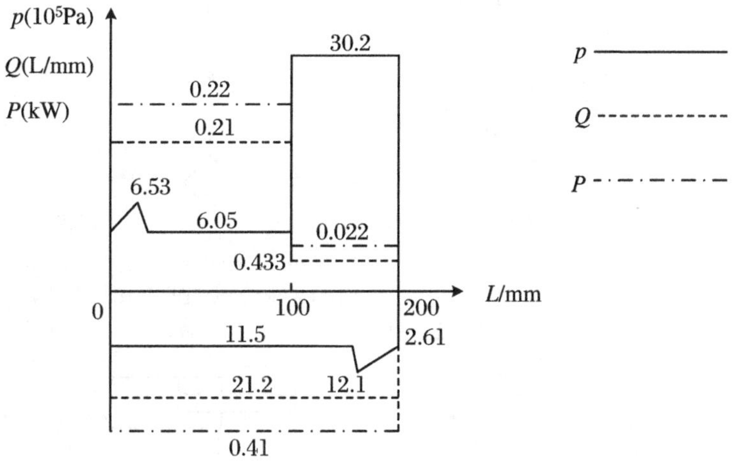

图 7.8　液压缸工况图

四、液压系统图的拟定

1. 选择液压回路

液压回路的选择，首先要选择调速回路。由工况图中的曲线可知，这台组合机床液压滑台的液压系统的功率小，液压滑台的工作速度小，宜采用节流调速。由于钻孔时负载变化小，而且是正值负载，故采用进口节流调速，且在回油路中设置背压阀，以提高运动平稳性。

由工况图可知，液压系统的工作主要由低压大流量和高压小流量两个阶段组成，其最大流量与最小流量之比为$\frac{q_{\max}}{q_{\min}}=\frac{22.1}{0.433}\approx 51$，而工进和快进的时间之比为 $t_1/t_2=100$。因此，从提高系统效率、节省能量的角度来看，采用单个定量泵作为油源显然是不合适的，宜采用双泵供油系统或限压式变量叶片泵供油系统作为对比方案，待比较后选定其中一种方案。

其次是选择快速运动和换向回路。系统中采用节流调速回路后，必须有单独的油路通向液压缸以实现快速运动，又由于快进与快退速度相同，液压缸又采用单杆活塞缸，因此快进时液压缸应采用差动连接的方式。

2. 选择速度换接回路

由工况图中的 q-L 曲线可知，当滑台从快进转为工进时，系统的流量变化很大，滑台的速度变化较大，为了减小速度换接时的液压冲击，宜选用行程阀来实现速度的换接。当滑台由工进转为快退时，回路中通过的流量很大，为了保证换向平稳起见，宜采用电液换向阀换向。由于这一回路要实现液压缸的差动连接，换向阀须是三位五通阀。

调压（或限压）和卸荷问题，无论是在双泵供油系统的回路中还是在限压式变量叶片泵供油的回路中都已解决。

将上面分析的结果，绘制成有关回路图，如图 7.9 所示。

将图 7.9 中的有关回路组合成双泵供油方案的液压系统图和限压式变量泵供油方案的液压系统图，如图 7.10 所示。

在综合过程中发现，为了实现给定的动作循环要求，还应解决下面的两个问题。一个是滑台在工作进给时，进油路与回油路相互串通，使系统压力无法升高，解决的办法是在系统中添加一个单向阀 6，使工进时的进油路和回油路隔开。另一个是工作部件快速前进而液压缸实现差动连接后，油路不能接通油箱，解决的办法是在系统图中加入一外控顺序阀 7（图 7.10(a)中的两个顺序阀合并了）。经过这样修正之后，滑台的动作循环要求就满足了。

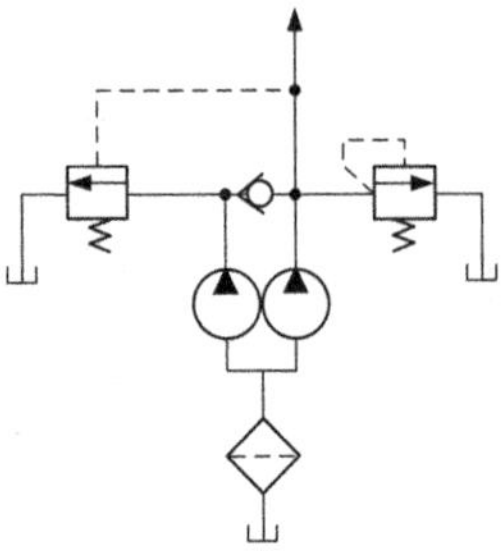

(a) 双泵供油

(b) 限压式变量叶片泵供油

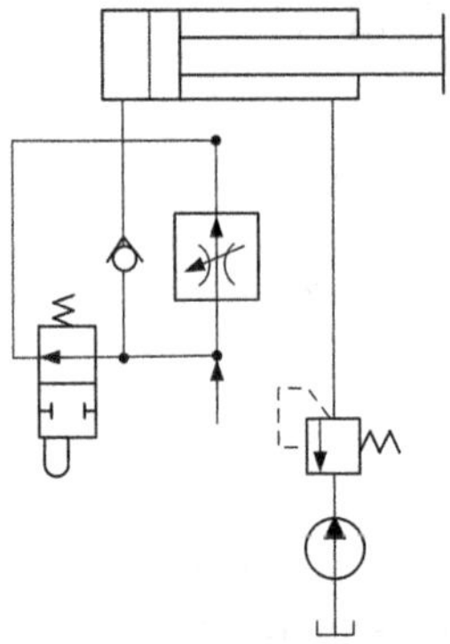

(c) 调速及速度换接回路

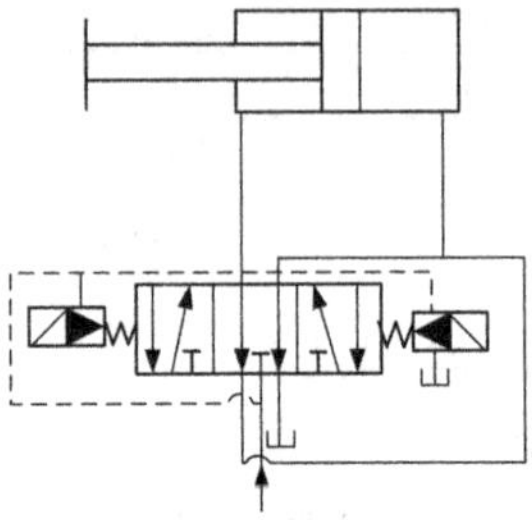

(d) 换向回路

图 7.9　液压回路图

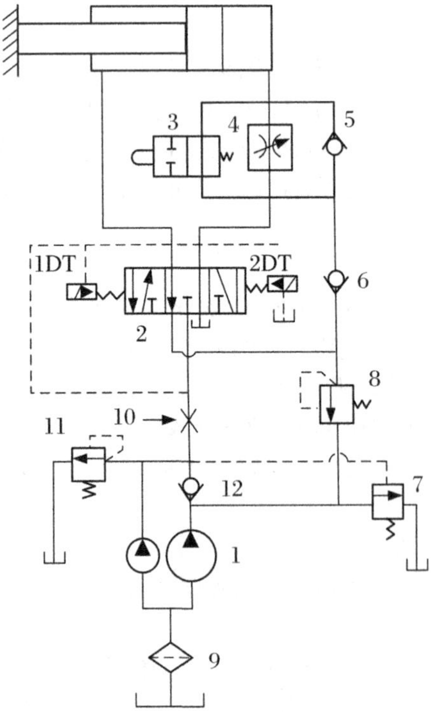

(a) 双泵供油方案

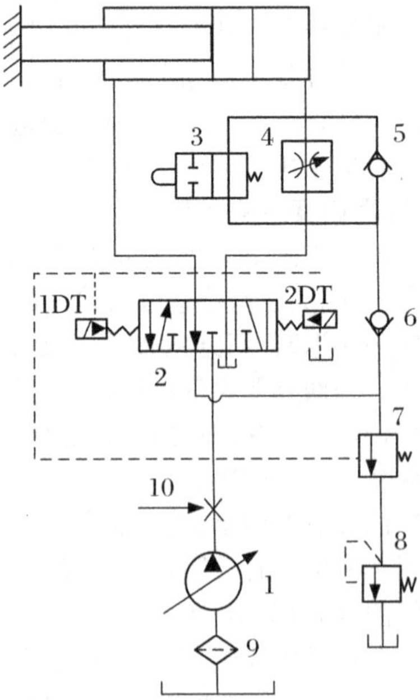

(b) 限压式变量叶片泵供油方案

图 7.10　液压系统图

五、液压元件的选择

若最后确定采用双泵供油系统(图 7.10(a)),需按此液压系统选择液压元件。

1. 确定液压泵规格和驱动电机功率

由液压缸工况图可知,液压缸的最大工作压力为 30.2×10^5 Pa,是在液压缸做工进时出现的,按系统图工作原理,此时由小流量泵供油。采用调速阀进口节流调速,如取进油路上的压力损失 Δp_1 为 8.8×10^5 Pa,则小流量泵的最大工作压力 $p_{\mathrm{P_1}}$ 之值为

$$p_{\mathrm{P_1}} = p_1 + \Delta p_1 = (30.2 + 8.8) \times 10^5 = 39 \times 10^5(\mathrm{Pa})$$

大流量泵在做快进、快退运动时才向液压缸供油。由液压缸工况图可知,快退时的工作压力高于快进时的工作压力,其值为 11.5×10^5 Pa,如取进油路上的压力损失 Δp_1 为 5×10^5 Pa,则大流量泵的最高工作压力为

$$p_{\mathrm{P_2}} = p_1 + \Delta p_1 = (11.5 + 5) \times 10^5 = 16.5 \times 10^5(\mathrm{Pa})$$

由液压缸的工况图可知,在快速运动时,两个液压泵应向液压缸提供的最大流量为 22.1 L/min,由于系统存在泄漏,如取泄漏量 $\Delta q = 0.1q$,则两个液压泵的总供油量为

$$q_{\mathrm{P}} = 1.1q = 1.1 \times 22.1 = 24.31(\mathrm{L/min})$$

由于溢流阀的最小稳定溢流量为 3 L/min,工进时的流量为 0.433 L/min,因而小流量液压泵的最小流量应为 3.433 L/min。

根据以上压力和流量的数值查阅产品目录,最后确定选取 YB-4/25 双联叶片泵。因大泵流量比实际算出值大,因而液压缸实际的快速运动速度较要求的略高。

由液压缸的工况图可知,液压缸的最大功率出现在快退阶段,这时液压泵的供油压力值为 16.5×10^5 Pa,流量为已选定泵的流量值 29 L/min,如取双泵的总效率 $\eta_{\mathrm{p}} = 0.75$,则驱动电机的功率为

$$P_{\mathrm{p}} = \frac{p_{\mathrm{p}} q_{\mathrm{p}}}{10^3 \eta_{\mathrm{p}}} = \frac{16.6 \times 10^5 \times 29 \times 10^{-3}}{10^3 \times 60 \times 0.75} = 1.06(\mathrm{kW})$$

按产品目录选用 Y90L-6 型电动机,其功率为 1.1 kW,转速为 1 000 r/min。

2. 阀类元件及辅助元件选择

根据液压系统的工作压力和通过各个阀类元件和辅助元件的实际流量,选出元件的型号规格,见表 7.6。

表 7.6　液压元件的型号

序号	元件名称	通过阀的实际流量(L/min)	型号规格
1	双联叶片泵	—	YB-4/25
2	三位五通电液阀	58	35EY-63BYZ
3	行程阀	58	22C-63BH
4	调速阀	≤1	Q-4B
5	单向阀	58	1-63B
6	单向阀	28	1-63B
7	顺序阀	25	XY-25B
8	背压阀	<1	B-10B

续表

序号	元件名称	通过阀的实际流量(L/min)	型号规格
9	滤油器	35	XU-40×200
10	压力表开关	—	K6B
11	溢流阀	4	Y-10B
12	单向阀	25	1-25B

3. 油管选择

各元件间连接管道的规格按元件接口尺寸决定；管道长度由管路装配图确定。

4. 确定油箱容量

按经验公式计算：

$$V = (5 \sim 7) q_p = 6 \times 29 = 174(\mathrm{L})$$

六、液压系统的性能验算

1. 回路压力损失验算

由于系统的具体管路布置尚未确定，所以整个回路的压力损失无法估算，但是阀类元件对损失所造成的影响却是可以看得出来的。

由产品样本上查得，低压阀类在公称流量下的压力损失最大值；顺序阀、换向阀、调和行程阀的压力损失均为 3×10^5 Pa，单向阀的压力损失为 2×10^5 Pa。

以下按工作循环各个阶段分别计算。

(1) 快进时

进油路通过单向阀 12 的流量是 25 L/min；通过换向阀 2 的流量是 29 L/min；通过行程阀的流量是 57 L/min，因此总的压降为

$$\sum \Delta p_{v1} = 2 \times 10^5 \times \left(\frac{25}{63}\right)^2 + 3 \times 10^5 \times \left(\frac{29}{63}\right)^2 + 3 \times 10^5 \times \left(\frac{57}{63}\right)^2 = 3.4 \times 10^5(\mathrm{Pa})$$

回油路通过换向阀 2 和单向阀 6 的流量都是 28 L/min，因此总的压力降为

$$\sum \Delta p_{v2} = 3 \times 10^5 \times \left(\frac{28}{63}\right)^2 + 2 \times 10^5 \times \left(\frac{28}{63}\right)^2 = 1 \times 10^5(\mathrm{Pa})$$

将回油路上的压力损失折算到进油路上去，便得到了快进时整个回路中阀类元件所造成的压力损失

$$\sum \Delta p_v = \sum \Delta p_{v1} + \sum \Delta p_{v2}\left(\frac{A_2}{A_1 - A_2}\right) = 3.4 \times 10^5 + 1 \times 10^5 \times \left(\frac{42.4}{86.6 - 42.4}\right)$$
$$= 4.4 \times 10^5(\mathrm{Pa})$$

(2) 工进时

进油路通过换向阀的流量是 4 L/min，因流量小压力损失不计；通过调速阀的压力损失为 5×10^5 Pa，因此总的压降为

$$\sum \Delta p_{v1} = 5 \times 10^5(\mathrm{Pa})$$

回油路背压阀处的压力损失为 8×10^5 Pa，顺序阀 7 处通过(25 + 2)L/min 流量时也造成压力损失，因此总的压降为

$$\sum \Delta p_{v2} = 8 \times 10^5 + 3 \times 10^5 \times \left(\frac{27}{25}\right)^2 = 11.5 \times 10^5(\mathrm{Pa})$$

将回油路上的压力损失折算到进油路上去，便得到了工进时整个回路中阀类元件所造成的压力损失为

$$\sum \Delta p_v = 5 \times 10^5 + 11.5 \times 10^5 \times \left(\frac{42.4}{86.6}\right) = 10.6 \times 10^5 (\text{Pa})$$

(3) 快退时

进油路上通过单向阀12的流量为25 L/min；通过换向阀2的流量为29 L/min；回油路上通过单向阀5、换向阀2的流量都是59 L/min，因此快退时回路总的压力损失为

$$\sum \Delta p_v = 2 \times 10^5 \times \left(\frac{25}{63}\right)^2 + 3 \times 10^5 \times \left(\frac{29}{63}\right)^2 + (2 \times 10^5 + 3 \times 10^5) \times \left(\frac{59}{63}\right)^2 \times \left(\frac{86.6}{42.4}\right) = 9.9 \times 10^5 (\text{Pa})$$

2. 油液温升验算

工进在整个工作循环中所占的时间比例极大，所以系统发热和油液温升可用工进时的情况来计算。

近似认为损失的功率都转变成热量，按式(7.14)计算。

工进时液压缸的有效功率为

$$P_o = Fv = \frac{22\,778 \times 0.05}{10^3 \times 60} = 0.019(\text{kW})$$

由于大流量泵通过顺序阀7卸荷，小流量泵在高压下供油，所以总的输入功率为

$$P_i = \frac{p_{p1} q_{p1} + p_{p2} q_{p2}}{\eta_p} = \frac{3 \times 10^5 \times \frac{25}{60} \times 10^{-3} + 39 \times 10^5 \times \frac{4}{60} \times 10^{-3}}{0.75 \times 10^3} = 0.513(\text{kW})$$

由此得液压泵发热量为

$$H = P_i - P_o = 0.513 - 0.019 = 0.493(\text{kW})$$

油液温升近似值为

$$\Delta T = \frac{H}{3\sqrt{V^2}} \times 10^3$$

则

$$\Delta T = \frac{0.49 \times 10^3}{\sqrt[3]{174^2}} = 15.7(℃)$$

温升没有超过允许范围，液压系统中不须设置冷却器。

任务二　气压传动系统的设计计算

任务导入

① 了解气压传动系统的设计步骤。

② 了解气动系统设计的主要内容及设计程序。

③ 学会查阅相关设计手册。

相关知识

气动系统的设计步骤如下。

1. 明确工作要求

设计前一定要弄清楚主机对气动控制系统的要求,包括以下几个方面:

① 运动和操作力的要求:主机的动作顺序、动作时间、运动速度及其可调范围、运动的平稳性、定位精度、操作力及连锁和自动化程度等。

② 工作环境条件:温度、防尘、防爆、防腐蚀要求及工作场地的空间等情况必须调查清楚。

③ 系统和机、电、液控制相配合的情况,及对气动系统的要求。

2. 设计气控回路

① 列出气动执行元件的工作程序图。

② 画信号动作状态线图或卡诺图、扩大卡诺图,也可直接写出逻辑函数表达式。

③ 画逻辑原理图。

④ 画回路原理图。

⑤ 为得到最佳的气控回路,设计时可根据逻辑原理图,作出几种方案进行比较,如对气控制、电-气控制、逻辑元件等控制方案进行合理的选定。

3. 选择设计执行元件

该步骤包括确定气缸或气马达的类型、气缸的安装形式及气缸的具体结构尺寸(如缸径、活塞杆直径、缸壁厚)和行程长度、密封形式、耗气量等。设计中要优先考虑选用标准缸的参数。

4. 选择控制元件

① 确定控制元件类型,要根据表 7.7 进行比较而定。

表 7.7 几种气控元件选用比较表

比较项目 \ 控制方式	电磁气阀控制	气控气阀控制	气控逻辑元件控制
安全可靠性	较好	较好	较好
恶劣环境适应性(易燃、易爆、潮湿等)	较差	较好	较好
气源净化要求	一般	一般	一般
远距离控制性,速度传递	好,快	一般	一般
控制元件体积	一般	大	较小
元件无功耗气量	很小	很小	小
元件带负载能力	高	高	较高
价格	稍贵	一般	便宜

② 确定控制元件的通径,一般控制阀的通径可按阀的工作压力与最大流量确定。查阅手册初步确定阀的通径,但应使所选的阀通径尽量一致,以便于配管。逻辑元件的类型选定

后，它们的通径也就定了(逻辑元件通径常为 3 mm，个别为 1 mm)。对于减压阀或定值器的选择还必须考虑压力调节范围而确定其不同的规格。

5. 选择气动辅助元件

① 分水滤气器的类型主要根据过滤精度要求而定。一般气动回路、截止阀及操纵气缸等要求过滤精度≤50～75 μm；操纵气马达等有相对运动的情况取过滤精度≤25 μm；气控硬配滑阀、射流元件、精密检测的气控回路要求过滤精度≤10 μm。

分水滤气器的通径原则上由流量确定，并要和减压阀相同。

② 油雾器根据油雾粒径大小和流量来选取。当与减压阀、分水滤气器串联使用时，三者通径要相一致，额定流量是限制流速在 15～25 m/s 范围所测得阀的流量。

③ 消声器可根据工作场合选用不同形式的消声器，其通径大小根据通过的流量而定，可查有关手册。

④ 储气罐其理论容积可按相关手册中的经验公式计算，具体结构、尺寸可查《压缩空气站设计手册》。

6. 确定管道直径、计算压力损失

① 各段管道的直径可根据满足该段流量的要求，同时考虑和前边确定的控制元件通径相一致的原则初步确定。初步确定管径后，要在验算压力损失后选定管径。

② 压力损失的验算。为使执行元件正常工作，气流通过各种元件、辅件到执行元件的总压力损失，必须小于允许压力损失。允许压力损失可根据供气情况来定，一般流水线范围<0.01 MPa，车间范围<0.05 MPa，工厂范围<0.1 MPa。具体元件的压力损失查阅相关手册。

7. 选择空压机

① 计算空压机的供气量 Q_j，以选择空压机的额定排气量。Q_j可由下式算得：

$$Q_j = \varphi K_1 K_2 \sum_{i=1}^{n} Q_z$$

式中，φ 为利用系数；K_1为漏损系数，$K_1 = 1.15 \sim 1.5$；K_2为备用系数，$K_2 = 1.3 \sim 1.6$；Q_Z为每台设备在一个周期内的平均用气量(自由空气量)m^3/s；n 为用气设备台数。

② 计算空压机的供气压力 p_g，以选择空压机的排气压力。表达式为

$$p_g = p + \sum \Delta p$$

式中，p 为用气设备使用的额定压力(也称表压)(MPa)；Δp 为气动系统的总压力损失。

任务实施

设计某厂鼓风炉钟罩式加料装置气动系统。加料机构如图 7.11 所示。Z_A、Z_B 分别为鼓风炉上、下两个料钟：顶料钟、底料钟。W_A、W_B分别为顶、底料钟的配重，料钟平时处于关闭状态。A、B 分别为操纵顶、底料钟的气缸。该料钟具有手动与自动加料两种方式。自动加料：加料时，吊车把物料运来，顶钟 Z_A开启、卸料于两钟之间，然后延时发讯，使顶钟关闭；之后底钟开启、卸料到炉内，再延时关闭底钟，循环结束；料钟开、闭一次的时间 $t = 6$ s，缸行程 $s = 600$ mm，行程末端平缓些；顶部料钟打开的推 $F_A = 5.10 \times 10^3$ N；底部料钟打开的作用力 $F_B = 2.4 \times 10^4$ N；环境温度为 30～40 ℃，灰尘较多。

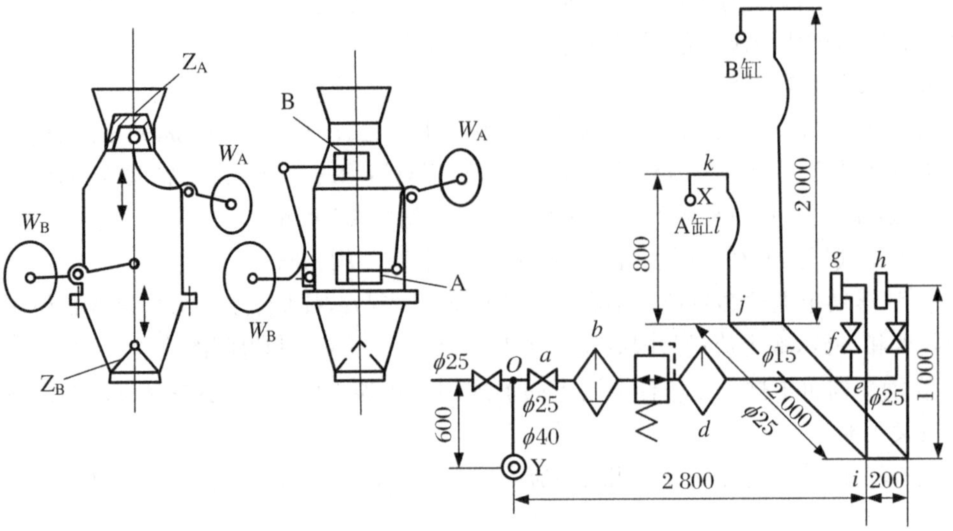

(a) 剖视图　　(b) 外形示意图　　(c) 管道布置示意图

图 7.11　鼓风炉加料装置气动机构示意图

一、设计气控回路

设操纵顶料钟的气缸为 A，气缸活塞杆外伸为 A_1、气缸活塞杆缩回为 A_0；操纵底料钟的气缸为 B，气缸活塞杆外伸为 B_1、气缸活塞杆缩回为 B_0。则气动执行元件的工作程序为

加料吊车放罐压下阀—顶钟开—(延时)顶钟闭—底钟开—(延时)底钟闭

即工作程序为

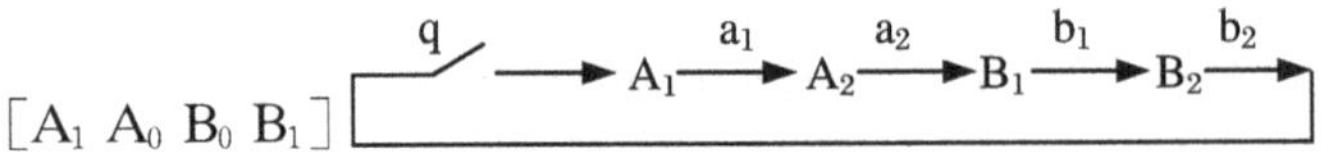

作 X-D 线图如图 7.12 所示，写出执行信号的逻辑表达式，系统的逻辑原理图见图 7.13。但信号 a_1、b_0 应延时。画出回路原理图如图 7.14 所示。

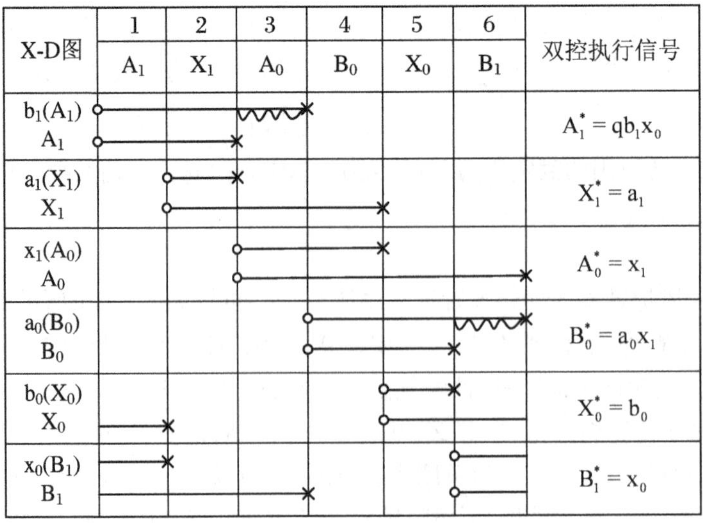

图 7.12　X-D 线图

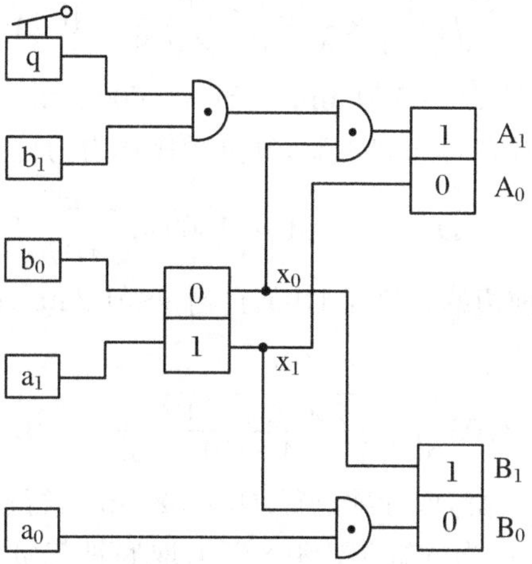

图 7.13　逻辑原理图

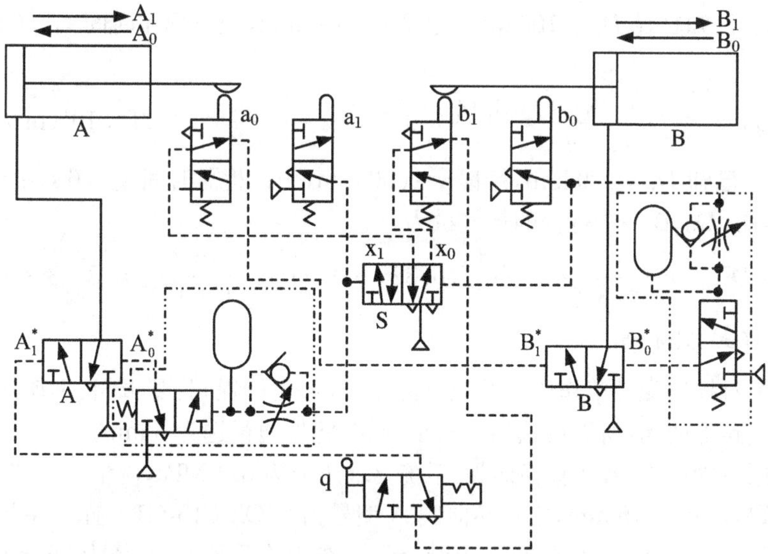

图 7.14　气动控制系统原理图

二、选择执行元件

根据料钟开闭(升降)行程较小、炉体结构限制(料钟中心线上下方不宜安装气缸)及安全性要求(机械支力有故障时,两料钟处于封闭状态),并考虑到气缸的受力,可采用两个单作用缓冲型中间摆轴式气缸。

1. 主要参数尺寸

(1) 气缸内径 D

① 顶部料钟气缸　其内径由下式计算,即

$$D = \sqrt{\frac{4}{\pi}\frac{F_1}{p\eta}}$$

式中,工作推力 $F_1 = F_{ZA} = 5.1\times10^3$ N,当 $v\leqslant0.2$ m/s 时,$\eta = 0.8$,$p = 0.4$ MPa 则

$$D_A=\sqrt{\frac{4}{3.14}\times\frac{5.1\times10^3}{4\times10^5\times0.8}}=0.142(\mathrm{m})$$

查有关手册，取标准缸径 $D_A=160$ mm，行程 $s=600$ mm。

② 底钟气缸　由于炉体总体布置限制，气缸的操作力为拉力，由下式计算，即

$$D_B=(1.01\sim1.09)\sqrt{\frac{4F_2}{\pi p\eta}}$$

考虑缸径较大，取上式前边的系数为1.03，且当 $v\leqslant0.2$ m/s时，$\eta=0.8$，$F_2=2.4\times10^4$ N，$p=4\times10^5$ Pa，则

$$D_B=1.03\sqrt{\frac{4\times2.4\times10^4}{3.14\times4\times10^5\times0.8}}=0.318(\mathrm{m})$$

查手册，也选择冶金用气缸，取标准缸径 $D_B=320$ mm，行程 $s=600$ mm。

综上所述，取顶钟气缸A为气缸JB160×600；取底钟气缸B为气缸JB320×600，活塞杆直径 $d=90$ mm。

2. 耗气量计算

① 缸A　已知缸径 $D_A=160$ mm，行程 $s=600$ mm，全行程需时间 $t_1=6$ s，则压缩空气量为

$$Q_A=\frac{\pi}{4}D^2\frac{s}{t_1\cdot\eta_v}=\frac{3.14}{4}\times0.16^2\times\frac{0.6}{6\times0.9}=2.23\times10^3(\mathrm{m^3/s})$$

② 缸B　已知 $D_B=320$ mm，行程 $s=600$ mm，全行程需时间 $t_2=6$ s，由于缸B的供气端是有杆腔，所以缸B一个行程的耗气量为

$$Q_B=\frac{\pi}{4}(D^2-d^2)\frac{s}{t_2\cdot\eta_v}=\frac{3.14}{4}(0.32^2-0.09^2)\times\frac{0.6}{6\times0.9}=8.23\times10^{-3}(\mathrm{m^3/s})$$

三、选择控制元件

根据系统对控制元件工作压力及流量的要求，选定行程阀、逻辑阀、手动换向阀、延时阀等均为控制气路上的阀，所以可选通径较小的阀，此处通径选为6 mm。

① 主控换向阀　缸A主控换向阀：系统要求压力为0.4 MPa，流量为 2.23×10^{-3} $\mathrm{m^3/s}$，查相关手册得，通径为15 mm，主控换向阀A型号为23Q2-L15-G1。缸B主控换向阀：系统要求压力为0.4 MPa，流量为 8.37×10^{-3} $\mathrm{m^3/s}$，查相关手册得，通径为25 mm，主控换向阀B型号为23Q2-L25-G1。

② 减压阀　根据系统要求的压力、流量，同时考虑A、B缸不会同时工作的特点，减压阀可按流量、压力最大的缸（B缸）选取，选择气动三联件型号为Q3LJW-C25-F1。

③ 行程阀　a_0、a_1、b_0、b_1 均为二位三通常闭杠杆滚轮式行程阀，型号为23JC3-L6。

④ 逻辑阀　S选为二位五通双气控阀，型号为25ZQ2-6G1。

⑤ 手动换向阀　q选为二位三通按钮式换向阀，型号为Q23JR1-L6。

⑥ 延时阀　型号为K23Y-L6-T。

四、选择辅助元件

辅助元件的选择要与减压阀相适应。前面已选气动三联件，所以只选择消声器的型号即可。消声器型号为FXS-L25。

五、确定管道直径、计算压力损失

① 确定管道直径　可按各管径与气动元件通径一致的原则初定各段管径，参见

图 7.11(c)。oe 段,管径取 $d=25$ mm;yo 段,考虑到有两台鼓风炉同时工作,流量为供给两台鼓风炉流量之和,所以可得 $d=35.4$ mm,取标准管径 $D=40$ mm。

② 计算压力损失　如图 7.11(c)所示,因A缸的管路较B缸细,压力损失较大,所以验算供气管从 y 处到A缸进气口 x 处的压力损失是否在允许的范围内。经过计算:$\sum\Delta p\leqslant[\Delta p]$。

六、空压机的选择

气缸的理论用气量由下式计算:

$$\sum_{i=1}^{n} Q_Z = \sum_{i=1}^{n} \frac{\sum_{j=1}^{m}(aQ_Z t)_j}{T}$$

式中,$\sum_{i=1}^{n} Q_z$ 为一台用气设备上的气缸总用气量;n 为用气设备台数,本例中考虑左右两台炉子有两组同样的气缸,故 $n=2$;m 为执行元件个数,本例中一台炉子上有A和B两个缸用气,故 $m=2$;a 为气缸在一个周期内单程作用次数;Q_z 为气缸在一个周期内的平均用气量,本例中 $Q'_A=9.95\times10^{-3}\times10^{-3}\ \mathrm{m^3/s}$,$Q'_B=3.68\times10^{-2}\ \mathrm{m^3/s}$;$t$ 为某个气缸一个单行程的时间,本例中 $t_A=t_B=6$ s;T 为某设备的一次工作循环时间,本例中 $T=2t_A+2t_B=24$ s。

若考虑左右两台炉子的气缸都由一台空压机供气,则气缸的理论用气量

$$\begin{aligned}\sum_{i=1}^{n} Q_z &= \frac{2(1\times Q'_1 t_A + 1\times Q'_B t_B)}{24}\\ &= 2\left[\frac{(1\times9.95\times10^{-3}\times6+1\times3.68\times10^{-2}\times6)}{24}\right]\\ &= 2.34\times10^{-2}(\mathrm{m^3/s})\end{aligned}$$

取设备利用系数 $\varphi=0.95$,漏损系数 $K_1=1.2$,备用系数 $K_2=1.4$,则两台炉子气缸的理论用气量为

$$Q_j = 0.95\times1.2\times1.3\sum_{i=1}^{n} Q_z = 3.47\times10^{-2} = 2.08(\mathrm{m^3/min})$$

如无气源系统需单独供气,可按供气压力≥0.5 MPa,流量 $Q_j=2.08\ \mathrm{m^3/min}$,查有关手册选用 4S-2.4/7 型空压机,该空压机的额定排气压力为 0.7 MPa,额定排气量为 2.4 $\mathrm{m^3/min}$(自由空气量)。

思　考　题

1. 如何拟定液压系统的原理图?
2. 液压系统中为什么要设置快速运动回路?
3. 实现执行元件快速运动的方法有哪些?
4. 液压系统中为什么要设置背压回路? 背压回路与平衡回路有何区别?
5. 液压系统中,当工件部件停止运动后,使泵卸荷有什么好处?
6. 气压系统中,气动三联件应该按照什么样的顺序安装? 为什么?
7. 要求液压缸往返速度相等,应如何选取液压缸? 其有效工作面积之间应满足什么关系?

8. 某立式组合机床采用的液压滑台快进、快退速度为 6 m/min，工进速度为 80 mm/min，快速行程为 100 mm，工作行程为 50 mm，启动、制动时间为 0.05 s。滑台对导轨的法向力为 1 500 N，摩擦系数为 0.1，运动部分质量为 500 kg，切削负载为 30 000 N。试对液压系统进行负载分析。

9. 一台专用铣床，铣头驱动电机功率为 7.5 kW，铣刀直径为 120 mm，转速为 350 r/min。工作行程为 400 mm，快进、快退速度为 6 m/min，工进速度为 60～1 000 m/min，加、减速时间为 0.05 s。工作台水平放置，导轨摩擦系数为 0.1，运动部件总重量为 4 000 N。试设计该机床的液压系统。

项目八　液压与气压传动系统的常见故障分析与排除

随着科技步伐的加快，液压技术在各个领域中得到了广泛应用，液压系统已成为主机设备中关键的部分之一。但是，设计、制造、安装、使用和维护等方面的因素，影响了液压系统的正常运行。因此，了解系统工作原理，懂得一些设计、制造、安装、使用和维护及维修等方面的知识，是保证液压系统能正常运行并极大发挥液压技术优势的先决条件。

任务　常见的液压与气压系统故障分析与排除了解

任务导入

① 了解液压与气压传动在使用和安装方面的知识。

② 了解液压与气压传动的维护。

③ 掌握液压与气压传动的常见故障分析和排除方面的知识。

相关知识

一、液压与气动系统的安装

1．安装前的准备工作与要求

① 仔细分析液压系统的工作原理图、电气原理图、系统管道连接布置图、元件清单和产品样本等技术资料。

② 清洗液压元件和管件，自制重要元件应进行密封和耐压试验。

2．液压元件的安装要求

① 安装各种泵和阀时，不能接反和接错；各接口要紧固，密封应可靠。

② 液压泵轴与电动机轴的安装应符合形位公差要求。

③ 液压缸活塞杆(或柱塞)的轴线与运动部件导轨面的平行度要符合技术要求。

④ 方向阀一般应保持水平安装；蓄能器应保持轴线竖直安装。

3．管路的安装要求

① 系统全部管道应进行两次安装，即第一次试装后拆下管路，按相关工序严格清洗、处理后进行第二次安装。

② 管道的布置要整齐，油路走向应平直、距离短，尽量少转弯。

③ 液压泵吸油管的高度一般不大于 500 mm，吸油管和泵吸油口连接处应保证密封良好。

④ 溢流阀的回油管口与液压泵的吸油管不能靠得太近。

⑤ 电磁阀的回油、减压阀和顺序阀等的泄油与回油管相连通时不应有背压。

⑥ 吸油管路上应设置滤油器，过滤精度为 0.1～0.2 mm，要有足够的通油能力。

⑦ 回油管应插入油面以下有足够的深度，以防飞溅形成气泡。

⑧ 气压系统的安装与液压系统的安装类似，也有清洗、元件安装和管道安装等，但也有一些不同之处，例如，气动系统的动密封圈要装的松一些，不能太紧等。这里不再具体介绍。

4. 空载调试

① 启动液压泵，检查泵在卸荷状态下的运转。

② 调整溢阀，逐步提高压力使之达到规定的系统压力值。

③ 调整流量控制阀，先逐步关小流量阀，检查执行元件能否达到规定的最低速度及平稳性，然后按其工作要求的速度来调整。

④ 调整自动工作循环和顺序动作，检查各动作的协调性和顺序动作的正确性。

⑤ 各工作部件在空载条件下，按预定的工作循环或顺序连续运转 2～4 h 后，检查油温及系统所要求的各项精度，一切正常后，方可进入负载调试。

5. 负载调试

负载调试就是在规定的负载条件下运转，进一步检查系统的运行质量和存在的问题。负载调试时，一般应逐步加载和提速，轻载试车正常时，才逐步将压力阀和流量阀调节到规定值，以进行最大负载试车。

气压传动系统的调试与液压传动系统的调试类似。

二、液压与气压传动系统的使用与维护

1. 液压传动系统的使用与维护

使用液压设备，必须建立有关使用和维护方面的制度，以保证液压系统正常工作。

(1) 液压系统的使用

① 泵起动前应检查油温。油温过高或过低时都应使油温达到相应要求才能正式工作。工作中也应随时注意油液温升。

② 液压油要定期检查更换。对于新用设备，使用 3 个月左右即应清洗油箱，更换新油。以后应按要求每隔半年或一年进行清洗和换油一次。要注意观察油液位的高度，及时排除气体。

③ 使用中应注意过滤器的工作情况，滤芯应定期清理或更换。

④ 设备若长期不用，应将各调节旋钮全部放松，防止弹簧产生变形而影响元件性能。

(2) 液压设备的维护保养

维护保养应分日常检查、定期检查和综合检查 3 个阶段进行。

① 日常检查通常是在泵起动前、起动后和停止运转前检查油量、油温、压力、漏油、噪音、振动等情况，并随之进行维护和保养。

② 定期检查的内容包括调查日常检查中发现异常现象的原因并进行排除；对需要维修的部位，分解检修。定期检查的间隔时间通常为 2～3 个月。

③ 综合检查大约每年一次，其主要内容是检查液压装置的各元件和部件，判断其性能和寿命，并对产生故障的部位进行检修或更换元件。

定期检查和综合检查均应做好记录，以此作为设备出现故障查找原因或设备大修的

依据。

2. 气动系统的使用维护

气动系统的使用与保养也分为日常维护、定期检查和系统大修。不同的是，它还应注意以下几个方面：

① 开机前后要放掉系统中的冷凝水。

② 定期给油雾器加油。

③ 日常维护需对冷凝水和系统润滑进行管理。

④ 随时注意压缩空气的清洁度，对分水滤气器的滤芯要定期清洗。

三、液压系统常见故障的诊断及消除方法

液压设备是由机械、液压、电气等装置组合而成的，故出现的故障也是多种多样的。某一种故障现象可能是许多因素影响后造成的，因此，分析液压故障必须能看懂液压系统原理图，对原理图中各个元件的作用有一个大体的了解，然后根据故障现象进行分析、判断，针对许多因素引起的故障原因需逐一分析，抓住主要矛盾，才能较好的解决和排除。液压系统中的工作液在元件和管路中的流动情况，外界是很难了解到的，所以给分析、诊断带来了较多的困难，因此要求人们具备较强分析判断故障的能力。在机械、液压、电气诸多复杂的关系中找出故障原因和部位并及时、准确地加以排除。

1. 简易故障诊断法

简易故障诊断法是目前采用最普遍的方法，它是靠维修人员凭借个人的经验，利用简单的仪表根据液压系统出现的故障，客观的采用问、看、听、摸、闻等方法了解系统的工作情况，并进行分析、诊断以确定产生故障的原因和部位，具体做法如下：

① 询问设备操作者，了解设备运行状况。其中包括：液压系统工作是否正常；液压泵有无异常现象；液压油检测清洁度的时间及结果；滤芯清洗和更换情况；发生故障前是否对液压元件进行了调节；是否更换过密封元件；故障前后液压系统出现过哪些不正常现象；过去该系统出现过什么故障，是如何排除的等，需逐一进行了解。

② 看液压系统工作的实际状况，观察系统压力、速度、油液、泄漏、振动等是否存在问题。

③ 听液压系统的声音，如冲击声、泵的噪音及异常声，判断液压系统工作是否正常。

④ 摸温升、振动、爬行及连接处的松紧程度判定运动部件工作状态是否正常。

总之，简易诊断法只是一个简易的定性分析，对快速判断和排除故障，具有较广泛的实用性。

2. 液压系统原理图分析法

原理图分析法是根据液压系统原理图分析液压传动系统出现的故障，找出故障产生的部位及原因，并提出排除故障的方法。液压系统图分析法是目前工程技术人员应用最为普遍的方法，它要求人们对液压知识具有一定的基础，并能看懂液压系统图，掌握各图形符号所代表元件的名称、功能，对元件的原理、结构及性能也应有一定的了解，有这样的基础，结合动作循环表对照分析、判断故障就很容易了。所以认真学习液压基础知识掌握液压原理图是故障诊断与排除最有力的助手，也是其他故障分析法的基础，必须认真掌握。

3. 其他分析法

液压系统发生故障时，往往不能立即找出故障发生的部位和根源，为了避免盲目性，人们必须根据液压系统原理进行逻辑分析或采用因果分析等方法逐一排除，最后找出发生故

障的部位，这就是用逻辑分析的方法查找出故障。为了便于应用，故障诊断专家设计了逻辑流程图或其他图表对故障进行逻辑判断，为故障诊断提供了方便。

任务实施

一、液压系统常见故障分析及排除方法

液压系统故障许多是由元件故障引起的，因此首先要熟悉和掌握液压元件的故障分析和排除方法，这可参见前面相关内容。这里将液压系统常见故障的分析和排除方法列入表8.1～表8.10中。

表8.1 齿轮泵常见故障的产生原因及排除方法

故　障	产 生 原 因	排 除 方 法
不吸油，输油不足，压力提不高	1. 电动机转向错误。 2. 吸入管道或滤油器堵塞。 3. 轴向间隙或径向间隙过大。 4. 各连接处泄漏，有空气混入。 5. 油液黏度太大或油液温升太高	1. 纠正电动机旋转方向。 2. 疏通管道，清洗滤油器，换新油。 3. 修复更换有关零件。 4. 紧固各连接处螺钉，避免泄漏严防空气混入。 5. 油液应根据温升变化选用
噪音严重，压力波动大	1. 油管及滤油器部分堵塞或吸油管吸入口处滤油器容量小。 2. 从吸入管或轴密封处吸入空气或者油中有气泡。 3. 泵轴与联轴器同轴度超差或擦伤。 4. 齿轮本身的精度不高。 5. 油液黏度太大或温升太高	1. 除去脏物，使吸油管畅通，或改用容量合适的滤油器。 2. 连接部位或密封处加点油，如果噪音减小，可拧紧管接头或更换密封圈，回油管管口应在油面以下，与吸油管要有一定距离。 3. 调整同轴度，修复擦伤。 4. 更换齿轮或对研修整。 5. 应根据温升变化选用油液
液压泵旋转不灵活或咬死	1. 轴向间隙及径向间隙过小。 2. 油泵装配不良，泵和电动机的联轴器同轴度不好。 3. 油液中杂质被吸入泵体内。 4. 前盖螺孔位置与泵体后盖通孔位置不对，拧紧螺钉后别劲而转不动	1. 检测泵体、齿轮，修配有关零件。 2. 根据油泵技术要求重新装配。 3. 调整同轴度，严格控制在0.2 mm以内。严防周围灰沙、铁屑及冷却水等物进入油池，保持油液洁净。 4. 用钻头或圆锉将泵体后盖孔适当修大再装配

表 8.2　叶片泵常见故障的产生原因及排除方法

故　障	产 生 原 因	排 除 方 法
液压泵吸不上油或无压力	1. 泵的旋转方向不对，泵吸不上油。 2. 液压泵传动键脱落。 3. 进出油口接反。 4. 油箱内油面过低，吸入管口露出液面。 5. 转速太低吸力不足。 6. 油液黏度过高使叶片运动不灵活。 7. 油温过低，使油黏度过高。 8. 系统油液过滤精度低导致叶片在槽内卡住。 9. 吸入管道或过滤装置堵塞或过滤器过滤精度过高造成吸油不畅。 10. 吸入管道漏气	1. 可改变电机转向，一般泵上有箭头标记，无标记时，可对着泵轴方向观察，泵轴应是顺时针方向旋转。 2. 重新安装传动键。 3. 按说明书选用正确接法。 4. 补充油液至最低油标线以上。 5. 转速低，离心力无法使叶片从转子槽内移出，形成不可变化的密封空间。一般叶片泵转速低于 500 r/min 时，吸不上油。高于 1 500 r/min 时，吸油速度太快也吸不上油。 6. 运用推荐黏度的工作油。 7. 加温至推荐工作温度。 8. 拆洗、修磨液压泵内脏件，仔细重装，并更换油液。 9. 清洗管道或过滤装置，除去堵塞物，更换或过滤油箱内油液，按说明书正确选用滤油器。 10. 检查管道各连接处，并予以密封紧固
流量不足，达不到额定值	1. 转速未达到额定转速。 2. 系统中有泄漏。 3. 由于泵长时间工作、振动，使泵盖螺钉松动。 4. 吸入管道漏气。 5. 吸油不充分： (1) 油箱内油面过低。 (2) 入口滤油器堵塞或通流量过小。 (3) 吸入管道堵塞或通径小。 (4) 油液黏度过高或过低。 6. 变量泵流量调节不当	1. 按说明书指定的额定转速选用电动机转速。 2. 检查系统，修补泄漏点。 3. 拧紧螺钉。 4. 检查各连接处，并密封紧固。 5. 充分吸油： (1) 补充油液至最低油标线以上。 (2) 清洗过滤器或选用通流量为泵流量两倍以上的滤油器。 (3) 清洗管道，选用不小于泵入口通径的吸入管。 (4) 选用推荐黏度的工作油。 6. 重新调节至所需流量
压力升不上去	1. 泵吸不上油或流量不足。 2. 溢流阀调整压力太低或出现故障。 3. 系统中有泄漏。 4. 由于泵长时间工作、振动，使泵盖螺钉松动。 5. 吸入管道漏气。 6. 吸油不充分。 7. 变量泵压力调节不当	1. 同前述排除方法。 2. 重新调试溢流阀压力或修复溢流阀。 3. 检查系统，修补泄漏点。 4. 拧紧螺钉。 5. 检查各连接处，并予以密封紧固。 6. 同前述排除方法。 7. 重新调节至所需压力

续表

故　障	产 生 原 因	排 除 方 法
噪音过大	1. 吸入管道漏气。 2. 吸油不充分。 3. 泵轴和原动机轴不同心。 4. 油中有气泡。 5. 泵转速过高。 6. 泵压力过高。 7. 轴密封处漏气。 8. 油液过滤精度过低导致叶片在槽中卡住。 9. 变量泵止动螺钉误调失当	1. 检查各连接处，并予以密封紧固。 2. 同前述排除方法。 3. 重新安装，达到说明书要求精度。 4. 补充油液或采取结构措施，把回油浸入油面以下。 5. 选用推荐转速。 6. 降压至额定压力以下。 7. 更换油封。 8. 拆洗修磨泵内脏件并仔细重新组装，并更换油液。 9. 适当调整螺钉至噪音达到正常
过度发热	1. 油温过高。 2. 油液黏度太低，内泄过大。 3. 工作压力过高。 4. 回油口直接接到泵入口	1. 改善油箱散热条件或增设冷却器，使油温控制在推荐正常工作油温范围内。 2. 选用推荐黏度工作油。 3. 降压至额定压力以下。 4. 回油口接至油箱液面以下
振动过大	1. 轴与电动机轴不同心。 2. 安装螺钉松动。 3. 转速或压力过高。 4. 油液过滤精度过低导致叶片在槽中卡住。 5. 吸入管道漏气。 6. 吸油不充分。 7. 油中有气泡	1. 重新安装达到说明书要求精度。 2. 拧紧螺钉。 3. 调整至需用范围以内。 4. 拆洗修磨泵内零件重新组装，并更换油液或重新过滤油箱内油液。 5. 检查各连接处，并予以密封紧固。 6. 同前述排除方法。 7. 补充油液或采取结构措施，把回油浸入液面以下
外渗漏	1. 密封老化或损伤。 2. 进、出油口连接部位松动。 3. 密封面磕碰。 4. 外壳体砂眼	1. 更换密封。 2. 紧固螺钉或管接头。 3. 修磨密封面。 4. 更换外壳体

表 8.3　轴向柱塞泵常见故障、产生原因及排除方法

故　障	产 生 原 因	排 除 方 法
流量不够	1. 油箱液面过低,油管及滤油器堵塞或阻力太大或漏气等。 2. 泵壳内预先没有充好油,留有空气。 3. 液压泵中心弹簧折断,使柱塞回程不够或不能回程,引起缸体和配油盘之间失去密封性能。 4. 配油盘及缸体或柱塞与缸体之间磨损。 5. 对于变量泵有两种可能:如为低压,可能是油泵内部摩擦等原因,使变量机构不能达到极限位置,造成偏角过小所致;如为高压,可能是调整误差所致。 6. 油温太高或太低	1. 检查贮油量,把油加至油标规定线,排除油管堵塞,清洗滤油器,紧固各连接处螺钉,排除漏气。 2. 排除泵内空气。 3. 更换中心弹簧。 4. 清洗去污,研磨配油盘与缸体的接触面,单缸研配,更换柱塞。 5. 低压时,可调整或重新装配变量活塞及变量头,使之活动自如;高压时,纠正调整误差。 6. 根据温升选用合适的油液或采取降温措施
压力脉动	1. 配油盘与缸体或柱塞与缸体之间磨损,内泄或外漏过大。 2. 对于变量泵可能由于变量机构的偏角太小,使流量过小,内漏相对增大,因此不能连续对外供油。 3. 伺服活塞与变量活塞运动不协调,出现偶尔或经常性的脉动。 4. 进油管堵塞,阻力大及漏气	1. 磨平配油盘与缸体的接触面,单缸研配,更换柱塞,紧固各连接处螺钉,排除漏损。 2. 适当加大变量机构的偏角,排除内部漏损。 3. 偶尔脉动,多因油脏,可更换新油;经常脉动,可能是配合件研伤或憋劲,应拆下研修。 4. 疏通进油管及清洗进口滤油器,紧固进油管段的连接螺钉
噪音	1. 泵体内留有空气。 2. 油箱油面过低,吸油管堵塞或阻力大或漏气等。 3. 泵和电机不同心,使泵和传动轴受径向力	1. 排除泵内的空气。 2. 按规定加足油液,疏通进油管,清洗滤油器,紧固进油段连接螺钉。 3. 重新调整,使电动机与泵同心
发热	1. 内部泄漏过大。 2. 运动件磨损	1. 修研各密封配合面。 2. 修复或更换磨损件
漏损	1. 轴承回转密封圈损坏。 2. 各接合处 O 型密封圈损坏。 3. 配油盘与缸体或柱塞与缸体之间磨损(会引起回油管外漏增加,也会引起高低腔之间内漏)。 4. 变量活塞或伺服活塞磨损	1. 检查密封圈及各密封环节,排除内漏。 2. 更换 O 型密封圈。 3. 磨平接触面,配研缸体,单配柱塞。 4. 磨损严重时更换
变量机构失灵	1. 控制管路上的单向阀弹簧折断。 2. 变量头与变量壳体磨损。 3. 伺服活塞、变量活塞以及弹簧心轴卡死。 4. 个别管路道堵死	1. 更换弹簧。 2. 配研两者的圆弧配合面。 3. 机械卡死时,用研磨的方法使各运动件灵活;油脏时,更换新油。 4. 疏通管路,更换油液

续表

故　障	产 生 原 因	排 除 方 法
泵不能转动(卡死)	1. 柱塞与油缸卡死(可能是油脏或油温变化引起的)。 2. 滑靴因柱塞卡死或因负载大时启动而引起脱落。 3. 柱塞球头折断(原因同上)	1. 油脏时,更换新油,油温太低时,更换黏度较小的油液。 2. 更换或重新装配滑靴。 3. 更换柱塞

表 8.4　液压缸常见故障的产生原因及排除方法

故　障	产 生 原 因	排 除 方 法
爬行或局部速度不均匀	1. 空气侵入液压缸。 2. 缸盖活塞杆孔密封装置过紧或过松。 3. 活塞杆与活塞不同心。 4. 液压缸安装位置偏移。 5. 液压缸内孔表面直线性不良。 6. 液压缸内表面锈蚀或拉毛	1. 设排气阀、排除空气。 2. 密封圈密封应保证能用手平稳地拉动活塞杆而无泄漏,活塞杆与活塞同轴度偏差不得大于 0.01 mm,否则应矫正或更换。 3. 活塞杆全长直线度偏差不得大于 0.2 mm,否则应矫正或更换。 4. 液压缸安装位置不得与设计要求相差大于 0.1 mm。 5. 液压缸内孔椭圆度、圆柱度不得大于内径配合公差之半,否则应进行镗铰或更换缸体。 6. 进行镗磨,严重者更换缸体
冲击	1. 活塞与缸体内径间隙过大或节流阀等缓冲装置失灵。 2. 纸垫密封冲破,大量泄油	1. 保证设计间隙,过大者应换活塞,检查修复缓冲装置。 2. 更换新纸垫,保证密封
缓冲过长	1. 缓冲装置结构不正确三角节流槽过短。 2. 缓冲节流回油口开设位置不对。 3. 活塞与缸体内径配合间隙过小。 4. 缓冲的回油孔道半堵塞	1. 修正凸台与凹槽,加长三角节流槽。 2. 修改节流回油口的位置。 3. 加大至要求的间隙。 4. 清洗回油孔道
推力不足或速度减慢	1. 活塞与缸体内径间隙过大,内泄漏严重。 2. 活塞杆弯曲,阻力增大。 3. 活塞上密封圈损坏,增大泄漏或增大摩擦力。 4. 液压缸内表面有腰鼓形造成两端通油	1. 更换磨损的活塞,单配活塞其间隙为 0.03～0.04 mm。 2. 校正活塞杆。 3. 更换密封圈,装配时不应过紧。 4. 镗磨油缸内孔,单配活塞

表 8.5　齿轮马达常见故障的产生原因及排除方法

故　障	产 生 原 因	排 除 方 法
转速降低、输出扭矩降低	1. 油泵供油量不足,油泵因磨损轴向间隙和径向间隙增大,内泄漏量增大;或者油泵电机转数与功率不匹配等原因,造成输出油量不足,造成马达的流量也减少。 2. 液压系统调压阀调压失灵压力上不去,各控制阀内泄漏量增大等原因,造成进入马达的流量和压力不够。 3. 油液黏度过小,致使液压系统各部分内泄漏量增大。 4. 马达本身的原因,如 CM 型马达的侧板和齿轮两侧面磨损拉伤,造成高低压腔之间内泄漏量大,甚至串腔。特别是当转子和定子接触线因齿形精度差或者拉伤时,泄漏更为严重,造成转速下降,输出扭矩降低。 5. 工作负载较大,转速降低	1. 清洗滤油器,修复油泵,保证合理的间隙,更换能满足转速和功率要求的电机等。 2. 检查调压阀调压失灵的原因,并针对性地排除。 3. 选用合适黏度的油液。 4. 研磨修复马达侧板的齿轮两面,并保证装配间隙即马达体也研磨掉相应尺寸。 5. 检查负载过大的原因并排除
噪音过大并伴随振动和发热	1. 系统吸进空气,原因主要有:滤油器因污物堵塞、泵进油管接头漏气、油箱液面太低、油液老化等。 2. 马达本身的原因,主要有:齿轮齿形精度不好或接触不良、轴向间隙过小、马达滚针轴承破裂、马达个别零件损坏、齿轮内孔与端面不垂直、马达前后盖轴承孔不平行等原因,造成旋转不均衡,机械摩擦严重,噪音大和振动现象	1. 清洗滤油器,减少液压油的污染;泵进油管路管接头拧紧,密封破损的予以更换;油箱油液补充添加至油标要求位置;油液污染老化严重的予以更换等。 2. 对研齿轮或更换齿轮;研磨有关零件,重配轴向间隙;更换破损的轴承;修复齿轮和有关零件的精度;更换损坏的零件;避免输出轴过大的不平衡径向负载
油封漏油	1. 泄油管的压力高。 2. 马达油封破损	1. 泄油管要单独引回油箱,而不要共用马达回油管路;泄漏管通路因污物堵塞或设计过小时,要设法使泄油管油液畅通流回油箱。 2. 更换油封,并检查马达轴的拉伤情况进行研磨修复,避免再次拉伤油封

表 8.6 溢流阀常见故障、产生原因及排除方法

故　障	产 生 原 因	排 除 方 法
压力波动不稳定	1. 先导阀调压弹簧过软(装错)或歪扭变形。 2. 锥阀与阀座接触不良或磨损。 3. 油液中混进空气。 4. 油不清洁,阻尼孔堵塞	1. 更换弹簧。 2. 锥阀磨损或有毛病就更换。新锥阀卸下调整螺母,推几下导杆,使其接触良好。更换或修研阀座。 3. 防止空气进入,并排除已进入的空气。 4. 清洁油液,疏通阻尼孔
调整无效	1. 弹簧断裂或漏装。 2. 阻尼孔堵塞。 3. 滑阀卡住。 4. 进、出油口装反。 5. 锥阀漏装	1. 检查、更换或补装弹簧。 2. 疏通阻尼孔。 3. 拆出、检查、修整。 4. 检查油源方向并纠正。 5. 检查、补装
显著漏油	1. 锥阀与阀座接触不良。 2. 滑阀与阀体配合间隙过大。 3. 管接头没拧紧。 4. 接合面纸垫冲破或铜垫失效	1. 锥阀磨损或有毛病时,更换新的锥阀。 2. 更换滑阀,重配间隙。 3. 拧紧连接螺钉。 4. 更换纸垫或铜垫
显著噪音及振动	1. 螺母松动。 2. 弹簧变形不复原。 3. 滑阀配合过紧。 4. 主滑阀动作不良。 5. 锥阀磨损。 6. 出口油路中有空气。 7. 流量超过允许值。 8. 和其他阀产生共振	1. 紧固螺母。 2. 检查并更换弹簧。 3. 修研滑阀,使其灵活。 4. 检查滑阀与壳体是否同心。 5. 更换锥阀。 6. 排出空气。 7. 调换流量大的阀。 8. 微调阀额定压力值(一般额定压力值偏差在 0.5 MPa 以内,易发生共振)

表 8.7 减压阀常见故障、产生原因及排除方法

故　障	产 生 原 因	排 除 方 法
压力不稳定,有波动	1. 油液中混入空气。 2. 阻尼孔有时堵塞。 3. 滑阀与阀体内孔圆度达不到规定的要求,使阀卡住。 4. 弹簧变形或在滑阀中卡住,使滑阀移动困难,或弹簧太软。 5. 钢球不圆,钢球与阀座配合不好或锥阀安装不正确	1. 排除油液中空气。 2. 疏通阻尼孔及换油。 3. 修研阀孔,修配滑阀。 4. 更换弹簧。 5. 更换钢球或拆开锥阀调整
输出压力低,升不高	1. 顶盖处泄漏。 2. 钢球或锥阀与阀座密合不良	1. 拧紧螺钉或更换纸垫。 2. 更换钢球或锥阀

续表

故　障	产 生 原 因	排 除 方 法
不起减压作用	1. 回油孔的油塞未拧出，使油闷住。 2. 顶盖方向装错，使出油孔和回油孔沟通。 3. 阻尼孔被堵死。 4. 滑阀被卡死	1. 将油塞拧出，接上回油管。 2. 检查顶盖上孔的位置是否装错。 3. 用直径为 1 mm 的针清理小孔并换油。 4. 清理和研配滑阀

表 8.8　单向阀常见故障的产生原因及排除方法

故　障	产 生 原 因	排 除 方 法
发出异常的声音	1. 油液的流量超过允许值。 2. 与其他阀共振。 3. 在卸压单向阀中，用于立式大油缸等的回油，没有卸压装置	1. 更换流量大的阀。 2. 可略微改变阀的额定压力也可试调弹簧的强弱。 3. 补充卸压装置回路
阀与阀座有严重泄漏	1. 阀座锥面密封不好。 2. 滑阀或阀座拉毛。 3. 阀座碎裂	1. 重新研配。 2. 重新研配。 3. 更换并研配阀座
不起单向作用	1. 滑阀在阀体内咬住，主要是由于阀体孔变形、滑阀配合时有拉毛或滑阀变形胀大。 2. 漏装弹簧	1. 修研阀座孔、修除毛刺、修研滑阀外径。 2. 补装适当的弹簧(弹簧的最大压力不大于 30 N)
结合处渗漏	螺钉或管螺纹没拧紧	拧紧螺钉或管螺纹

表 8.9　换向阀常见故障的产生原因及排除方法

故　障	产 生 原 因	排 除 方 法
滑阀不能动作	1. 滑阀被堵塞。 2. 阀体变形。 3. 具有中间位置的对中弹簧折断。 4. 操纵压力不够	1. 拆开清洗。 2. 重新安装阀体的螺钉使压紧力均匀。 3. 更换弹簧。 4. 操纵压力必须大于 0.35 MPa
工作程序错乱	1. 滑阀被拉毛，油中有杂质或热膨胀使滑阀移动不灵活。 2. 电磁阀的电磁铁坏了，力量不足或漏磁等。 3. 液动换向阀滑阀两端的控制阀(节流单向阀)失灵或调整不当。 4. 弹簧过软或太硬，使阀通油不畅。 5. 滑阀与阀孔配合太紧或间隙过大。 6. 因压力油的作用使滑阀局部变形	1. 拆卸清洗、配研滑阀。 2. 更换或修复电磁铁。 3. 调整节流阀、检查单向阀是否封油良好。 4. 更换弹簧。 5. 检查配合间隙使滑阀移动灵活。 6. 在滑阀外圆上开 1 mm×0.5 mm 的环形平衡槽

续表

故　障	产 生 原 因	排 除 方 法
电磁线圈发热过高或烧坏	1. 线圈绝缘不良。 2. 电磁铁铁芯与滑阀轴线不同心。 3. 电压不对。 4. 电极焊接不对	1. 更换电磁铁。 2. 重新装配使其同心。 3. 按规定纠正。 4. 重新焊接
电磁铁控制的方向阀作用时有响声	1. 滑阀卡住或摩擦过大。 2. 电磁铁不能压到底。 3. 电磁铁铁芯接触面不平或接触不良	1. 修研或调配滑阀。 2. 校正电磁铁高度。 3. 清除污物，修正电磁铁铁芯

表 8.10　液压系统常见故障的产生原因及排除方法

故　障	故 障 原 因	排 除 方 法
产生振动和噪音	1. 液压泵吸空： (1) 进油口密封不严，以致空气进入。 (2) 液压泵轴颈处油封损坏。 (3) 进口过滤器堵塞或通流面积过小。 (4) 吸油管径过小、过长。 (5) 油液黏度太大，流动阻力增加。 (6) 吸油管距回油管太近。 (7) 油箱油量不足。 2. 固定管卡松动或隔振垫脱落。 3. 压力管路管道长且无固定装置。 4. 溢流阀阀座损坏、高压弹簧变形或折断。 5. 电动机底座或液压泵架松动。 6. 泵与电动机的联轴器安装不同轴或松动	1. 排空方法： (1) 拧紧进油管接头螺帽，或更换密封件。 (2) 更换油封。 (3) 清洗或更换过滤器。 (4) 更换管路。 (5) 更换黏度适当的液压油。 (6) 扩大两者距离。 (7) 补充油液至油标线。 2. 加装隔振垫并紧固。 3. 加设固定管卡。 4. 修复阀座、更换高压弹簧。 5. 紧固螺钉。 6. 重新安装，保证同轴度小于 0.1 mm
系统无压力或压力不足	1. 溢流阀： (1) 在开口位置被卡住。 (2) 阻尼孔堵塞。 (3) 阀芯与阀座配合不严。 (4) 调压弹簧变形或折断。 2. 液压泵、液压阀、液压缸等元件磨损严重或密封件破坏造成压力油路大量泄漏。 3. 压力油路上的各种压力阀的阀芯被卡住而导致卸荷。 4. 动力不足	1. 卷流阀： (1) 修理阀芯及阀孔。 (2) 清洗。 (3) 修研或更换。 (4) 更换调压弹簧。 2. 修理或更换相关元件。 3. 清洗或修研，使阀芯在阀孔内运动灵活。 4. 检查动力源

续表

故　障	故障原因	排除方法
系统流量不足(执行元件速度不够)	1. 液压泵吸空。 2. 液压泵磨损严重,容积效率下降。 3. 液压泵转速过低。 4. 变量泵流量调节变动。 5. 油液黏度过小,液压泵泄漏增大,容积效率降低。 6. 油液黏度过大,液压泵吸油困难。 7. 液压缸活塞密封件损坏,引起内泄漏增加。 8. 液压马达磨损严重,容积效率下降。 9. 溢流阀调定压力值偏低,溢流量偏大	1. 同前述排除方法。 2. 修复达到规定的容积效率或更换。 3. 检查动力源将转速调整到规定值。 4. 检查变量机构并重新调整。 5. 更换黏度适合的液压油。 6. 更换黏度适合的液压油。 7. 更换密封件。 8. 修复达到规定的容积效率或更换。 9. 重新调节
液压缸爬行(或液压马达转动不均匀)	1. 液压泵吸空。 2. 接头密封不严,有空气进入。 3. 液压元件密封损坏,有空气进入。 4. 液压缸排气不彻底	1. 同前述排除方法。 2. 拧紧接头或更换密封件。 3. 更换密封件保证密封。 4. 排尽缸内空气
油液温度过高	1. 系统在非工作阶段有大量压力油损耗。 2. 压力调整过高,泵长期在高压下工作。 3. 油液黏度过大或过小。 4. 油箱容量小或散热条件差。 5. 管道过细、过长、弯曲过多,造成压力损失过大。 6. 系统各连接处泄漏,造成容积损失过大	1. 改进系统设计,增设卸荷回路或改用变量泵。 2. 重新调整溢流阀的压力。 3. 更换黏度适合的液压油。 4. 增大油箱容量或增设冷却装置。 5. 改变管道的规格及管路的形状。 6. 检查泄漏部位,改善密封性

二、气压系统常见故障和排除方法

一般气压系统发生故障的原因往往是机器部件的表面故障、元件堵塞或控制系统的内部故障。经验证明,控制系统故障的发生概率远远小于与外部接触的传感器或者机器本身故障的。气压系统常见故障的产生原因及排除方法见表8.11。

表8.11　气压系统常见故障、产生原因及排除方法

故　障	产生原因	排除方法
二次压力升高	1. 减压阀复位弹簧损坏。 2. 减压阀座有伤痕或阀座橡胶剥离。 3. 减压阀体与阀导向处黏附异物。 4. 减压阀芯导向部分与阀体的密封圈损坏。 5. 膜片破裂	1. 更换复位弹簧。 2. 更换阀座。 3. 清洗,检查滤清器。 4. 更换密封圈。 5. 更换膜片

续表

故　障	产 生 原 因	排 除 方 法
换向阀不换向	1. 阀芯移动阻力大，润滑不良。 2. 密封圈老化变形。 3. 滑阀被异物卡住。 4. 弹簧损坏。 5. 阀操纵力小	1. 改进润滑。 2. 更换密封圈。 3. 清除异物，使滑阀移动灵活。 4. 更换弹簧。 5. 检查操纵部分
阀产生振动和噪音	1. 压力阀的弹簧力减弱，或弹簧错位。 2. 阀体与阀杆不同轴。 3. 控制电磁阀的电源电压低。 4. 空气压力低(先导式换向阀)。 5. 电磁铁活动铁芯密封不良	1. 更换弹力减弱的弹簧，把弹簧调整到正确位置。 2. 检查并调整位置偏差。 3. 提高电源电压。 4. 提高气控压力。 5. 检查密封性，必要时更换铁芯
分水滤气器压力降过大	1. 使用的滤芯过细。 2. 滤芯网眼堵塞。 3. 流量超过滤清器的容量	1. 更换适当的滤芯。 2. 用净化液清洗滤芯。 3. 换大容量的滤清器
从分水滤气器输出端溢出冷凝水和异物	1. 未及时排出冷凝水。 2. 自动排水器发生故障。 3. 滤芯破损。 4. 滤芯密封不严	1. 定期排水或安装自动排水器。 2. 检修或更换。 3. 更换滤芯。 4. 更换滤芯
油雾器滴油不正常	1. 通往油杯的空气通道堵塞。 2. 油路堵塞。 3. 测量调整螺钉失效。 4. 油雾器反向安装	1. 检修。 2. 检修、疏通油路。 3. 检修、调换螺钉。 4. 改变安装方向
元件和管路阻塞	压缩空气质量不好，水汽、油雾含量过高	检查过滤器、干燥器，调节油雾器的滴油量
元件失压或产生误动作	元件和管路连接不符合要求(线路太长)	合理安装元件与管路，尽量缩短信号元件与主控阀的距离
流量控制阀的排气口阻塞	管路内的铁锈、杂质使阀座被粘连或堵塞	清除管路内的杂质或更换管路
元件表面有锈蚀或阀门元件严重阻塞	压缩空气中凝结水含量过高	检查、清洗滤清器、干燥器
气缸出现短时的输出力下降	供气系统压力下降	检查管路是否泄漏、管路连接处是否松动
活塞杆速度有时不正常	由于辅助元件的动作而引起的系统压力下降	提高压缩机供气量或检查管路是否泄漏、阻塞
活塞杆伸缩不灵活	压缩空气中含水量过高，使气缸内润滑不好	检查冷却器、干燥器、油雾器工作是否正常

续表

故　障	产 生 原 因	排 除 方 法
气缸的密封件磨损过快	气缸安装时轴向配合不好，使缸体和活塞杆上产生支承应力	调整气缸安装位置或加装可调支承架
系统停用几天后，重新启动时润滑部件动作不畅	润滑油结胶	检查、清洗油水分离器或调小油雾器的滴油量

思　考　题

1. 叶片液压泵能否反转工作？为什么？
2. 先导式溢流阀阻尼孔有什么作用？堵塞会出现什么现象？
3. 如把先导式溢流阀远程控制口错当成卸油口接回油箱，会出现什么现象？
4. 叶片泵为什么对油液污染敏感？
5. 液油液污染可能会造成哪些故障？
6. 液压系统中没有压力可能是什么原因？
7. 液压缸产生爬行现象可能是什么原因？
8. 气压系统油雾器如果长期缺油可能会产生什么故障？
9. 气压系统中错将双压阀替代梭阀，回路运行时会出现什么结果？

附录　常用液压与气压元件图形符号（GB/T 786.1—1993）

附表1　管路及连接符号

名　　称	符　　号	名　　称	符　　号
工作管路		管端连接于油箱底部	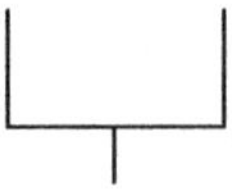
控制管路		密闭式油箱	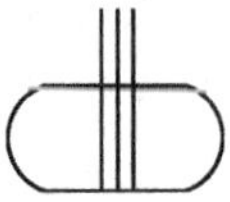
连接管路	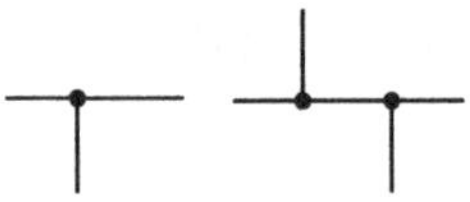	直接排气	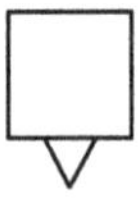
交叉管路	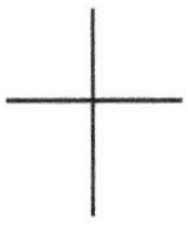	带连接措施的排气口	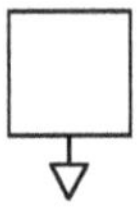
柔性管路		带单向阀的快换接头	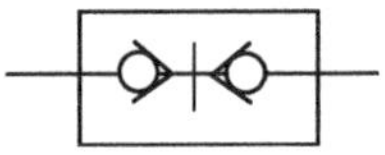
组合元件线		带单向阀的快换接头	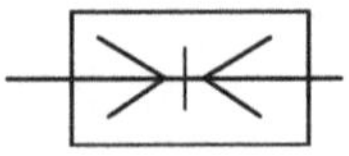
管口在液面以上的油箱	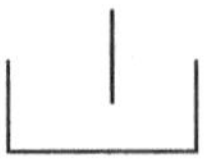	单通路旋转接头	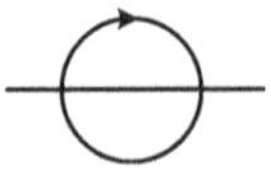
管口在液面以下的油箱	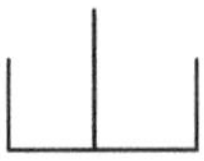	三通路旋转接头	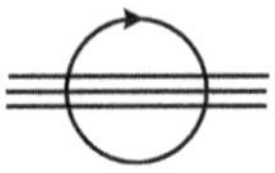

附表 2　控制机构及方法符号

名　称	符　号	名　称	符　号
按钮式人力控制	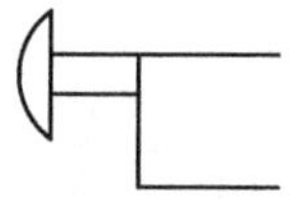	双作用电磁铁	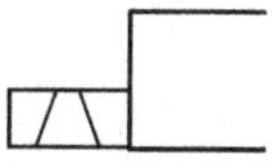
手柄式人力控制	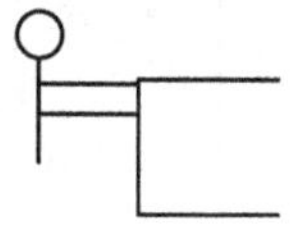	比例电磁铁	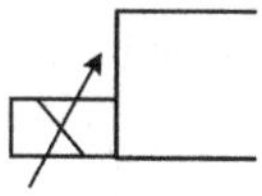
踏板式人力控制	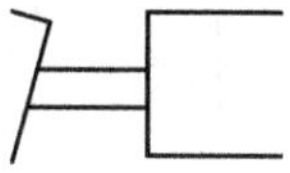	加压或泄压控制	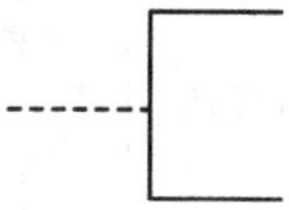
顶杆式机械控制	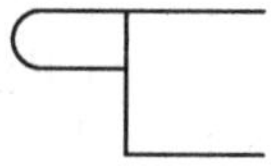	内部压力控制	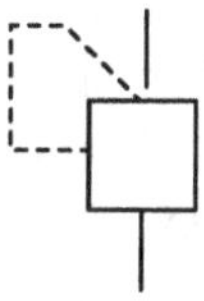
弹簧控制	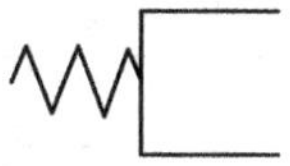	外部压力控制	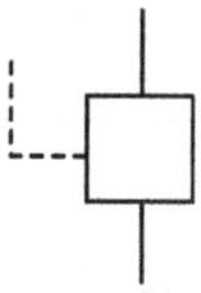
滚轮式机械控制	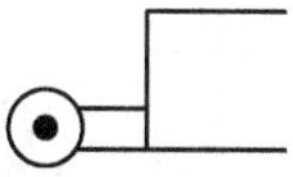	液压先导控制	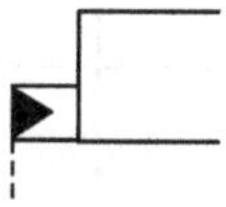
单作用电磁铁	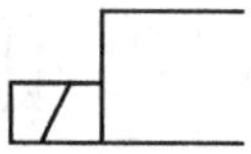	电-液先导控制	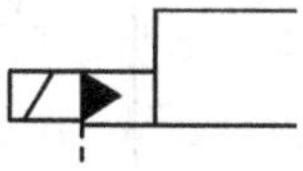

附表 3　泵、马达和缸符号

名　　称	符　　号	名　　称	符　　号
单向定量液压泵	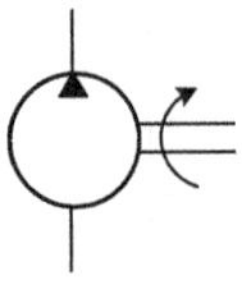	单向变量液压泵	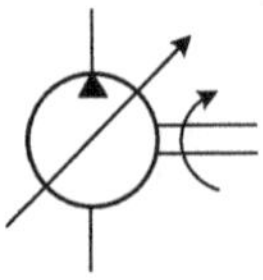
双向定量液压泵	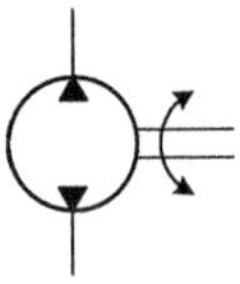	双向变量液压泵	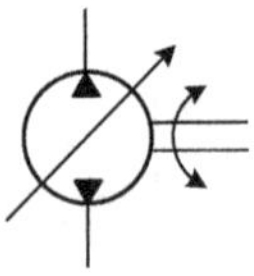
单向定量马达	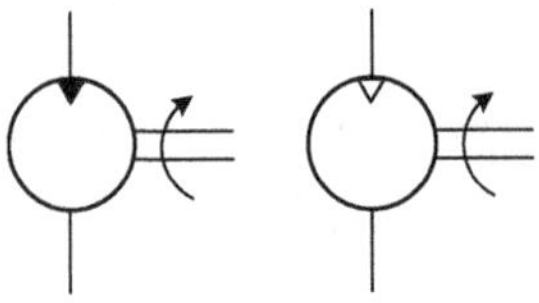	摆动马达	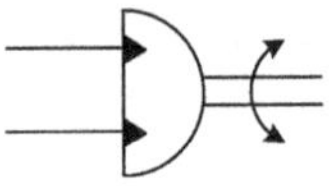
双向定量马达	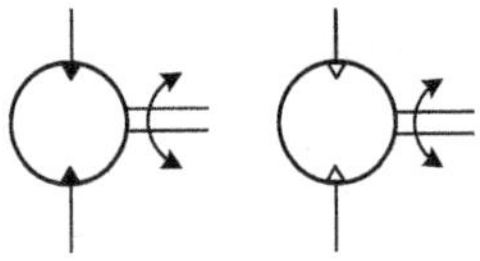	单作用弹簧复位缸	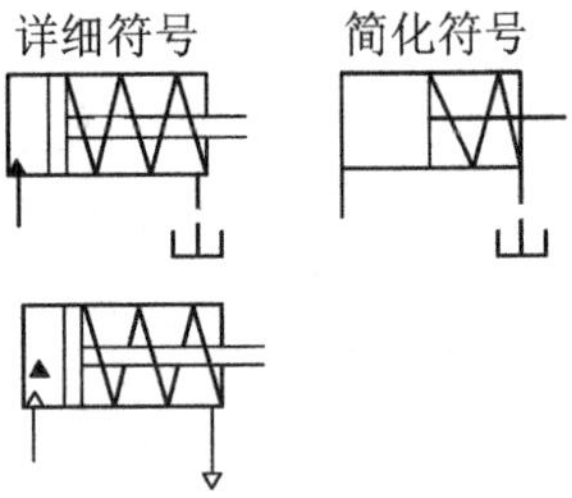
单向变量马达	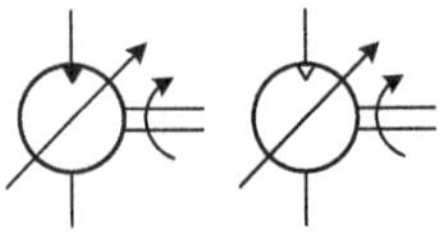	单作用伸缩缸	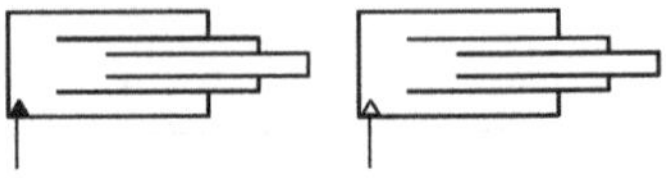
双向变量马达	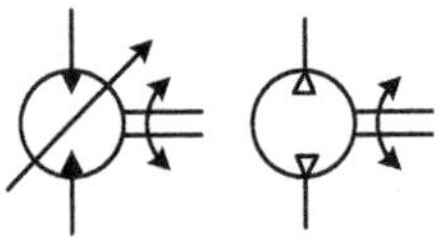	双作用单活塞杆缸	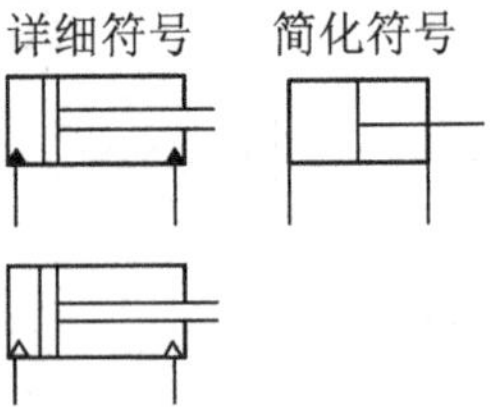
定量液压泵-马达	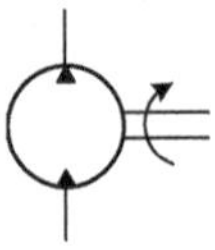	双作用双活塞杆缸	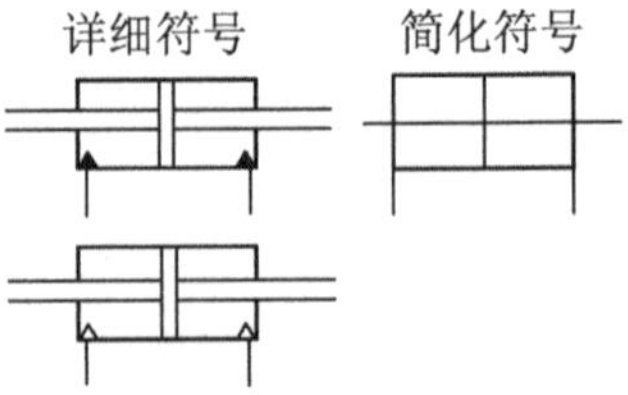
变量液压泵-马达	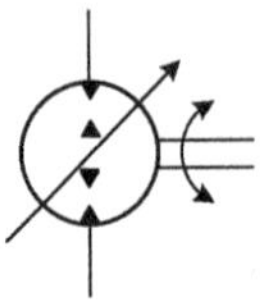		

续表

名　　称	符　　号	名　　称	符　　号
液压源		双向缓冲缸(可调)	简化符号　详细符号 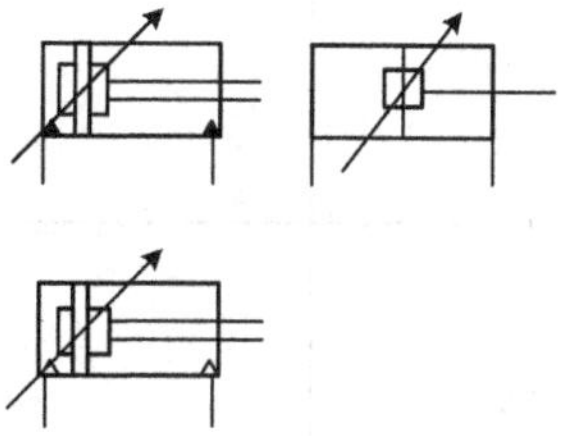
压力补偿变量泵	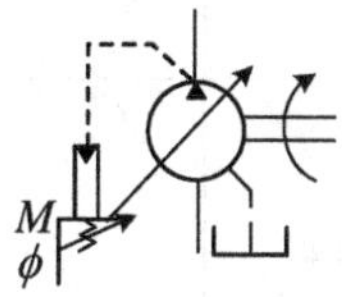		
单向缓冲缸(可调)	详细符号　简化符号 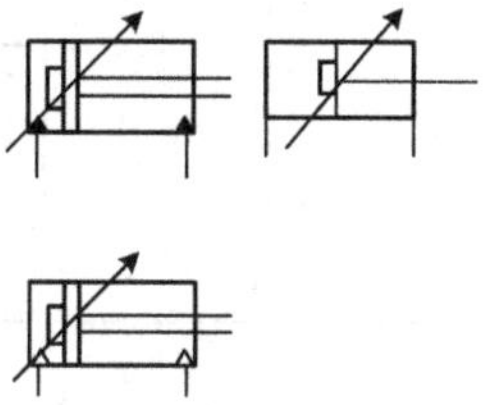	双作用伸缩缸	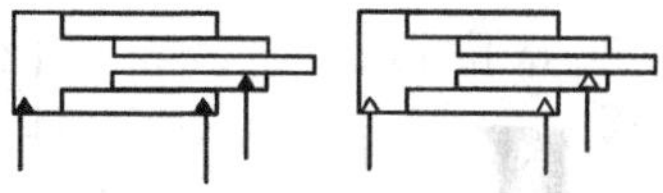

附表 4　控制元件符号

名　　称	符　　号	名　　称	符　　号
直动式溢流阀	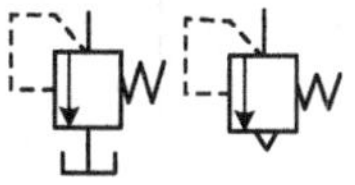	先导式减压阀	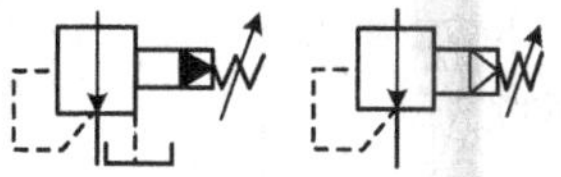
先导式溢流阀	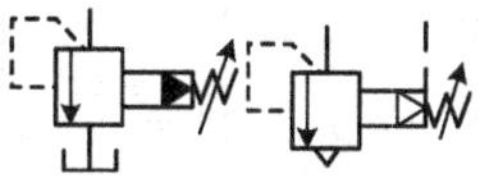	直动式顺序阀	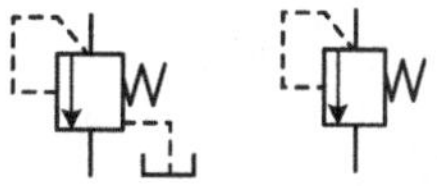
先导式比例电磁溢流阀	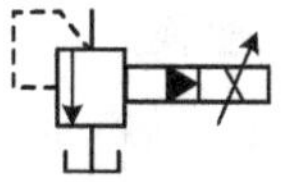	先导式顺序阀	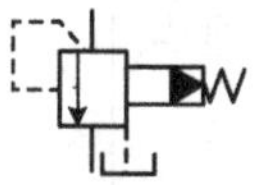
直动式液压阀	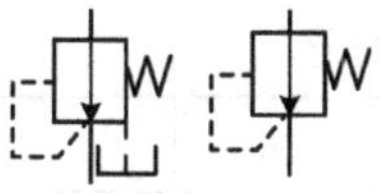	卸荷阀	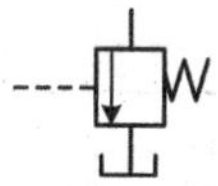
双向溢流阀	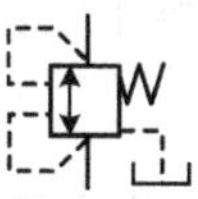	溢流减压阀	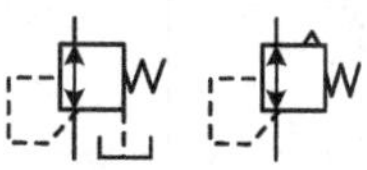
不可调节流阀	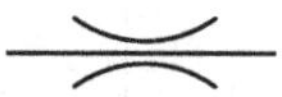	旁通式调速阀	详细符号　简化符号 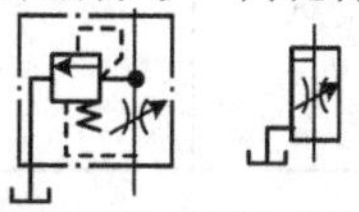

续表

名　称	符　号	名　称	符　号
可调节流阀	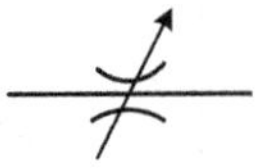	单向阀	
调速阀		液控单向阀	 弹簧可以省略
温度补偿调速阀		液压锁	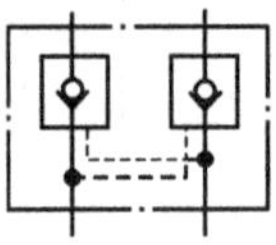
带消声器的节流阀	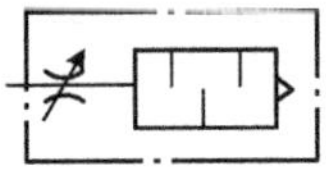	快速排气阀	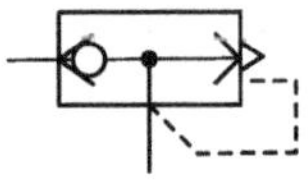
二位二通换向阀	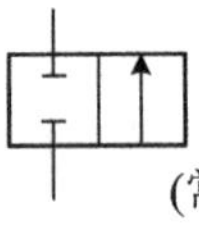 (常闭)	二位五通换向阀	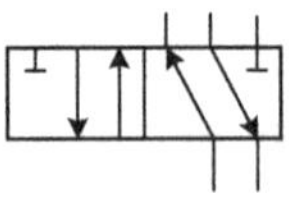
二位三通换向阀	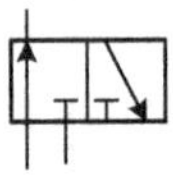	三位四通换向阀	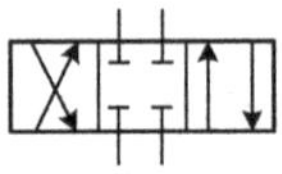
二位四通换向阀	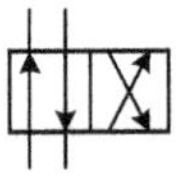	三位五通换向阀	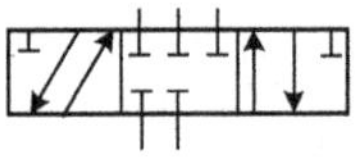

附表 5　辅助元件符号

名　称	符　号	名　称	符　号
过滤器	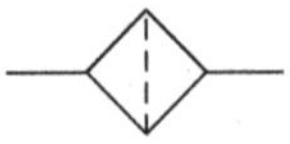	蓄能器(一般符号)	
磁芯过滤器	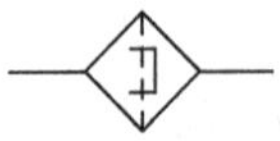	蓄能器(气体隔离式)	

续表

名　　称	符　　号	名　　称	符　　号
污染指示过滤器	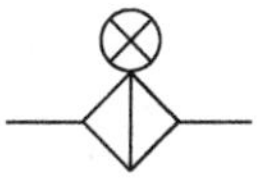	压力计	
冷却器		液面计	
加热器	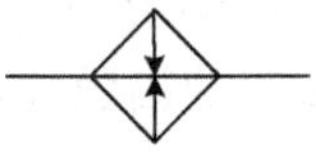	温度计	
流量计	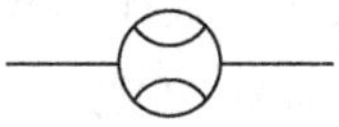	马达	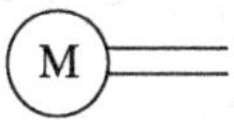
压力继电器	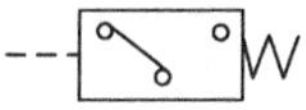	原动机	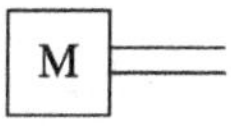
压力指示器		行程开关	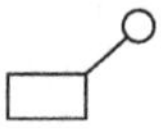
分水滤气器	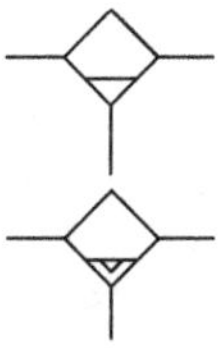	空气干燥器	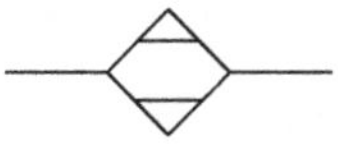
		油雾器	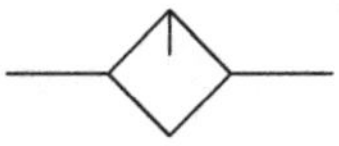
空气过滤器	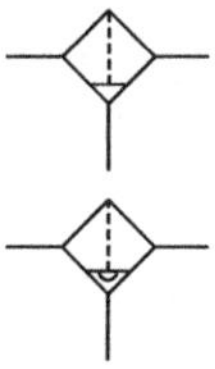	气源调节装置	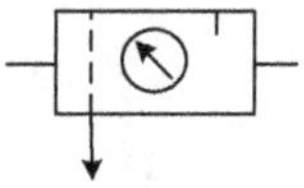
		消声器	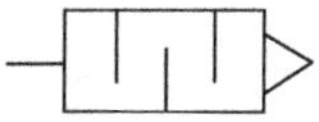
除油器	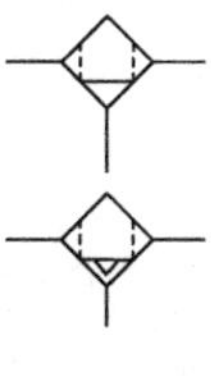	气-液转换器	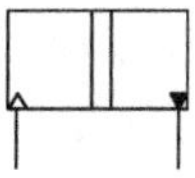
		气压源	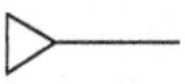

参 考 文 献

[1] 滕文建.液压与气压传动[M].北京:北京大学出版社,2010.

[2] 左健民.液压与气压传动[M].北京:机械工业出版社,2012.

[3] 孙成通.液压传动[M].北京:化学工业出版社,2005.

[4] 张林.液压与气压传动技术[M].2 版.北京:人民邮电出版社,2012.

[5] 许福玲,陈尧明.液压与气压传动[M].北京:机械工业出版社,1998.

[6] 许亚南.液压与气压传动技术[M].北京:机械工业出版社,2010.

[7] 张四军.液压与气压传动[M].武汉:华中科技大学出版社,2011.

[8] 李鄂民.液压与气压传动[M].北京:机械工业出版社,2011.